Évolution, écologie
et pandémies

Samuel Alizon

Évolution, écologie et pandémies

Faire dialoguer Pasteur et Darwin

Éditions du Seuil

La première édition de cet ouvrage a paru,
en 2016, aux éditions du Seuil sous le titre et le sous-titre :
C'est grave, Dr Darwin ? L'évolution, les microbes et nous.

ISBN 978-2-7578-8723-3
(ISBN 978-2-02-110292-5, 1re publication)

À mon grand-père Michel,
qui aurait pris plaisir
à pointer les approximations de ce livre.

Remerciements

Le principal coupable dans cette affaire est Nicolas Chevassus-au-Louis : il m'a poussé à écrire et m'a fait rencontrer son complice l'éditeur Jean-Marc Lévy-Leblond. Merci à eux pour leur enthousiasme.

Si ce livre est lisible, c'est grâce aux relectures (et réécritures) minutieuses d'Hélène et aux corrections d'Anne pour certains de mes errements scientifiques.

Ce qui suit est avant tout un pillage d'idées et de faits rapportés par des collègues. Un merci en particulier à Boris, Carmen Lía, Cécile, Christophe, Emma, Franck, François, Marco, Mathieu, Matty, Minus, Mircea, Nacho, Olivier, Pierre-Olivier, Phil, Rémy, Seb, Thomas, Troy et Yannis pour avoir fourni cette matière première.

La présente édition de poche est augmentée d'un nouveau chapitre intitulé « 1. Faire dialoguer Pasteur Darwin », ainsi que d'une postface inédite intitulée « Il est temps de rouvrir le livre des maladies infectieuses ». Le nouveau chapitre doit beaucoup aux commentaires experts de Pierre-Olivier Méthot sur Pasteur et Darwin et la postface aux conseils de Marc Choisy, Hélène Raux et Mircea T. Sofonea. Merci aussi à toute l'équipe Évolution théorique et expérimentale pour le travail sur l'épidémie de Covid-19.

Introduction

Les années 1960 marquent l'apogée de l'optimisme dans la lutte contre les parasites*[1]. Les antibiotiques avaient alors conquis la planète, permettant de faire décroître massivement la mortalité due aux infections bactériennes. Ils avaient été aidés en cela par la mise au point de vaccins contre des « fléaux » tels que la variole ou le tétanos. Cet optimisme transpire dans une déclaration célèbre attribuée au responsable de la santé publique des États-Unis en 1967 : « Il est temps de refermer le livre des maladies infectieuses, d'annoncer que la guerre contre la pestilence a été gagnée et de basculer les ressources nationales vers des problèmes chroniques tels que le cancer et les maladies cardio-vasculaires. »

Le demi-siècle qui s'est écoulé a prouvé le contraire. Certes la lutte contre les maladies infectieuses a connu de grands succès, telle l'éradication de la variole de la surface du globe en 1979 après une campagne internationale de vaccination. Malheureusement, la balance penche clairement du côté des échecs avec la généralisation des phénomènes de résistance aux traitements ou l'émergence

* Les termes suivis d'un astérisque sont définis dans le glossaire en fin d'ouvrage.

1. J'utilise le terme de parasite dans son contexte évolutif afin de décrire un mode de vie (celui qui se fait aux dépens d'un hôte). Ce terme regroupe donc à la fois les microparasites (virus, bactéries et protozoaires*) et les macroparasites tels que les vers et autres animaux multicellulaires.

de la pandémie[1] de syndrome d'immunodéficience acquise (SIDA) causée par le virus* de l'immunodéficience humaine (VIH). Il se trouve que les optimistes avaient oublié une variable dans l'équation : l'évolution*.

En biologie, l'évolution est le plus souvent associée aux dinosaures ou aux premiers hominidés. Pourtant, les microbes, et en particulier les microbes parasites, évoluent bien plus rapidement que les animaux. Depuis l'apparition de l'homme moderne, il s'est écoulé environ 7 500 générations. Le même nombre de générations est atteint par le VIH au sein d'un patient après vingt années d'infection car chaque jour une cellule infectée donne naissance à de nouveaux virus. Sachant que le VIH est apparu il y a environ un siècle, on mesure l'importance de son histoire évolutive.

L'évolution des maladies infectieuses est ce qui les rend si difficiles à éradiquer. D'une part, elle fait d'elles une cible mouvante. D'autre part, elle peut conduire à l'émergence de nouvelles maladies. Comme le résume Andrew Read, l'un des experts mondiaux de la lutte contre le paludisme, il faut espérer que si le XXe siècle a été marqué par le développement de nouveaux traitements, le XXIe siècle sera celui de la prise en compte de l'évolution dans les politiques sanitaires. D'ailleurs, l'Organisation mondiale de la santé (OMS) semble lui donner raison puisqu'en 2006 elle a reconnu qu'à grande échelle l'échec des traitements était inéluctable du fait de l'évolution de la résistance. Le seul moyen d'échapper aux résistances, c'est de ne pas utiliser un médicament.

Un des soucis est que la biologie de l'évolution tend à être ignorée, en particulier par les médecins. Ceci peut paraître être une boutade mais les chiffres le prouvent. En 2007, Janis Antonovics, un professeur connu pour ses travaux sur les pathogènes des plantes et l'évolution du sexe, et

1. Une pandémie est une épidémie qui s'est propagée sur plusieurs continents.

son équipe de l'université de Virginie à Charlottesville aux États-Unis ont comparé la sémantique d'articles traitant de la résistance aux antibiotiques selon qu'ils étaient publiés dans des revues de biologie évolutive ou dans des revues médicales. Si plus de 60 % des articles issus de revues de biologie évolutive utilisent le mot « évolution », moins de 5 % des articles provenant de revues médicales en font autant. Les auteurs remarquent d'ailleurs que lorsqu'ils considèrent le mot « émergence », le résultat s'inverse puisque ce mot est cinq fois plus utilisé dans les articles issus des revues médicales. À noter que, selon les auteurs, les articles médicaux sont par ailleurs tout aussi rigoureux que les articles de biologie évolutive. Pourquoi cet évitement du *e-word* ? La conclusion des auteurs est que, pour les médecins, l'évolution est associée à un processus lent qui n'a pas d'implications à une échelle contemporaine. Cette esquive sémantique n'est pas totalement neutre. En plus d'analyser les articles scientifiques eux-mêmes, Janis Antonovics et ses collègues ont étudié la manière dont ceux-ci avaient été relayés dans les grands médias tels que *The New York Times*, *Fox News* ou la *BBC*. Ils trouvent que le choix des mots est très corrélé entre les articles scientifiques et le traitement médiatique, de telle sorte que les journalistes tendent à n'utiliser le mot évolution que si les scientifiques le font.

Certes, les choses s'améliorent avec par exemple le lancement en 2012 d'une revue scientifique internationale qui regroupe à la fois des médecins et des biologistes de l'évolution et porte ce titre évocateur : *Evolution in Health and Medicine* (« Évolution en santé et médecine »). Et peut-être certains obstacles ont-ils été exagérés. Ainsi, la phrase de 1967 citée en début de chapitre est souvent présentée comme extraite d'un discours que William H. Stewart aurait donné à la Maison Blanche (Washington DC). On en cite même parfois la date (le 4 décembre 1967). En fait il ne l'a jamais prononcée (il a même plutôt prôné le contraire). Après un travail d'enquête minutieux, Brad Spellber, professeur et médecin à Los Angeles, est parvenu à montrer que cette phrase extrêmement citée est une légende urbaine qui provient d'une citation (erronée) faite à un congrès en 1989, probablement par Stephen S. Morse, et reprise par le *New York Times*. Impossible de dire si la déformation était une maladresse ou une stratégie pour valoriser ses recherches en déformant celles des autres. Toujours est-il que lorsque William Stewart est décédé en 2008, la chronique nécrologique du prestigieux journal de médecine le *Lancet* cita la phrase. Mais le chemin à parcourir est encore long, comme l'illustrent ces propos récents, et eux authentiques, d'un médecin chef d'un service en biothérapie à Paris : « L'homme a toujours aspiré à vaincre la maladie. En 2070, on pourra sans doute vaincre les maladies infectieuses, et beaucoup de maladies génétiques, mais il restera bien d'autres pathologies, comme certains cancers [...] » (propos rapportés dans *Télérama*, n° 3155, 30 juin 2010).

Le but de ce livre est de contribuer à la prise en compte de la biologie de l'évolution dans la lutte contre les maladies infectieuses.

Pour aller plus loin

Dajoz R., *Précis d'écologie*, Dunod, 8e édition, 2010. [Ouvrage de référence sur l'écologie scientifique.]

Thomas F., Lefèvre T., Raymond M. (éd.), *Biologie évolutive*, Bruxelles, De Boeck, 2007. [Ouvrage de référence sur la biologie de l'évolution.]

Références citées dans le chapitre (en anglais)

Antonovics J. *et al.*, « Evolution by any other name : Antibiotic resistance and avoidance of the e-word », *PLoS Biol.*, 5 (2), 2007, e30. [Comment les médecins évitent le mot évolution dans leurs articles.]

Read A. F., Day T., Huijben S., « The evolution of drug resistance and the curious orthodoxy of aggressive chemotherapy », *Proc. Natl. Acad. Sci. USA*, 108, Suppl. 2, 2011, p. 10871-10877. [Un article sur l'importance des résistances parasitaires.]

Spellberg B., Taylor-Blake B., « On the exoneration of Dr William H. Stewart : Debunking an urban legend », *Infect Dis. Poverty*, 2013, 2:3. [Une enquête sur une citation célèbre (mais apparemment apocryphe).]

CHAPITRE 1

Faire dialoguer Pasteur et Darwin

Une rencontre qui n'a jamais eu lieu

Le 3 août 1881 s'ouvrait à Londres le 11e Congrès international de la médecine. Parmi les 3 181 participants, on trouve de nombreuses célébrités de l'époque comme le neurologue français Jean-Martin Charcot ou le chirurgien anglais Joseph Lister. Louis Pasteur fait partie des invités de marque. Devant un public qui lui est acquis, il présente les résultats de son expérience de Pouilly-le-Fort. Mis au défi, il avait accepté de mettre en place un protocole expérimental en infectant 50 moutons avec le bacille de la fièvre charbonneuse (connue sous le nom d'anthrax en anglais). La moitié de ces moutons auront préalablement été inoculés avec une version atténuée du bacille. Les résultats seront sans appel : les 25 moutons vaccinés survivent, les 25 autres meurent. Même si elle n'en laisse rien paraître, une personne trépigne dans la salle : c'est le médecin microbiologiste allemand Robert Koch, qui a lui isolé le bacille en question, mais dont Pasteur minimise le rôle. Cet épisode concernant la rivalité légendaire entre les deux savants a conféré une certaine célébrité à ce congrès. Ce qui est moins connu, c'est que ce rassemblement a failli être l'occasion d'une rencontre inédite entre Pasteur et Darwin. Le président de l'événement, Sir James Paget, médecin attitré de la reine Victoria, raconte en effet dans ses mémoires qu'il accueillit les deux savants lors d'une des réceptions qu'il organisa chez lui, en marge de la manifestation. Ils n'eurent cependant pas le loisir d'échanger au sujet du départ prématuré de

Charles Darwin, qui allait décéder l'année suivante. Cette soirée à Harewood Place, au centre de Londres, est restée le plus proche contact connu entre les deux hommes.

Même par écrit, on ne trouve pas de traces d'échange entre Darwin et Pasteur, un vide qui a de quoi étonner. Certes, Pasteur n'est encore que directeur des études de l'École normale supérieure (ENS) en 1859 quand paraît *L'Origine des espèces*. Mais la renommée de Darwin est déjà grande et, dans une lettre du 11 mai 1863 au botaniste George Bentham, il décrit son « admiration infinie » pour le travail du microbiologiste. De son coté, ce dernier ne pouvait ignorer le travail du naturaliste anglais. Toutefois, Darwin avait à l'époque mauvaise presse en France auprès d'académiciens et de médecins, car on accusait ses théories matérialistes d'être immorales. D'autres voyaient, par ailleurs, dans la théorie de l'évolution une défense implicite de la génération spontanée (bien que Darwin s'en défendît). Bref, il y a tout à parier que l'admiration de Darwin envers Pasteur n'était pas réciproque. Comme le rappelle l'historienne de la médecine Anne-Marie Moulin dans un essai sur le pastorisme et le darwinisme, le microbiologiste avait félicité pour ses « saines doctrines » l'auteur d'un livre au titre évocateur : *Du darwinisme ou l'homme-singe*.

Cet essai d'Anne-Marie Moulin est d'ailleurs une exception, car la littérature scientifique ne contient qu'une poignée de travaux qui mentionnent ensemble les deux savants. Il est vrai que, au premier abord, tout les oppose. Au niveau scientifique, Darwin a une vision populationnelle. Il est très influencé par les travaux de l'économiste Thomas Malthus selon lesquels la croissance d'une population se heurte à un moment aux ressources disponibles. Ses recherches s'inscrivent aussi dans une dimension environnementale. Pour comprendre les variations qu'il observe, par exemple les tailles de bec des pinsons des îles Galápagos, il cherche la réponse au niveau de l'alimentation dont ils disposent. Pasteur, au contraire, a une vision centrée sur l'individu. De plus, il doute des résultats qui ne sont pas obtenus en conditions contrôlées dans le laboratoire. Concernant le travail de recherche lui-même, Darwin est assez solitaire même s'il entretient une correspondance soutenue. Pasteur est lui à la tête d'une véritable « armée » de collaborateurs comme le décrira avec effroi le docteur Hippolyte Jeanne dans un éditorial du 23 mars 1895, qui voit le flair médical menacé par « l'analyse bactériologique ou chimique ».

À propos de la médecine, cette discipline a un rôle clé dans la vie des deux chercheurs, mais pour des raisons différentes. Darwin a déjà abandonné ses études de médecine pour une formation de pasteur quand il accepte de s'embarquer sur le brick-sloop *HMS Beagle* comme une sorte de gentleman de compagnie du capitaine Robert Fitzroy afin de voir les tropiques. Cette distance, il la conservera alors même que, comme le montre l'historien des sciences canadien Pierre-Olivier Méthot, les médecins s'emparent rapidement de sa théorie, notamment à des fins eugénistes. Il sera d'ailleurs remarquablement précautionneux vis-à-vis des applications de la théorie de l'évolution à l'homme et ne finira par s'expliquer que dans l'un de ses derniers ouvrages, *La Descendance de l'homme*. Pasteur, à l'inverse, a pour ambition de transformer l'approche médicale des maladies infectieuses. Et contrairement à Darwin, il se heurte lui à la réticence, voire à la franche opposition des médecins. Lors de son élection à l'Académie de médecine, ses pairs le surnommeront même sans discrétion le « chimiâtre ».

Sur le choix des questions de recherche, enfin, les deux profils diffèrent. Darwin demeure encore aujourd'hui l'un des plus grands théoriciens de la biologie. Il n'est pas pressé de voir sa recherche appliquée et, d'ailleurs, il s'écoulera deux décennies entre le moment où il mettra par écrit ses idées dans ses carnets et leur publication, elle-même précipitée par la réception d'un mémoire d'Alfred Wallace. Tout ceci en fait l'archétype du chercheur fondamental. De Pasteur, on pourrait presque dire que c'est un des précurseurs de la recherche avec « financement sur projets ». L'alcool de betterave dans le Nord sent mauvais ? Depuis Lille, Pasteur répond au problème en explorant les bases microbiennes de la fermentation. Les larves du bombyx meurent de manière inexpliquée, menaçant toute l'économie de la soie ? Il se rend à Alès et à Lyon et, après plusieurs années de recherche, identifie le microbe responsable de la maladie et met au point un traitement, ce qui lui vaut statue et plaques commémoratives dans les deux villes. Toutefois, quand la question sur laquelle débouche naturellement un projet de recherche interroge potentiellement ses convictions, par exemple sur l'origine des maladies infectieuses, il passe rapidement à autre chose. Ainsi, toujours en cette année 1881, ses expériences sur l'atténuation bactérienne le conduisent à écrire :

> Par cette méthode, on peut créer des virulences et des contagions nouvelles. Je suis très porté à croire que c'est ainsi qu'ont apparu, à travers les âges, la variole, la syphilis, la peste, la fièvre jaune, etc., et que c'est également par des phénomènes de ce genre qu'apparaissent, de temps à autre, certaines grandes épidémies, celles de typhus, par exemple, que je viens de mentionner.

Pourtant, il restera à l'écart de ces aspects plus fondamentaux concernant l'origine des microbes, invoquant une séparation entre science et religion. Dans un discours sur la fermentation prononcé à l'Académie des sciences quelques années auparavant, il protestera d'ailleurs « énergiquement contre l'immixtion de la science dans les questions d'origine et de fin des choses », jugeant que, dans ce domaine, l'entendement humain ne peut pas « croire à la puissance de la raison ». Son attitude est finalement assez ambivalente, car, dans le même discours, tout en soutenant qu'il aurait défendu ses résultats même s'ils n'avaient pas invalidé la théorie de la génération spontanée, il se félicite que sa conclusion aille à l'encontre d'une version matérialiste selon laquelle l'origine de la vie ne relève pas du miracle. On sait aussi que, à propos d'un élève de l'École normale supérieure, il écrira : « [...] s'il est conduit à affirmer qu'il n'est d'aucune religion reconnue par l'État, il doit être exclu de l'École ». Au final, difficile de trancher entre convictions personnelles et soutien à l'ordre établi. Dans les deux cas, l'opposition avec Darwin semble claire.

Les contrastes observés entre les deux hommes sont aussi sans doute à mettre en relation avec des appartenances sociales et familiales bien différentes. Bien que décrit comme un écolier peu brillant, Darwin a toujours baigné dans un milieu intellectuel. Son père, Robert, était médecin mais aussi élu à 21 ans membre de la réputée Royal Society, que l'on peut comparer à l'Académie des sciences en France. Son grand-père Erasmus, lui aussi médecin et membre de la Royal Society, est connu comme inventeur et poète. Cet humaniste était un des piliers de la Lunar Society dont l'influence a été majeure pendant les Lumières. Le nom provient du fait que ses membres se réunissaient initialement les soirs de pleine lune pour pallier le manque d'éclairage public le soir. D'aucuns comme Pascal Picq font de cette société intellectuelle, qui en plus de ses membres locaux comptera des correspondants étrangers comme Thomas Jefferson ou Benjamin Franklin, le creuset de la révolution industrielle britannique et de la révolution américaine, qui conduiront à la domination de l'Empire britannique suivie de celle de l'Empire américain. Quant à lui, Pasteur est fils d'un soldat napoléonien reconverti en tanneur. Tout comme Darwin, il ne fait pas grande impression à ses professeurs de lycée et rate une première fois le baccalauréat. Mais, contrairement à Darwin qui va se réorienter plusieurs fois, d'abord comme médecin, puis comme pasteur et finalement comme naturaliste et géologue, Pasteur ne dévie pas au cours de sa formation et à force de travail parvient à intégrer l'École normale en physique. Au vu de ces esquisses socio-biographiques, on comprend mieux comment Darwin a pu se dire agnostique, abolitionniste et partisan de la révolution américaine. Pasteur semble, lui, avoir hérité d'une rigidité quasi militaire, qui lui vaudra d'ailleurs des soucis sur le plan pédagogique, puisque les plaintes des élèves de l'ENS qui l'auront eu comme maître des enseignements conduiront à sa mise à l'écart.

Des disciplines qui divergent

Toutes ces différences ont forgé dans l'imaginaire collectif et celui de nombre de scientifiques l'idée que les recherches de Pasteur et de Darwin étaient aussi divergentes que le sont aujourd'hui les laboratoires de biologie moléculaire et ceux d'écologie et d'évolution. Pourtant, contrairement à ce que laisse à penser un ouvrage de 2012 intitulé *Microbes et évolution : le monde que Darwin ne vit jamais* et qui compte nombre d'éminents microbiologistes parmi ses auteurs, Darwin a bien écrit sur les microbes comme l'a rapporté la philosophe des sciences Maureen O'Malley. Il suffit, en fait, de regarder la table des matières de *L'Origine des espèces* pour s'en apercevoir. Non seulement il connaissait le monde microbien, mais il a en plus réfléchi à la façon de l'intégrer au sein de sa théorie de l'évolution par sélection naturelle. Ainsi, dans une lettre du 3 janvier 1878 au professeur Ferdinand Cohn en Pologne, qui lui avait mentionné le travail de Koch, il répondait :

> Je me souviens me disant à moi-même, il y a de cela vingt à trente ans, s'il était possible de prouver l'origine de n'importe quelle maladie infectieuse, ce serait un des plus grands triomphes de la science ; et maintenant je me réjouis d'avoir vu ce triomphe[1].

1. Cité par Bynum, 1983, p. 52 ; référence : Francis Darwin (éd.) *The Life and Letters of Charles Darwin*, 3 vol., Londres, John Murray, 1888, p. 37.

Quant à Pasteur, son travail quotidien en laboratoire s'enracinait dans l'évolution microbienne. En effet, une des procédures pour mettre au point de nouveaux vaccins antibactériens consistait à faire évoluer la bactérie en question dans un autre milieu afin d'en produire une version atténuée. Dans une superbe analyse, l'historien américain des sciences Andrew Mendelsohn fait des laboratoires de bactériologie des années 1880 les premiers lieux de recherche expérimentale au « niveau cellulaire sur des phénomènes compris comme étant des variations biologiques et des mécanismes évolutifs ». Il va même plus loin en mettant l'évolution au centre des raisons scientifiques de l'opposition entre Pasteur et Robert Koch. Ce dernier pensait que, une fois atténuée, la souche bactérienne était en quelque sorte une espèce complètement différente, puisqu'elle n'était plus associée à la pathologie. Pasteur, au contraire, soutenait qu'il s'agissait de la même espèce qui avait évolué. Et si l'on s'intéresse aux disciples de Pasteur, que ce soit Élie Metchnikoff, Alexandre Yersin, Charles Nicolle ou, indirectement, Theobald Smith, on retrouve ce rôle de l'environnement, de la diversité et de l'évolution biologique dans la compréhension des infections et de leur histoire.

Si Darwin réfléchissait à l'origine des maladies infectieuses et si lc laboratoire de Pasteur réalisait des travaux d'évolution expérimentale, comment expliquer que, dans la plupart des universités à travers le monde, les étudiants en biologie doivent aujourd'hui « choisir leur camp » ? En effet, rares sont les endroits où on apprendra à la fois les mécanismes moléculaires et populationnels du vivant. Le plus souvent, il faudra choisir entre un cursus orienté autour de la biologie cellulaire et un cursus qui, au contraire, analyse les organismes dans leur environnement. Plusieurs thèses ne suffiraient sans doute pas à épuiser la question mais la découverte de la molécule d'ADN y est probablement pour quelque chose. Au niveau des dates, cela coïncide assez bien, même si la divergence entre ces « deux biologies », celle qui s'intéresse aux aspects fonctionnels et celle qui étudie les causes évolutives, pour reprendre les termes d'Ernst Mayr, s'est constituée dans la durée. Mais surtout, au niveau de l'impact, cette découverte aura des conséquences importantes du point de vue appliqué. Pour schématiser, on a longtemps pensé en biologie moléculaire que le secret de la vie était désormais à portée de main et qu'il n'y avait plus qu'à déchiffrer cette information cryptée pour comprendre la nature du vivant. Ceci conférera une position dominante aux premiers explorateurs de la biologie moléculaire, qui en écriront l'histoire. Tout en se déclarant héritiers de la biologie de l'évolution, ils tendront à minimiser le rôle de leurs prédécesseurs. Ainsi, le généticien Théodosius Dobzhansky – connu pour son aphorisme selon lequel « rien ne fait sens en biologie si ce n'est à la lumière de l'évolution » et aussi comme l'un des artisans de la synthèse moderne de l'évolution qui intégrera justement les processus moléculaires à la théorie darwinienne – balayera en 1951 d'une phrase tous les travaux de microbiologie du XIXe siècle, car « leur interprétation avait un parfum lamarckien ». Si les théories de Lamarck reviendront à la mode dans les années 2000 avec la découverte de processus héréditaires épigénétiques, indépendants de la séquence génétique ADN, à l'époque l'insulte est sans voile.

Même à l'institut Pasteur, la relève s'orientera résolument du côté moléculaire comme l'illustrent les travaux d'André Lwoff, François Jacob et Jacques Monod, malgré l'ancrage évolutionniste assumé et revendiqué dans leurs écrits. Mais les vieux murs se fissurent. François Jacob, pionnier de la recherche en bactériologie, orientera par la suite ses objets d'études vers les mouches et même ensuite les souris. Plus frappant, il établira un dialogue avec le biologiste de l'évolution Ernst Mayr, un des autres artisans de la synthèse moderne de l'évolution, dont il facilitera la venue au Collège de France en 1978. Selon Pierre-Olivier Méthot, cet intérêt du microbiologiste pour les travaux de

Mayr tient à sa réalisation de l'importance de la dimension populationnelle et historique de la biologie qui confère aux sciences de la vie un statut distinct des sciences physiques.

Vers une réconciliation des deux biologies ?

Cette convergence entre approches moléculaire et évolutionniste s'est accélérée au cours des dernières années de manière finalement assez imprévue. Si, quand j'ai commencé ma thèse en 2003, obtenir la séquence complète d'un génome bactérien pouvait vous garantir les honneurs d'une publication dans la prestigieuse revue *PNAS*, aujourd'hui c'est quasiment un travail routinier. En effet, on analyse dorénavant des « métagénomes », c'est-à-dire les génomes de toute une communauté, ce terme désignant les organismes de différentes espèces présentes à un même endroit au même moment ; que ce soit dans un litre d'eau de mer, dans des fécès ou même des machines à café. On pourra aussi analyser le microbiote intestinal ou vaginal d'un individu en vue d'atteindre une médecine toujours plus « personnalisée ». Ce qui au départ n'était qu'une avancée technologique pour la biologie moléculaire (séquencer toujours plus) s'est finalement révélé assez subversif. Un peu comme Pasteur dont les recherches l'amenaient à des questions imprévues sur l'origine des maladies infectieuses. Car si vous séquencez et cataloguez tous les génomes présents dans un environnement, comment ne pas vous intéresser aux assemblages des communautés d'espèces et à leurs variations dans le temps et l'espace ? À leur résilience aux perturbations ? Avant de vous en rendre compte, vous voici redevenu naturaliste !

Les maladies infectieuses offrent l'une des meilleures illustrations du caractère obsolète et même délétère des divisions en biologie. Les microbes se propagent et évoluent à une vitesse incomparable à celle de notre espèce, créant ce que l'on appelle une « boucle de rétroaction ».

D'une part, les mécanismes d'interaction moléculaire entre les microbes et leurs hôtes sont clés pour comprendre la virulence ou la résistance des infections aux traitements mais aussi leur propagation. Inversement, sans une vision populationnelle, impossible de comprendre la dynamique des épidémies ou l'évolution microbienne. Pasteur et Darwin ne se sont jamais parlé mais il est urgent que les champs qu'ils ont créés dialoguent.

Pour aller plus loin

Méthot, P.-O., « Darwin et la médecine : Intérêt et limites des explications évolutionnaires en médecine », *in* T. Heams, P. Huneman, G. Lecointre et M. Silberstein (dir.), *Les Mondes darwiniens. L'évolution de l'évolution*, Paris, Éditions Matériologiques, 2011, p. 937-976. [Une analyse de la réception par les médecins des travaux de Darwin.]

Morange, M., « Darwinisme et biologie moléculaire », *in* T. Heams, P. Huneman, G. Lecointre et M. Silberstein (dir.), *Les Mondes darwiniens. L'évolution de l'évolution*, Paris, Éditions Matériologiques, 2011, p. 381-394. [Un article sur les « deux » biologies, popularisées par Ernst Mayr.]

Moulin, A.-M., « Darwinisme et pastorisme. Commémoration du centenaire de la mort de Charles Darwin, organisé dans le cadre des activités culturelles du comité d'entreprise de l'Institut Pasteur de Paris », Paris, HAL, 1982. https://hal.archives-ouvertes.fr/hal-00434433.

Orsenna, E., *La Vie, la Mort, la Vie*, Paris, Fayard, 2015. [Une version romancée de la vie de Pasteur par son successeur à l'Académie française.]

Pichot, A., *Écrits scientifiques et médicaux de Louis Pasteur*, Paris, Flammarion, 2012. [L'ensemble des textes de Pasteur, qui a relativement peu écrit.]

Autres références citées dans le chapitre (en anglais)

Darwin, C., Darwin Correspondence Project, https://www.darwinproject.ac.uk/.

Farley, J., « The social, political, and religious background to the work of Louis Pasteur », *Annual Review of Microbiology*, 32 (1), 1978, p. 143-154.

Mendelsohn, A., « Like all that lives : Biology, medicine and bacteria in the age of Pasteur and Koch », *History and Philosophy of the Life Science*, 24 (1), 2002, p. 3-36.

O'Malley, M. A., « What did Darwin say about microbes, and how did microbiology respond ? », *Trends in Microbiology*, 17 (8), 2009, p. 341-347.

Paget, J., *Memoirs and Letters of Sir James Paget*, Londres, Longmans, Green, 1903.

CHAPITRE 2

Les parasites font de la résistance

> Même dans mon grand dévouement personnel aux maladies infectieuses, je n'arrive pas à concevoir le besoin d'avoir 309 [docteurs formés] de plus sur les maladies infectieuses… à moins qu'ils ne passent leur temps à se mettre en culture[1] les uns les autres.
>
> Dr Robert PETERSDORF,
> « The doctors'dilemma »,
> *New England Journal of Medicine*, 1978.

Antibiotiques et résistance

D'une révolution thérapeutique…

L'histoire de la découverte de ce qui allait devenir le premier antibiotique* commercialisé à large échelle incarne dans l'imaginaire commun la découverte « par hasard ». En 1928, au retour de ses vacances, Alexander Fleming constate que certaines de ses cultures de bactéries ont été contaminées par un champignon. Comme beaucoup de grandes découvertes scientifiques, celle-ci tient au flair de Fleming. Là où la plupart des scientifiques auraient jeté leurs plaques contaminées à la poubelle et recommencé l'expérience, il étudie quand même ses plaques et remarque

1. La mise en culture consiste à faire pousser des micro-organismes en laboratoire.

qu'il existe une zone circulaire autour des champignons où les bactéries n'ont pas poussé. Il comprend que ceci est dû à une substance produite par le champignon ayant contaminé les plaques. Le champignon s'appelant *Penicillium notatum*, il nomme la substance pénicilline. Il faudra ensuite attendre 1939 pour que la molécule de pénicilline puisse être isolée et exploitée à des fins thérapeutiques ; elle est à ce jour l'antibiotique le plus prescrit. Si l'espérance de vie a bondi de vingt ans en France depuis 1946[1], c'est en très grande partie grâce aux antibiotiques. D'ailleurs, à l'occasion de ses deux cents années de parution, le *New England Journal of Medicine* a publié en 2012 un article où des médecins de l'université de Harvard comparent les causes de mortalité aux États-Unis en 1900 et 2010. En un siècle, le nombre de décès a été divisé par deux et cette réduction provient en grande partie de la quasi-disparition des morts dues à la tuberculose et aux pneumonies (environ 400 décès pour 100 000 habitants en 1900 contre moins de 50 en 2000), là encore grâce aux antibiotiques.

Certains aspects de la découverte de Fleming sont moins connus. Comme le note le médecin Wai Chen dans son livre au titre provocateur *Comment Fleming n'a pas inventé la pénicilline*, la raison pour laquelle Fleming a été frappé par l'activité antibiotique du champignon est certainement liée au fait que celui-ci poussait sur (et tuait) des staphylocoques dorés (en latin *Staphylococcus aureus*). À l'époque, ces bactéries étaient connues pour « résister » à la dégradation par les enzymes contenues dans la salive humaine isolées par Fleming et qu'il appelait lysozymes. Ce n'est donc pas uniquement par hasard que Fleming a repéré quelque chose d'inhabituel dans ses boîtes de cultures bactériennes et on ne peut s'empêcher de voir un clin d'œil ironique de l'histoire au fait que ce soit la

1. De 65 ans en 1946 à 85 ans en 2013 pour les femmes et de 60 et 78,5 ans pour les hommes. Source : Insee, estimations de population et statistiques de l'état civil, 17 janvier 2014.

résistance des bactéries (à des lysozymes) qui soit la cause de la découverte du premier antibiotique.

... aux maladies nosocomiales

En moins de cinquante ans, les bactéries résistantes aux antibiotiques sont devenues un problème de santé publique, en particulier dans les hôpitaux où de nombreux patients admis pour une opération bénigne contractent des infections sévères pouvant conduire à des amputations, voire à la mort. En France, un rapport parlementaire de 2006 estimait qu'une hospitalisation sur 20 (soit environ 750 000 cas par an) conduisait à une infection nosocomiale*, c'est-à-dire une infection associée aux soins. Ces infections sont généralement causées par des bactéries mais aussi parfois par des champignons ou des virus (en particulier dans les services de pédiatrie). Elles sont plus ou moins graves et le même rapport de 2006 précise que sur les 9 000 décès qui leur sont imputables, 4 200 concernaient des patients qui n'étaient pas en trop mauvaise santé au moment de leur entrée à l'hôpital. Les infections nosocomiales les plus préoccupantes sont celles qui impliquent des souches[1] de microbes résistantes car, par définition, elles sont insensibles aux médicaments utilisés pour soigner les malades. D'ailleurs, on étudie toujours les staphylocoques dorés, qui sont impliqués dans bon nombre d'infections nosocomiales, mais leur nom a changé depuis les études de Fleming : on parle maintenant souvent de *Staphylococcus aureus* résistants à la méticilline (SARM)[2].

1. Le terme de « souche » a des contours plus que flous mais il est bien pratique. On l'utilise le plus souvent pour désigner des parasites de la même espèce mais toutefois différents.
2. Environ 16 % des infections nosocomiales dues à des bactéries en France.

Réponse politique

Dès 1942, c'est-à-dire un an avant la commercialisation massive de la pénicilline, un article publié dans une revue médicale anglaise rapportait le premier cas de résistance bactérienne à cet antibiotique. Dès 1945, un isolat de staphylocoques de patients sur dix était résistant à la pénicilline et en 1949 ce chiffre était de plus d'un sur deux. En 1952, l'érythromycine est mise en place pour lutter contre les infections à staphylocoques et les premières souches résistantes sont détectées en France en 1956. Aujourd'hui, la résistance à l'érythromycine est quasiment la règle pour les souches circulant en Asie. Pour la résistance à la méticilline, il a fallu attendre un an seulement après la distribution de l'antibiotique en 1960 pour observer les souches résistantes (les SARM). Quel que soit l'antibiotique utilisé, les résistances ont été détectées dans les deux ans.

Pourtant, il a fallu attendre les années 1990 pour que l'Organisation mondiale de la santé (OMS) se préoccupe vraiment du problème de la résistance aux antibiotiques[1]. La vision la plus candide pourrait mettre ce long délai uniquement sur le compte de l'optimisme sanitaire du milieu du XXe siècle : peu importe le nombre de bactéries résistantes, on était persuadé que de nouvelles molécules seraient découvertes. Une vision totalement cynique serait de remarquer que d'un point de vue marchand, la résistance à un médicament n'est pas une si mauvaise chose. En effet, celle-ci met du temps à se généraliser (même

1. Dans ses « Recommandations de Copenhague » de 1998, l'OMS encourage une utilisation efficace des antimicrobiens, l'interdiction de l'accès aux antimicrobiens sans prescription d'un professionnel de santé, l'amélioration de la prévention de l'infection et par là des souches résistantes, le renforcement de la législation pour prévenir la fabrication, la vente et la distribution d'antimicrobiens de contrefaçon et la baisse de l'utilisation des antimicrobiens dans la production de viande animale. Il était temps…

si, on le verra, elle peut se propager très rapidement) : or, quoi de plus profitable qu'une molécule qui devient inutile à l'expiration du brevet qui assurait le monopole d'exploitation ? Cela permet de mettre sur le marché une nouvelle molécule sans même avoir la concurrence de médicaments génériques à bas prix, car la molécule précédente est périmée. Évidemment il ne s'agit pas de dire ici que l'évolution de résistances aux antibiotiques a été favorisée à dessein mais simplement de noter que dans un contexte de découvertes rapides de nouvelles molécules, l'apparition des résistances n'étaient pas nuisible pour tout le monde. Au final, la réalité est certainement entre ces deux visions extrêmes (car quelles que soient les stratégies commerciales des industries pharmaceutiques, elles ne sont pas seules à décider des politiques publiques) et une thèse ne suffirait pas pour répondre en détail à cette question. Les mœurs ont aussi changé et s'il est aujourd'hui (relativement) compliqué de se procurer des antibiotiques, ils étaient vendus sans ordonnance avant guerre (de fait c'est encore le cas dans beaucoup de pays, comme on le verra). Que ce soit pour des solutions à appliquer, à injecter ou en poudre, les publicités vantaient alors les mérites de la pénicilline, un peu comme les vitamines aujourd'hui. Rien de tel pour favoriser l'essor des résistances.

Enfin, il faut noter que si les campagnes de prévention ont associé la résistance aux traitements anti-infectieux à la résistance des bactéries aux antibiotiques, tous les agents infectieux peuvent développer des résistances aux traitements. Dans le cas du paludisme, qui est une maladie causée par un unicellulaire eucaryote, les nouveaux traitements ont tous été suivis de résistances. Les virus aussi peuvent développer des mécanismes de résistance, par exemple le virus de la grippe peut devenir résistant à un médicament antiviral tel que l'oseltamivir (plus connu sous le nom de Tamiflu, qui est la version commercialisée de la molécule). Même dans le cas des prions, que beaucoup hésiteraient à classer dans le domaine du vivant, on trouve des phénomènes d'évolution de résistance aux traitements. Enfin, des maladies non infectieuses telles que le cancer mettent en jeu des phénomènes similaires.

Dynamique des populations et résistance

Pourquoi une infection par un parasite devient-elle résistante aux traitements ? Déjà, il faut préciser que ce changement n'est pas conscient de la part des parasites mais qu'il est dû à un processus évolutif qui a pour nom sélection naturelle*. Cette théorie fut formulée originellement par Darwin en 1859 et son essence tient en une phrase : tous les individus sont différents, et si certains ont plus de descendants que les autres, leurs spécificités vont devenir dominantes dans la population*. Ainsi, dans une infection par les staphylocoques dorés, beaucoup de bactéries sont différentes et quelques-unes ont la capacité de résister aux antibiotiques (on verra par la suite comment). Sous certaines conditions, notamment la pression de sélection exercée par les antibiotiques, ces dernières vont devenir dominantes car elles survivent mieux que les bactéries sensibles aux antibiotiques.

Pour comprendre comment on passe de l'état de porteur sain à celui d'infecté, il faut raisonner en écologiste scientifique[1] et considérer la dynamique des populations. Ce qui suit concerne la résistance des bactéries mais les processus sont très semblables pour les virus ou pour d'autres parasites. Notre corps et nos intestins regorgent de bactéries, au point que nous avons autant de bactéries sur notre peau et dans nos intestins que de cellules à nous. On a trouvé plusieurs dizaines de milliers d'espèces de bactéries différentes dans les intestins humains pour un total de plusieurs millions de gènes (à mettre en balance avec les quelque 23 000 gènes du génome* humain). Et encore, il se pourrait

1. Ou écologue.

+/0	+/+	+/–	–/–	0/–	0/0
commensalisme	mutualisme	parasitisme	compétition	agression	neutre

Tableau 2.1 – Classification des interactions écologiques en fonction de leur effet sur les deux parties

que nous ne détections qu'une petite partie de cette flore appelée microbiote*. Ces bactéries sont le plus souvent commensales. Étymologiquement, le commensal* est celui « qui mange à la même table que », et en écologie* ce terme sert à désigner une interaction qui est positive pour l'une des parties et neutre (ni positive, ni négative) pour l'autre (tableau 1.1). L'exemple classique est celui de la souris qui est un commensal de l'homme : elle profite des déchets de l'activité humaine sans directement nous nuire. Dans le cas de notre flore bactérienne, on pourrait même facilement parler de mutualisme car sans ces bactéries nous ne survivrions pas : non seulement elles nous aident à digérer des aliments, mais en plus elles nous protègent de bactéries pathogènes. D'une certaine manière, elles occupent la place pour éviter que d'autres ne s'y mettent. On parle d'ailleurs de niche écologique pour désigner cette « place », qui peut à la fois désigner un espace physique et quelque chose de plus abstrait (par exemple les ressources telles que les sucres). Des espèces qui exploitent la même niche écologique sont en compétition et le plus souvent ne peuvent pas coexister dans le même écosystème.

Au milieu de l'océan de nos bactéries commensales donc, il existe quelques bactéries résistantes aux antibiotiques. Elles peuvent apparaître soit par mutation* génétique[1], soit

1. Une mutation est une « erreur » qui se produit lors de la copie de l'acide ribonucléique (ARN) ou de l'acide désoxyribonucléique (ADN). La séquence génétique étant altérée, cela conduit à la synthèse de protéines différentes. Plus généralement, la mutation peut avoir un effet sur le phénotype de l'individu (que ce soit un homme

par migration* depuis le milieu extérieur. Les souches dites multirésistantes, qui résistent à la majorité des antibiotiques connus, sont logiquement avantagées par rapport aux souches classiques dans un environnement riche en antibiotiques ; en revanche, le reste du temps, elles sont très limitées : on peut en avoir sur ses mains sans risques car bien que ces bactéries survivent à n'importe quel antibiotique, elles sont facilement contrôlées par un système immunitaire valide. Elles sont en fait assez semblables aux chevaliers du Moyen Âge couverts d'armures de plates, qui étaient extrêmement bien protégés mais ne pouvaient pratiquement pas bouger. En devenant résistante, la bactérie* doit sacrifier une partie de sa capacité à interagir avec son environnement ou alors doit dépenser des ressources pour lutter activement contre les antibiotiques. On parle du coût à la résistance. Plus prosaïquement, on dit qu'en évolution rien n'est gratuit et que tout trait avantageux a généralement des défauts. Du fait de ces coûts, les bactéries pathogènes multirésistantes ne sont donc souvent pas un problème. Que se passe-t-il maintenant si une personne prend des antibiotiques à faible dose ? Les bactéries de la flore commensale vont pâtir du traitement et leur densité (c'est-à-dire leur nombre) va décroître. Les bactéries résistantes, qui ne sont pas affectées par la présence de l'antibiotique, vont occuper les niches écologiques laissées vides et croître. Ce processus est facilité dans les hôtes ayant un système immunitaire affaibli, comme on les rencontre souvent dans les hôpitaux. Tel l'albatros de Baudelaire, qui de gauche sur le sol devient prince des nuées dans les airs, la bactérie multirésistante est extrêmement mal adaptée dans un hôte sain mais se révèle mortelle dans un hôte affaibli.

---

ou un virus). Par phénotype on entend tous les traits qui peuvent être mesurés (par exemple chez l'homme, la taille, la glycémie ou encore la couleur des yeux sont toutes des traits phénotypiques).

Mutations compensatoires

On pourrait croire qu'une fois que l'on arrête de prendre des antibiotiques, les choses reviennent à leur état initial, les souches commensales étant de nouveau plus compétitives. Ce n'est pas aussi simple, car, d'une part les souches résistantes ont pu atteindre une taille critique qui leur permet de se maintenir et aussi éventuellement de causer des pathologies (dans le cas où elles seraient pathogènes en plus d'être résistantes) ; d'autre part, le fait d'atteindre une taille de population non négligeable permet aux bactéries résistantes d'évoluer plus rapidement et de développer des mécanismes de compensation au coût de la résistance. Une bactérie résistante ayant développé un mécanisme de compensation se retrouve à faire jeu égal avec une bactérie sensible même en l'absence d'antibiotique. Pour reprendre la métaphore de l'armure protectrice, une bactérie résistante avec une mutation compensatoire* aurait une armure à la fois solide et souple.

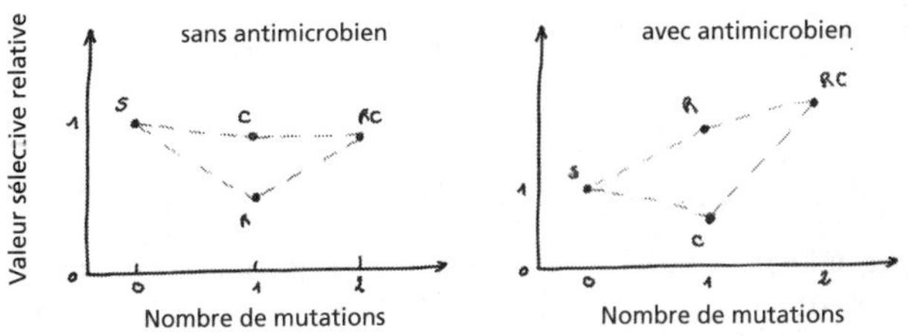

Figure 2.1 – Valeur sélective des souches sensibles (S) ou portant une mutation de résistance (R) ou une mutation compensatoire (C) ou les deux (RC) en l'absence (à gauche) ou en présence (à droite) d'antimicrobien

La valeur sélective de référence (fixée à 1) est celle de la souche S. La résistance a un coût en l'absence d'antimicrobien. La mutation compensatoire seule (C) n'apporte pas d'avantage quel que soit l'environnement mais, combinée à la mutation de résistance (RC), elle permet de pallier les coûts à la résistance. Les traits en pointillé indiquent le chemin évolutif que peuvent suivre les souches.

Il ne faudrait pas conclure des paragraphes précédents que les antibiotiques sont dangereux puisqu'ils permettent de favoriser l'essor de bactéries résistantes. Tout d'abord, il convient de faire la distinction entre la résistance et la virulence*. Les bactéries qui posent problème sont celles qui combinent les deux caractéristiques, car des bactéries seulement virulentes peuvent être combattues avec des antibiotiques et des bactéries seulement résistantes ne nuisent pas à leur hôte. De plus, de même qu'il existe plusieurs sortes d'antibiotiques, il existe plusieurs sortes de résistances et de bactéries. Comme on sait que différentes infections sont causées par différentes espèces de bactéries contre lesquelles un antibiotique est plus ou moins efficace, c'est le rôle du médecin de prescrire une molécule antibiotique qui soit appropriée au type d'infection. À l'heure actuelle, un traitement antibiotique approprié reste le meilleur moyen de lutter contre une infection bactérienne tout en empêchant l'évolution de bactéries résistantes.

Origine des souches résistantes

Les patients traités

AZT et VIH

Si la biologie de l'évolution a une importance croissante en médecine, l'émergence du VIH y est pour beaucoup, surtout depuis la découverte des premiers médicaments antirétroviraux. Après cinq ans de pandémie pendant lesquels il n'existait absolument aucun espoir pour les patients en phase SIDA, on découvre en 1987 que la progression de la maladie peut être ralentie par l'azidothymidine (ou zidovudine) (AZT). Cette molécule avait été mise au point en 1964 par un laboratoire public, mais les recherches avaient été arrêtées car elle semblait ne pas avoir d'effet sur les cancers des souris. En effet, dans les années 1960, on pensait que beaucoup de cancers étaient dus à des infections par des virus (une hypothèse qui, cinquante ans plus tard, revient sur le devant de la scène) et on tentait donc de soigner le cancer en s'en prenant à une protéine* virale. L'AZT inhibe la réverse-transcriptase, une enzyme qui permet au virus une fois entré dans une cellule cible de transformer son ARN en ADN afin de s'insérer dans le génome (humain) de la cellule cible. Ce genre de transformation d'ARN en ADN, seuls les virus en ont besoin, ce qui fait de la réverse-transcriptase une cible idéale pour les traitements.

Malheureusement, l'AZT n'est pas non plus « une balle magique[1] », comme disent les Anglais, et elle est toxique pour l'organisme humain (par exemple elle engendre des anémies). En plus de ses effets secondaires, on s'est rapidement rendu compte que l'AZT permettait juste de contrôler la réplication du virus mais pas de guérir les patients. Et surtout, sont apparus les premiers cas d'infections résistantes. Chez certains des patients traités, les tests de détection de l'antigène viral p24 redevenaient positifs et le nombre de cellules immunitaires de type lymphocytes T $CD4^+$ (celles infectées par le virus) recommençait à diminuer. Le scénario est le suivant : au sein des millions de virus qui infectent un hôte, apparaît par mutation une souche de virus dont le cycle de vie est moins (voire très peu) affecté par le médicament. Cette souche ayant un avantage énorme sur ses concurrentes, elle envahit et devient la souche majoritaire dans le patient. Les taux de mutation sont si élevés et le cycle de vie du virus est si court (48 heures environ) qu'une infection peut devenir entièrement résistante en quelques semaines. De plus,

1. Selon le terme introduit par Paul Ehrlich, l'un des pères de la chémothérapie. Il reprend le mot *Zauberkugeln* de l'œuvre de Carl Maria von Weber pour décrire le médicament idéal. Le film biographique sur ce chimiste prussien s'intitule d'ailleurs *Dr Ehrlich's Magic Bullet*.

dès 1993, on a détecté des cas où la souche initiale infectant l'hôte était résistante.

La trithérapie contre les résistances

Les médecins confrontés aux résistances du VIH ont alors redécouvert les solutions préconisées depuis longtemps par les biologistes de l'évolution pour lutter contre les résistances, par exemple celle des insectes aux insecticides. Ces dernières sont prouvées expérimentalement depuis 1914 ; Théodosius Dobzhansky, un des artisans de la théorie synthétique de l'évolution, écrivait d'ailleurs dans son premier livre[1] en 1937 que l'évolution est un processus généralement trop lent à l'échelle humaine pour être observé chez les espèces sauvages, mais qu'il existe une exception notable qui est l'évolution de la résistance d'une espèce de cochenilles de Californie aux pesticides que sont les cyanures d'hydrogènes (dont le sinistre zyklon B fait partie). Pour la résistance, on sait depuis les années 1980 qu'alterner les types de pesticides ou alors utiliser des pesticides en cocktails (c'est-à-dire plusieurs d'un coup) limite fortement la vitesse à laquelle la population d'insectes ciblée évolue pour devenir résistante.

Mais même en médecine le traitement du VIH n'a pas été précurseur en termes de trithérapies. Pour la tuberculose, l'utilisation de combinaisons de molécules antibiotiques est un standard depuis plus d'un demi-siècle. De nos jours, le traitement standard de cette infection bactérienne est même une quadrithérapie, car de nombreuses souches de tuberculose circulant dans le monde sont déjà résistantes à l'infection. Comme il est compliqué de savoir à quelles molécules une souche est sensible (à ce jour il n'existe même pas de test sanguin simple de détection de l'infection par la tuberculose), le plus simple est de traiter directement avec une large gamme de molécules. Et on peut remonter

1. *Génétique et origine des espèces.*

plus en amont. Paul Ehrlich, toujours lui, dans une célèbre allocution en 1913, évoque déjà les avantages de la thérapie combinée. Reprenant la maxime militaire « Marcher séparés mais attaquer ensemble », il note que la prise simultanée de deux molécules peut avoir une résultante supérieure aux effets individuels.

La même technique a fonctionné pour la résistance du VIH même si les raisons du succès sont différentes du cas de la tuberculose. En effet, pour le VIH, ce qui pose problème n'est pas tant la circulation de souches résistantes d'un hôte à un autre que l'évolution de la résistance au cours d'une infection initiée par une souche sensible. Si vous utilisez un seul médicament et qu'il faut que le virus acquière seulement une mutation pour résister, ceci se produira environ dans une cellule infectée sur 1 000. Si vous utilisez deux médicaments et qu'il faut alors deux mutations, ceci se produira une fois sur 1 million (1 000 fois 1 000). Pour la trithérapie, mise au point en 1996, on passe à une fois sur 1 milliard. Le chiffre peut sembler énorme mais il faut bien voir que dans le cas du VIH, les tailles de population mises en jeu sont tellement grandes et le cycle de vie tellement rapide qu'il faut au moins cela pour éviter un contournement rapide du traitement.

Aujourd'hui, les personnes infectées par le VIH sont le plus souvent suivies régulièrement afin de séquencer* la population de virus qui les infecte. Le but est de voir si cette population est résistante (ou alors sur le point de résister) à un ou plusieurs antirétroviraux afin d'adapter le mélange utilisé pour la trithérapie à l'infection. La prédiction de la résistance d'une population de VIH à un médicament est devenue relativement simple grâce aux progrès de la bio-informatique. Les chercheurs sont parvenus à faire le lien entre la séquence génétique du virus (le génotype*) et le phénotype*, c'est-à-dire le trait qui est exprimé (ici la résistance). Pour cela, ils ont utilisé une base de données dans laquelle ils connaissaient à la fois la capacité du virus à se reproduire *in vitro* en présence d'un médicament et le génotype. Avec des outils statistiques de régression, ils ont développé un algorithme baptisé *Geno2pheno* qui, pour une séquence de VIH donnée, calcule la probabilité qu'un patient infecté par ce virus développe une résistance à diverses molécules. À ce jour, ceci reste peut-être un des seuls exemples où la connaissance de séquences génétiques d'un agent infectieux a eu un impact concret et massif dans le suivi de patients.

Vers des traitements massifs

Les années 2011 et 2012 ont vu un basculement dans la manière de traiter les infections dues au VIH. Jusque-là, l'approche recommandée par l'OMS consistait à attendre le plus possible avant de commencer le traitement trithérapique. La principale raison était que ces traitements ont des effets secondaires lourds à supporter pour les patients, et comme de toute façon ils n'éliminent pas le virus, autant attendre. La seconde raison pour attendre était l'évolution des résistances : si une personne est traitée très tôt, le virus a du temps pour évoluer et devenir résistant, tant et si bien qu'il est fort possible que les médicaments se révèlent inefficaces à la fin de l'infection, lorsqu'ils sont le plus nécessaires, le système immunitaire de l'hôte étant affaibli. Cette attente constituait déjà un revirement par rapport à l'approche préconisée lors de la sortie des premiers médicaments, qui était celle que Paul Ehrlich qualifiait déjà en 1913 de « vieux » remède thérapeutique : « Frapper fort et frapper vite[1] ». On espérait alors guérir les patients infectés ou à défaut réduire leur charge virale et ainsi améliorer leur survie à long terme.

1. En français dans le texte original de son exposé au 17e congrès de la société internationale de médecine en Angleterre le 16 août 1913 et publié dans le *Lancet*.

La révolution de ces dernières années a donc consisté à revenir à l'approche initiale en traitant les patients le plus tôt possible. Ce revirement vient du fait que les traitements sont moins lourds à supporter pour les patients que les premières trithérapies. La seconde raison est que les études épidémiologiques montrent que des individus infectés et traités transmettent très peu (voire quasiment pas) le virus. En traitant tout le monde très tôt, l'espoir est donc de freiner voire d'éradiquer non plus le virus à l'échelle d'une infection mais à celle de la pandémie. Une des questions qui reste en suspens avec ces traitements précoces est l'évolution des résistances. En particulier dans les pays les plus pauvres où les traitements sont standardisés et non adaptés à chaque infection. Il est fort probable que des souches de VIH résistantes deviennent rapidement les souches prédominantes. La question est de savoir si le ralentissement de l'épidémie suffira à faire disparaître le virus avant que la résistance ne se généralise. À ce jour on ne connaît pas vraiment la réponse à cette question, mais on pense que même en l'absence de résistance une telle campagne massive ne suffirait pas à éradiquer le virus.

Épidémie de souches résistantes

Pour le moment, nous avons surtout vu comment la résistance peut évoluer *de novo* dans un hôte infecté. Ceci se produit souvent dans le cas des infections par le VIH traitées par un seul antirétroviral mais beaucoup moins pour les infections bactériennes traitées par un seul antibiotique. En effet les bactéries évoluent moins vite que ce virus et la résistance aux antibiotiques peut mettre en œuvre des mécanismes compliqués. Parmi ceux-ci on peut citer les changements de la perméabilité de la paroi bactérienne, qui empêchent les antibiotiques d'entrer dans la cellule, l'exportation des antibiotiques hors de la cellule, la modification voire la dégradation de l'antibiotique dans la cellule, le développement de voies de synthèse alternatives à celles ciblées par l'antibiotique, la modification des cibles de l'antibiotique ou encore la surproduction d'une enzyme ciblée par l'antibiotique pour compenser. L'évolution de la résistance peut être plus ou moins compliquée. Pour certains antibiotiques de synthèse tels que les quinolones ou les sulfonamides, le polymorphisme d'un seul nucléotide* (*single nucleotide polymorphism* en anglais) peut suffire. Autrement dit, une simple mutation rend la bactérie résistante. En revanche, dans le cas des SARM, par exemple, la résistance à la méticilline provient du gène* mecA, qui permet la synthèse d'une protéine PBP2 modifiée. Cette protéine est impliquée dans la synthèse de la paroi bactérienne et est la cible de la pénicilline. En produisant une molécule différente, les SARM échappent à l'action de l'antibiotique. Vu sa complexité, il semble peu probable que le gène mecA réémerge continuellement chez des patients traités.

Au final, on pense que les bactéries résistantes peuvent être transmises et causer des épidémies. C'est le cas des SARM, qui causent tant de problèmes dans les hôpitaux et pour lesquels on a pu identifier des origines indépendantes.

Les hôpitaux

Dans un essai de 1871 publié dans le mensuel *Galaxy Magazine*[1], Mark Twain met en scène un agent d'assurance surpris que son client veuille lui acheter une assurance pour le lendemain de son voyage en train. Ce dernier lui explique qu'il a fait le calcul et que les trains sont au final peu dangereux si l'on réalise que sur le million d'Américains qui meurent chaque année, plus de 98 % meurent dans leur lit. Et de conclure, « Et mon conseil à tout le monde est :

1. Twain M., « The danger of lying in bed », *in* « Memoranda », *The Galaxy*, février 1871. Traduction de l'auteur.

ne restez pas à la maison plus que nécessaire. Mais si vous devez rester à la maison un moment, achetez un paquet de ces tickets d'assurance et passez les nuits debout. On n'est jamais trop prudent. »

De nos jours, les hôpitaux pourraient remplacer les lits de l'histoire de Twain, car beaucoup de gens non seulement y meurent, mais en plus parfois à la suite d'infections nosocomiales résistantes contractées après leur admission. Les premiers SARM ont été détectés dans les années 1960 dans les hôpitaux mais ils se sont surtout propagés dans tous les hôpitaux de la planète dans les années 1980 voire 1990. Il est assez logique que des souches de bactéries émergent dans les hôpitaux puisque, comme ces lieux concentrent l'utilisation d'antibiotiques, ils maximisent la pression de sélection pour l'évolution de la résistance. Par pression de sélection, on désigne l'avantage théorique qu'ont les individus porteurs d'un trait particulier (ici le fait d'être résistant) par rapport aux autres. Si vous êtes une bactérie en milieu hospitalier, un des seuls moyens de persister dans cet environnement extrêmement hostile est d'avoir des mécanismes de résistance contre ces agressions.

La communauté

Si les hôpitaux sont souvent pointés du doigt, il faut relativiser les choses. Déjà, en France, seul un antibiotique sur dix est dispensé dans un hôpital. Près des trois quarts le sont par les généralistes en ville. On détecte de plus en plus de bactéries résistantes dans notre environnement quotidien, jusque sur les animaux de compagnie. Encore une fois, il faut bien distinguer la résistance (le fait d'être insensible au traitement) de la virulence (le fait de nuire à son hôte) – les bactéries résistantes mais avirulentes ne posent pas de problème. Toutefois, on trouve aussi des souches de bactéries virulentes partout. Si l'on recherche des bactéries de l'espèce de staphylocoques la plus virulente, le staphylocoque doré, on en trouvera dans le nez d'une personne sur cinq en l'absence de tout symptôme évident. On soupçonne donc de plus en plus qu'une partie des patients victimes d'une infection nosocomiale étaient déjà porteurs de bactéries résistantes et virulentes lors de leur admission. L'infection peut alors être due soit à l'affaiblissement du système immunitaire du patient, soit à une opération chirurgicale qui déplace involontairement les bactéries depuis un compartiment où elles étaient inoffensives (la peau) à un compartiment du corps où elles sont plus difficiles à contrôler par le système immunitaire et où leur virulence s'exprime pleinement.

La deuxième origine des SARM est donc la « communauté*[1] » (entendez par là, hors de l'hôpital). L'idée est que les souches résistantes circulent entre hôpitaux ou sont importées depuis l'environnement extérieur par le personnel de l'hôpital et par les patients. Cette source est de plus en plus étudiée au cours des dix dernières années, surtout aux États-Unis. Les SARM issus de cette origine ont l'avantage de souvent être sensibles à quelques autres antibiotiques que la méticilline et ses dérivés.

Au passage, en soi il n'est pas surprenant de trouver des souches résistantes aux antibiotiques dans l'environnement. En récoltant des fragments de glace prélevée dans des sols anciens, des chercheurs canadiens sont parvenus à accéder à de l'ADN bactérien datant de plus de trente mille ans. Les analyses moléculaires ont révélé la présence de gènes de résistance. Bien que les molécules des bactéries anciennes diffèrent un peu de celle trouvées dans leurs

1. Ce terme a un sens très précis en écologie où il désigne l'ensemble des animaux de différentes espèces vivant au même endroit. Toutefois, il a tendance à perdre son sens, car il est devenu très populaire. On pourrait y voir un lien avec le fait que le mot communauté est aussi très prisé par les médias pour désigner des groupes de personnes plus ou moins identifiés (par exemple la « communauté » des chercheurs en écologie de France).

descendantes contemporaines, les chercheurs ont montré qu'elles n'en sont pas moins fonctionnelles par exemple pour résister à un antibiotique tel que la vancomycine. Les antibiotiques sont produits par des bactéries ou des champignons et c'est donc sans surprise que les bactéries ont pu déjà développer des mécanismes de résistance à force de rencontrer ces substances toxiques dans leur environnement.

L'élevage

La troisième grande origine des SARM, c'est l'élevage, en particulier l'élevage intensif industriel. Les antibiotiques sont utilisés comme complément alimentaire de base non seulement parce que cela permet d'éviter des épidémies bactériennes, très fréquentes dans les conditions d'élevage intensif où les animaux sont entassés et sont tous identiques génétiquement, mais aussi parce que les antibiotiques permettent d'augmenter la masse des animaux très rapidement. En 2001, on estimait qu'entre 30 et 70 % (les valeurs changent beaucoup selon que l'on se base sur les chiffres des autorités sanitaires ou de l'agro-industrie) des antibiotiques produits aux États-Unis étaient destinés à des animaux sains. Les types d'antibiotiques prescrits vont des pénicillines aux tétracyclines (utilisées contre le paludisme). En 2006, l'UE a interdit l'usage d'antibiotiques à des fins non thérapeutiques pour les animaux d'élevage. La Suède était particulièrement en avance puisqu'elle avait interdit cette pratique dès 1987 en investissant dans des méthodes de prévention des maladies du bétail qui ne reposent pas sur les antimicrobiens. La consommation d'antimicrobiens y a été divisée par deux et la prévalence* des résistances dans le bétail reste faible. Dans la plupart des autres pays, dont les États-Unis, il n'existe toujours pas de réglementation.

Autre particularité évolutive, qui rend l'utilisation d'antibiotiques comme facteur de croissance particulièrement choquante, est qu'un mécanisme de résistance contre un antibiotique peut faciliter l'évolution d'une résistance à un autre antibiotique. Ainsi, les bactéries résistantes à l'avoparcine, un antibiotique couramment utilisé pour nourrir le bétail, peuvent facilement devenir résistantes à la vancomycine, l'antibiotique le plus puissant que nous ayons contre la bactérie *Staphylococcus aureus*.

Au passage, après avoir lu ce qui précède sur l'évolution rapide de la résistance aux antibiotiques, on peut se demander pourquoi ils ont encore un effet sur les animaux d'élevage. La question reste ouverte à ce jour. Une possibilité est que les doses administrées sont faibles comparées à celles administrées dans la plupart des traitements d'infections. Toutefois, il est aussi possible que les bactéries commensales des élevages industriels soient bien devenues résistantes mais que cela n'affecte pas la prise de poids des animaux traités, les bases de cet effet restant très mal comprises.

Transferts de résistance des bactéries

Si la transmission* de bactéries résistantes pose problème, on pourrait penser qu'en limitant les échanges et en surveillant quelques souches bactériennes on puisse circonscrire le problème. Il n'en est rien. C'est que, comme le dit le biologiste de l'évolution (et néanmoins médecin) Bruce Levin, les bactéries doivent nous considérer, nous humains, comme une espèce « nymphomane et incestueuse », car nous ne brassons notre matériel génétique qu'avec quelques personnes qui nous ressemblent beaucoup et uniquement pendant la reproduction. Les bactéries, elles, peuvent s'échanger des morceaux d'ADN à tout moment et ce entre différentes espèces. Elles peuvent même récupérer des fragments d'ADN dans le milieu. Par conséquent, si une souche de bactérie acquiert une résistance, celle-ci peut circuler rapidement et être partagée entre la plupart des bactéries du voisinage. Des expériences récentes sont venues confirmer et quantifier cette plasticité, voire cette porosité, des génomes bactériens.

En 2013, une équipe de Boston a administré à des souris un traitement antibiotique : 5 ont reçu des doses thérapeutiquement significatives de ciprofloxacine, 5 ont reçu un antibiotique différent (de l'ampicilline) et 5 ont servi de contrôle (elles n'ont rien reçu). Au bout de 8 semaines de ce traitement, les chercheurs ont récolté les crottes des souris et ont analysé ce qu'on appelle le « phagéome », c'est-à-dire l'ensemble des gènes de virus bactériophages[1] présents dans l'échantillon. Avec les nouvelles techniques de séquençage, ce type d'analyse simultanée de tous les génomes présents dans un même environnement est devenu très aisé. Les résultats relatés dans l'article paru dans la revue *Nature*, l'une des plus lues au monde, sont frappants[2]. Chez les souris traitées, les chercheurs ont observé un enrichissement du phagéome en gènes conférant une résistance à l'antibiotique utilisé, voire à d'autres antibiotiques. On pourrait interpréter ceci comme un transfert depuis les bactéries vers les phages : l'utilisation d'antibiotiques favorise les bactéries résistantes et il est connu que bactéries et phages s'échangent des morceaux d'ADN. Mais il semble que la réalité soit plus compliquée et que les phages aient un rôle actif dans la propagation des gènes de résistance aux antibiotiques. En effet, en plus d'être enrichi en gènes de résistance, le phagéome était aussi enrichi en gènes permettant des interactions entre phages et bactéries. Pour compléter leur projet, les chercheurs ont mis en contact *in vitro* des bactéries de la flore bactérienne d'individus non traités avec des phages issus de crottes de souris traitées ou non. Dans le cas des phages issus de souris traitées,

1. Virus n'infectant que des bactéries.

2. Modi *et al.*, « Antibiotic treatment expands the resistance reservoir and ecological network of the phage metagenome », *Nature*, 499, 2013, p. 219-222.

les bactéries ont développé deux à trois fois plus de résistance aux antibiotiques que dans le cas des phages issus de souris non traitées. En résumé, cette expérience montre que la flore virale a aussi un rôle important en permettant une évolution rapide de la résistance de la flore bactérienne.

Le résultat précédent se plaçait à l'échelle d'un individu (voire d'un intestin). En 2012, un article publié dans la très médiatique revue *Science* avait prouvé que l'environnement, en particulier le sol, est une réserve de gènes de résistance aux antibiotiques. D'une certaine manière, ceci n'est pas surprenant étant donné que les champignons dont sont issus la majorité des antibiotiques que nous utilisons vivent dans le sol. Ce qui a plus surpris les chercheurs c'est que parmi les 110 gènes de résistance trouvés dans les isolats provenant de 11 fermes des États-Unis, 32 étaient très similaires[1] à des gènes de résistance détectés chez des hommes infectés et 18 étaient même 100 % identiques aux gènes provenant d'une infection (sévère) humaine. Que l'on trouve des gènes de résistance aux antibiotiques dans le sol, soit, mais qu'il y ait une telle similitude entre des gènes de bactéries du sol et des gènes de bactéries pathogènes est la marque d'un transfert horizontal de gène, c'est-à-dire que certaines bactéries ont transféré leur gène de résistance à des bactéries d'une autre espèce. De plus, la moitié des gènes de résistance aux antibiotiques découverts dans les échantillons du sol étaient inconnus. Il semblerait bel et bien qu'il existe un potentiel de résistance encore insoupçonné dans la nature. On peut se rassurer en se disant qu'il est possible que le sens du transfert aille depuis les patients infectés vers le sol. Même dans un scénario aussi optimiste, il n'en resterait pas moins que ces pathogènes résistants sont là, prêts à devenir des causes de maladies nosocomiales. Autre interrogation en suspens : les auteurs de l'étude ont utilisé du sol près de fermes où la fertilisation était

1. Plus de 90 % d'homologie de séquence ADN.

majoritairement assurée par du compost provenant d'animaux traités aux antibiotiques. Malheureusement, vu le peu de fermes incluses dans l'étude (11), il faudrait refaire une étude plus poussée pour avoir une idée précise du rôle de l'utilisation des antibiotiques dans l'élevage sur l'accumulation de gènes de résistance dans le sol.

Une étude encore plus récente semble suggérer que tout n'est pas aussi simple. En étudiant les épidémies de *Salmonella Typhimurium* DT104 en Écosse à la fois chez l'homme et dans le bétail, les chercheurs ont montré que les épidémies chez l'homme ne semblaient pas avoir été causées par les souches circulant dans le bétail. Le plus vraisemblable est que ces souches ont été importées en Écosse depuis d'autres pays. Détail intéressant, les souches circulant dans le bétail, elles, auraient été transmises localement par l'homme. Ceci nous rappelle qu'en plus de mettre en jeu des hôtes multiples, le problème de la résistance aux antibiotiques a aussi une dimension internationale.

Les échanges de gènes entre bactéries sont intimement liés à la question médiatique de la culture en plein champ de plantes génétiquement modifiées. Pour des raisons évidentes, certains opposants aux plantes OGM mettent en avant les risques pour la santé. Ce problème semble plutôt secondaire au vu des preuves scientifiques peu convaincantes[1]. Il y a en revanche deux problèmes majeurs qui

1. L'étude réalisée en 2012 par l'équipe de Gilles-Éric Séralini illustre parfaitement à quel point ces travaux reposent plus sur le tapage médiatique (qu'il a minutieusement organisé) que sur les résultats scientifiques. Rien ne permet de conclure que les supposées différences observées entre rats nourris aux plantes OGM et rats nourris aux plantes non-OGM sont significatives. Même les études de complaisance payées par les lobbys pro-OGM sont statistiquement plus solides (à la décharge de Séralini, les pro-OGM veulent montrer une absence d'effet, ce qui est plus facile : il suffit d'utiliser de petits échantillons et ainsi de diminuer la puissance statistique). Toutefois, le fait que finalement le journal qui a publié

malheureusement font souvent les frais de la focalisation sur la santé publique. Le premier, c'est la question du brevetage du vivant. En intégrant un ou plusieurs gènes dans une plante, les firmes agro-industrielles peuvent la breveter et ainsi s'approprier le travail de générations de paysans. Le second problème concerne la dissémination des gènes introduits. À la fin des années 1990, l'équipe de Pierre-Henri Gouyon à Orsay avait déjà calculé que si l'on plantait du colza OGM, en quelques années tous les colzas de la région le deviendraient car le pollen de ces plantes peut se disséminer à plusieurs kilomètres. Selon le chercheur, la réponse officieuse des semenciers avait été en substance que cela ferait toujours quelques années pendant lesquelles ils pourraient vendre leurs graines. La réponse officielle, elle, est généralement que les plantes OGM sont stérilisées, ce qui empêche les croisements avec les plantes sauvages. Pourtant, comme on l'a vu ci-dessus, ceci n'empêche pas la propagation des gènes via la flore microbienne du sol. Certes, les gènes introduits dans les plantes OGM existent déjà dans la nature. Par exemple, la molécule Bt, qui est introduite dans le maïs de Monsanto pour résister aux insectes, est produite par une bactérie du sol. Mais tout est question d'échelle : les calculs ont montré qu'un champ de maïs Bt produit des quantités d'insecticide supérieures à ce qui était pulvérisé dans les champs de plantes non-OGM[1]. De même, les gènes de résistance aux antibiotiques, qui au passage étaient inclus dans les premières générations de plantes OGM, existent

---

cette étude (*Food and Chemical Toxicology* pour ne pas le nommer) ait décidé de se rétracter en 2013 est tout aussi choquant. Un article peut être retiré si ses auteurs le demandent ou s'il y a eu fraude. Dans le cas présent, l'article était juste sans fondement statistique mais, cela, l'éditeur et les relecteurs pouvaient le voir avant de le publier.

1. Ce qui, selon toute vraisemblance, devrait de toute façon conduire à une évolution de la résistance des insectes à la molécule Bt et rendre les plantes OGM inefficaces.

aussi dans la nature. Mais plus on les dissémine, plus on risque de les voir apparaître dans des endroits indésirables tels que les hôpitaux.

Épidémiologie de la résistance

Le 31 août 1854 éclate une épidémie de choléra dans le quartier de Soho à Londres. Plusieurs cas s'étaient déjà déclarés ailleurs dans la ville. Entre en scène John Snow, un médecin peu convaincu par la théorie des miasmes en vogue à l'époque, qui attribuait l'origine des maladies telles que le choléra ou la peste noire au « mauvais air ». Le docteur Snow ne sait pas comment se transmet le choléra mais en interrogeant les habitants du quartier, il parvient à la conclusion que les cas sont liés à une pompe à eau publique dans Broad Street (devenue Broadwick Street, mais on peut toujours y voir la pompe). L'analyse de l'eau ne lui permet pas de démontrer la présence de choléra mais il arrive quand même à faire fermer le puits en question, ce qui a pour effet de ralentir l'épidémie. À la suite de cela, John Snow réalise des cartes du quartier en y indiquant le nombre de cas. Statistiques à l'appui, il démontre que les cas sont tous rapprochés de la pompe incriminée. Seule exception de taille : un monastère se trouvant situé tout près de la pompe ne déplora aucun décès. La raison de cette protection divine fut expliquée par la suite. Il se trouve que les moines ne buvaient que de la bière qu'ils fabriquaient. Cette étude de terrain novatrice fait de John Snow le fondateur de l'épidémiologie* moderne et le Royaume-Uni reste aujourd'hui à la pointe dans ce domaine.

L'étymologie du mot épidémiologie est assez intrigante. Le mot provient du préfixe grec « epi », qui signifie au-dessus ou parmi, de « demos », qui signifie le peuple, et de « logos », qui représente le mot ou le discours. L'épidémiologie, c'est donc l'étude de quelque chose qui est parmi la population ou qui est saupoudré sur la population. Le fait que certains mécanismes de résistance soient complexes suggère que les mécanismes ne sont pas réinventés lors de chaque nouvelle infection nosocomiale mais plutôt que des bactéries portant déjà le ou les gènes de résistance ont été « importées » par les patients lors de leur admission. Tant que le patient n'était pas affaibli, ces bactéries étaient sous contrôle mais quand l'environnement varie, la valeur sélective d'un organisme (c'est-à-dire sa capacité à être sélectionné et à avoir beaucoup de descendants) change aussi. Toujours est-il que la compréhension de la circulation des souches résistantes nécessite d'adopter une vision d'épidémiologiste.

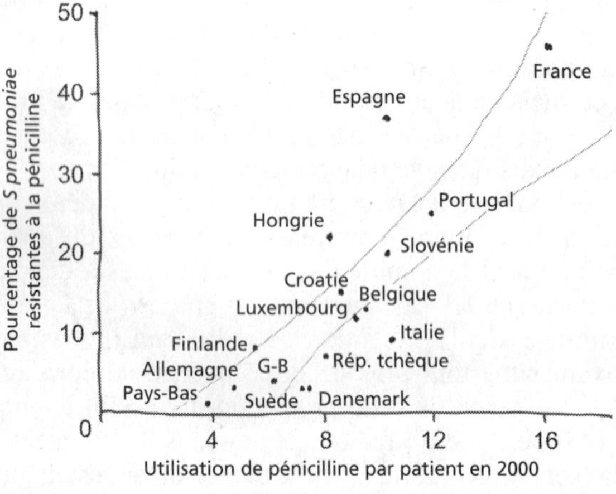

Figure 2.2 – Corrélation entre la quantité de pénicilline prescrite dans les pays européens et la fraction de souches résistantes à la pénicilline dans les hôpitaux de ces mêmes pays

On voit que les pays qui prescrivent le plus de pénicilline, en particulier la France, font face à plus de souches résistantes (dessin de l'auteur d'après Goossens *et al.*, « Outpatient antibiotic use in Europe and association with resistance : A cross-national database study », *Lancet*, 365, 2005, p. 579-587).

On pourrait aussi croire que la résistance « c'est la faute des autres », autrement dit qu'il suffit qu'un pays prescrive des antibiotiques à tout-va pour que tous ses voisins soient touchés par des souches résistantes. Ce n'est pas le cas. Dans le cas contraire, la France serait ce pays, car en 2002 c'était encore le pays d'Europe où l'on prescrivait le plus d'antibiotiques par habitant. Il semblerait qu'il y ait une corrélation très nette entre le risque d'être infecté par une souche résistante et la quantité d'antibiotiques prescrits. Une étude hollandaise a mesuré le pourcentage d'infections qui étaient causées par des souches de bactéries *Pneumoniae* résistantes dans de grands hôpitaux européens en 1999 et 2000. Ils ont ensuite croisé ces chiffres avec la quantité moyenne de pénicilline prescrite par habitant dans ces mêmes pays et ont trouvé une relation très claire : les Pays-Bas ou l'Allemagne, qui prescrivaient très peu d'antibiotiques, avaient moins de 3 % de souches résistantes, tandis qu'un pays comme la France, qui prescrivait environ quatre fois plus d'antibiotiques, avait environ 45 % de souches résistantes ! Depuis cette étude, la situation s'est paraît-il améliorée en France. En fait les statistiques officielles indiquent que la consommation d'antibiotiques n'a baissé que de 11 % entre 2000 et 2009 et reste deux fois plus élevée qu'en Allemagne et près de trois fois plus élevée qu'aux Pays-Bas. Ces différences sont principalement dues aux antibiotiques prescrits en ville par les médecins généralistes (qui représentent les trois quarts des prescriptions), car dans le milieu hospitalier la consommation est comparable aux autres moyennes européennes. Est-on mieux soigné en France ? Probablement pas et, comme le rapporte l'Institut national de veille sanitaire, dans près de 60 % des cas, le traitement antibiotique prescrit en ville est contraire aux recommandations des experts. En tout cas, ceci illustre à quel point les politiques de santé publique façonnent l'évolution des maladies infectieuses et donc les souches par lesquelles les gens sont infectés.

Ces dix dernières années ont vu un regain d'intérêt pour l'étude de l'évolution de la résistance avec des résultats épidémiologiques assez frappants. Prenons par exemple la question de la taille des hôpitaux. En France, comme ailleurs dans le monde, on se demande souvent s'il est préférable d'avoir plusieurs petits hôpitaux ou alors quelques gros hôpitaux. Les arguments mis en avant sont généralement la proximité (les petits hôpitaux sont plus proches de la population que les gros), les économies d'échelle (les gros hôpitaux mutualisent certains services) et la sécurité (les petits hôpitaux ne peuvent pas bénéficier de toute la palette de services offerts par les gros hôpitaux). La résistance aux antibiotiques pourrait faire partie du débat. En 2011, des chercheurs suisses ont montré qu'aux États-Unis et en Irlande, plus les hôpitaux sont gros, plus les problèmes se posent : les patients contractent plus d'infections par des staphylocoques dorés et, parmi ces infections, une plus grande proportion est due à des souches résistantes. Leur modèle épidémiologique permet de comprendre les processus sous-jacents, qui mettent en jeu des processus stochastiques (ce qu'on appelle communément le hasard). En effet, les petits hôpitaux rendent la propagation des souches résistantes plus compliquée car elles peuvent disparaître du fait du peu d'hôtes infectés. Dans les grands hôpitaux, le nombre d'infections au même endroit est tel qu'il existe toujours en proportion quelques bactéries résistantes et leur extinction est improbable. Il se pourrait donc que les avantages des grosses structures en termes d'équipement et de concentration des services se payent en termes d'infections nosocomiales.

L'effet des politiques de santé a aussi été habilement démontré par une étude australienne de 2009 sur la tuberculose. Cette étude est une prouesse technique et statistique car tout ce à quoi les auteurs avaient accès, c'étaient des relevés dans trois pays (l'Estonie, Cuba et le Venezuela) indiquant combien de cas de tuberculose avaient été diagnostiqués et, sur ces cas, combien étaient causés par des souches de bactéries résistantes. Grâce à des méthodes de statistiques dites bayésiennes et mettant en jeu des millions de simulations sur ordinateur, les auteurs sont parvenus, à partir de ces relevés, à estimer à la fois le taux d'évolution de la résistance et le coût que la résistance représentait pour la bactérie en termes de transmission (toujours cette idée que le bénéfice à être résistant se paye quelque part). Pour ce qui est du taux d'évolution de la résistance, ils ont trouvé peu de différences entre les trois pays. En revanche, ils ont montré que le coût à être résistantes pour les bactéries était pratiquement nul en Estonie ou à Cuba mais extrêmement élevé au Venezuela. Autrement dit, du point de vue de la bactérie *Mycobacterium tuberculosis*, il est plus facile d'être résistante à Cuba qu'au Venezuela. Ce résultat prend tout son sens quand on lui ajoute une composante sociohistorique. À Cuba comme en Estonie, l'accès aux antibiotiques a longtemps été très facile. Le Venezuela au contraire a été l'un des pays précurseurs dans la lutte contre la tuberculose avec la mise en place d'un programme de contrôle dès 1936. On a donc une illustration du fait que les politiques de santé publique façonnent l'évolution des parasites. En Estonie et à Cuba, les habitants payent les conséquences d'une absence de programme antituberculose entre les années 1950 et 1990, qui a conduit à l'enracinement de souches résistantes via l'évolution de mécanismes de compensation des coûts inhérents à la résistance.

Si les politiques de santé publique façonnent les résistances auxquelles on fait face, il ne faudrait pas pour autant en conclure que les souches résistantes s'arrêtent aux frontières. Prenons par exemple la résistance NDM-1 détectée en 2008. Son acronyme fait référence au lieu où le premier cas a été identifié : il signifie New Delhi metallo-betalactamase 1 (NDM-1). La β-lactamase est une enzyme dont on sait depuis les années 1940 qu'elle dégrade la pénicilline. Une des avancées thérapeutiques a été la découverte d'antibiotiques résistants à cette enzyme bactérienne, ou capables de l'inactiver. Malheureusement, l'utilisation de ces molécules de dernier recours s'est accompagnée de l'évolution de nouvelles β-lactamases bactériennes (on en dénombre près de 900). NDM-1 n'est pas à proprement parler une enzyme ou une bactérie mais plutôt un élément génétique transmissible contenant plusieurs gènes de résistance. Il peut transiter entre différentes espèces de bactéries telles que les klebsielles (sur lesquelles la découverte originale a été faite), voire le colibacille *Escherichia coli*, très commun dans nos intestins. Fait particulièrement frappant, quels que soient l'espèce bactérienne porteuse et le pays de détection (Inde, Pakistan ou Europe), les analyses génétiques révèlent que NDM-1 a le plus souvent la même origine indienne[1]. Les gènes de résistance sont donc capables de sauter d'une espèce à l'autre mais aussi d'un continent à l'autre. Même si l'on ne saura peut-être jamais précisément comment NDM-1 a émergé en Inde, il fait peu de doute qu'un des facteurs décisifs est l'utilisation d'antibiotiques sans prescriptions. Dans les pharmacies ou les centres de santé privés de New Dehli, on peut acheter quasiment tous les antibiotiques existants. Un article de 2013 explique aussi que même les antibiotiques normalement utilisés en dernier recours sont disponibles dans les dispensaires publics de santé. La loi indienne prévoit un contrôle plus strict mais pour mettre en place ces règles il faut des fonds. À titre d'exemple, le système d'égouts de New Delhi n'est prévu que pour la moitié de la population actuelle et près de 18 % des échantillons d'eau prélevés ne sont pas potables car contaminés par des matières fécales. Le problème se situe donc au niveau international et renvoie à la nécessité d'une politique mondiale de santé.

Pour finir sur une note encore plus pessimiste, il n'est même pas sûr que l'adage consistant à dire que le seul

1. Il existe aussi des souches issues d'une autre source dans les Balkans mais elles sont plus rares.

moyen de ne pas observer de résistance est de ne pas utiliser un antibiotique soit vrai. La faute à la sélection indirecte. L'idée est qu'une pression de sélection peut conduire à favoriser un trait, qui se trouve être bénéfique pour faire face à une pression de sélection complètement différente. Dans le cas des antibiotiques, il est maintenant avéré que la présence de métaux lourds favorise les souches antibiorésistantes. Ceci est dû en partie au fait que les gènes de résistance aux métaux lourds et ceux de résistance aux antibiotiques peuvent se trouver sur les mêmes éléments génétiques transférés entre bactéries et en partie au fait que certains mécanismes de résistance, telle la production de biofilm, fonctionnent contre les deux types de stress. Ce résultat n'est pas nouveau. Dès 1974, les chercheurs avaient été frappés par le fait que des souches d'*E. coli* récoltées dans des sédiments de la rivière Whippany au New Jersey (États-Unis) comportaient plus de résistances aux antibiotiques dans les régions plus polluées. En 1993, Anne Summers et ses collègues de l'université d'Athens en Géorgie ont poussé la démonstration bien plus loin. Ils ont noté que sur 356 personnes n'ayant pas été exposées aux antibiotiques récemment, celles qui avaient des prévalences élevées de résistance au mercure dans leurs intestins avaient aussi plus de résistance aux antibiotiques. Leur hypothèse était que les mélanges utilisés dans les plombages dentaires aient pu sélectionner ces bactéries. Afin de la tester, ils ont étudié les flores orales et intestinales de 6 singes avant, pendant et après enlèvement de plombages. La densité des bactéries résistantes au mercure augmente dans les 5 semaines qui suivent la mise en place des plombages et perdure 5 semaines après leur enlèvement. Des bactéries résistantes au mercure issues de trois familles représentatives étaient aussi résistantes à un ou plusieurs antibiotiques. En plus de démontrer que la pollution de notre environnement a des effets néfastes à court terme, cet exemple indique aussi que l'utilisation rationnelle des antibiotiques ne suffira peut-être même pas à assurer leur efficacité sur le long terme. Ce qu'il faut, c'est une compréhension globale de l'écologie et de l'évolution bactérienne.

Le futur scandale des peptides antimicrobiens ?

On dit parfois que l'histoire bégaye. Dans le cas des traitements antiparasitaires, on est au-delà du bégaiement. Dès l'usage de la pénicilline, des Cassandre ont prévenu des risques d'évolution de résistances. Malheureusement, les leçons des erreurs du passé semblent ne pas avoir été retenues, comme l'illustre le cas des peptides antimicrobiens (PAM).

Les PAM sont des molécules découvertes dans les années 1990 qui ont suscité un énorme engouement. Comme leur nom l'indique, ce sont de petites chaînes d'acides aminés (environ 8) qui ont un extraordinaire pouvoir antimicrobien*. C'est là leur première différence avec les antibiotiques classiques (qui sont de plus grosses molécules). Leur seconde différence, et elle se révélera extrêmement importante par la suite, est que les PAM sont produits par tous les êtres vivants (des bactéries jusqu'aux animaux en passant par les plantes) alors que les antibiotiques ne sont produits que par des champignons et des bactéries.

Du fait de leur toxicité extrême pour les bactéries, l'utilisation thérapeutique de ces peptides a tout de suite été envisagée. Songez un peu : nous disposerions de nouvelles molécules qui pourraient lutter contre des infections bactériennes résistant à tous les antibiotiques classiques. En plus, comme tous les êtres vivants produisent des peptides, il y a là un réservoir immense à tester pour l'industrie pharmaceutique.

Un point qui a été passé sous silence est la possibilité pour les bactéries d'évoluer pour devenir résistantes à un PAM. Ironiquement (ou tragiquement), l'article de référence du médecin Michael Zasloff publié en 2002 dans la revue *Nature* indique même que de telles résistances sont un détail. Zasloff écrit : « Contrairement aux antibiotiques conventionnels tels que la pénicilline, que les microbes peuvent facilement contourner, l'acquisition d'une résistance au peptide antimicrobien par une souche microbienne sensible est curieusement improbable. » À la lecture de cet article, le professeur Graham Bell (qui n'a aucun lien de parenté avec l'inventeur du téléphone) du département d'écologie de l'université de McGill à Montréal s'étrangle quelque peu. Avec son étudiant en maîtrise de l'époque, Gabriel Perron, ils se disent en substance : « Prenons des bactéries, prenons des peptides antimicrobiens et fabriquons des résistances. » Pour un biologiste de l'évolution, le résultat ne fait pas beaucoup de doutes et on pourrait même y voir une réinvention de la roue. Toujours est-il que les résultats de leur expérience d'évolution expérimentale furent qu'au bout de 100 jours (soit environ 600 générations de bactéries) 22 des 24 lignées indépendantes étaient résistantes. À la décharge des zélotes des PAM, il faut préciser que dans leur expérience, Perron et Bell ont augmenté les doses de PAM graduellement au cours des 100 jours afin de faciliter l'adaptation des bactéries. S'ils avaient commencé d'office avec une dose élevée, les bactéries auraient probablement disparu en quelques générations dans toutes leurs lignées. La publication de ces travaux est intéressante car Graham Bell et Gabriel Perron ont contacté Michael Zasloff pour lui faire part de leurs résultats. Celui-ci semble avoir été ingénument surpris, au point de cosigner la publication de 2006 avec Perron et Bell. Évidemment, ces résultats-là ne furent pas publiés dans *Nature* mais dans une revue plus spécialisée (*Proceedings B*).

La possibilité pour les bactéries d'évoluer et de développer des résistances aux PAM n'est pas une banale controverse scientifique autour de la validité d'une phrase imprimée dans une revue prestigieuse. Cela va même au-delà de la résistance antibiotique classique. On pourrait dire que cela est quasiment un choix de société comme l'a souligné Pierre-Henri Gouyon, professeur au Muséum d'histoire naturelle de Paris. En effet, lorsqu'une souche de bactérie parvient à résister un antibiotique, il s'agit juste d'un médicament de perdu, bien que le terme « juste » puisse paraître exagéré, car il ne nous reste plus tellement de molécules efficaces contre toutes les bactéries. Mais avec les PAM, c'est nettement pire ! Car si les PAM sont produits par tous les organismes, cela inclut entre autres *Homo sapiens*. Ces peptides antimicrobiens humains ont un rôle à la fois dans la communication entre cellules immunitaires et (évidemment) dans la destruction des bactéries. En fait, les PAM sont en quelque sorte notre première ligne de défense contre les bactéries pathogènes. Dans notre intestin, qui contient plusieurs kilos de bactéries, ce sont les PAM qui permettent que ces dernières soient bien disciplinées et restent à l'intérieur de notre tube digestif plutôt que d'aller se promener dans le reste de notre corps. En effet, toute bactérie qui tente de franchir la paroi intestinale fait immédiatement face à une réponse du système immunitaire qui consiste à envoyer des peptides antimicrobiens. On mesure mieux le risque : une souche qui devient résistante aux PAM n'échappe pas uniquement à un médicament mais à nos propres peptides antimicrobiens. Autrement dit, dans un tel scénario on ne perdrait alors pas uniquement un médicament mais on pourrait compromettre notre propre système immunitaire. D'autre part, vu le rôle des PAM dans la communication entre composantes du système immunitaire, des traitements pourraient potentiellement engendrer des dysfonctionnements immunitaires.

Vu les risques et vu le peu de débat, on pourrait se dire que les PAM ne sont qu'une lubie de chercheurs. D'ailleurs, Alexander Fleming lui-même travaillait sur les lysozymes humains comme agents antibactériens. Il n'en est rien. Quelques « start-up » se sont construites autour de ces projets d'utilisation (thérapeutiques et autres) des PAM. À l'heure actuelle, beaucoup de ces peptides sont en phase avancée d'essais cliniques, qui sont obligatoires avant la commercialisation. Certaines molécules ont passé la première et la deuxième phase, qui correspondent respectivement à des tests sur un petit nombre de sujets sains volontaires et sur une centaine de personnes malades. Ils en sont à la troisième et dernière phase avant la commercialisation, qui ressemble à la deuxième mais qui inclut plus de patients et aussi la comparaison avec une molécule placebo. Par exemple, pour le pexiganan, une molécule pour lutter contre les infections des pieds fréquentes chez les patients diabétiques, la Food and Drug Administration (FDA) des États-Unis a refusé sa commercialisation par voie orale mais un nouvel essai clinique est en route pour la tester sous forme de crème.

En conclusion, on s'apprête peut-être à renouveler exactement toutes les erreurs faites avec les antibiotiques classiques mais cette fois-ci avec des conséquences démultipliées. Les chercheurs en écologie et évolution sont les plus à même d'être conscients de ces risques et quelqu'un comme Pierre-Henri Gouyon, qui a publié avec le Canadien Graham Bell un article scientifique sur le sujet, multiplie les interventions partout en France. Le souci, et nous y reviendrons dans le cas de la grippe aviaire, est que pour ces questions on fait appel soit à des experts des processus moléculaires, soit à des médecins, mais pas à des experts ayant une vision intégrée.

L'étrange orthodoxie de la forte dose

> Je voudrais soulever une note de prévention. […] Il y a un risque, pourtant, de sous-dosage. Il n'est pas compliqué de rendre les microbes résistants à la pénicilline en laboratoire en les exposant à des concentrations trop faibles pour les tuer, et la même chose s'est produite occasionnellement dans l'organisme. Le temps viendra

> peut-être où la pénicilline pourra être achetée par n'importe qui en magasin. Il y aura alors le risque que l'homme ignorant ait tendance à se sous-doser et qu'en exposant ses microbes à des quantités sous-létales du médicament il ne les rende résistants. Voici une illustration hypothétique. M. X a mal à la gorge. Il achète de la pénicilline et s'en administre, pas suffisamment pour tuer le streptocoque mais suffisamment pour l'éduquer à résister à la pénicilline. Il infecte ensuite sa femme. Mme X développe une pneumonie et elle est traitée avec de la pénicilline. Comme le streptocoque est maintenant résistant, le traitement échoue. Mme X meurt. Qui est principalement responsable de sa mort ? Certainement M. X dont l'usage négligeant de la pénicilline a changé la nature du microbe. Moralité : si vous utilisez de la pénicilline, utilisez-en assez.

C'est avec ces mots que sir Alexander Fleming clôt son discours d'acceptation du prix Nobel en 1945[1]. Il illustre certains points dont on a déjà parlé, par exemple le risque d'évolution des résistances. Au passage, on notera sa réticence à utiliser le *e-word* et à parler plutôt d'éducation des microbes ou de leur changement, illustrant l'ancrage de ce travers décrié par Janis Antonovics. Mais un point qui a fait l'objet de peu d'interrogations jusqu'à une période récente est cette soi-disant évidence que martèle le lauréat : afin d'empêcher les résistances, il faut maximiser la dose et la durée du traitement. Sur quels résultats ses propos s'appuyaient-ils ? Difficile de le savoir quand de nos jours encore les études sur l'évolution de la résistance lors des traitements restent limitées. Le plus vraisemblable est que Fleming généralisait au corps humain les observations faites sur des cultures de bactéries en boîte de Petri. Mais, du point de vue d'une bactérie, l'environnement intra-hôte

1. Traduction de l'auteur.

a peu de points communs avec l'environnement douillet d'une boîte de Petri.

Comment sont calculées les durées des traitements ? Pourquoi sept jours plutôt que quatorze ? Si on laisse de côté l'intérêt qu'a le fabricant à pousser à la consommation pour se focaliser sur les preuves scientifiques, il ne reste plus beaucoup de grain à moudre, car peu d'études se sont intéressées à l'évolution des souches résistantes au cours d'un traitement et à leur transmission. D'une certaine manière, ceci est logique : le but du médecin est de guérir son patient, le reste n'est que secondaire. Mais même du point de vue premier, les durées de traitement optimales en fonction des infections sont de plus en plus critiquées. Une méta-analyse* portant sur des cas de bactériémie (infection du sang) et compilant les données de 24 études et portant sur 155 patients a ainsi montré qu'il n'existait pas de différence nette en termes de taux de guérison entre les patients qui avaient reçu des traitements courts (5 à 7 jours) ou longs (de 7 à 21 jours). On pourrait penser que cette étude a été réalisée pendant l'âge d'or des antibiotiques et de leur mise sur le marché. En fait elle date de 2011 et la majorité des études se posant cette question semblent postérieures à 2006. Ceci illustre à quel point il est urgent de s'interroger sur les meilleures pratiques.

Des évolutionnistes commencent à se poser ces questions. On peut voir deux raisons à ce retard. La première est que l'évolution de la résistance aux antibiotiques a longtemps été considérée comme inintéressante car jugée trop simple, l'idée était que plus il y a d'antibiotiques, plus les résistances évoluent rapidement. La seconde raison est qu'à quelques exceptions près, les médecins ont longtemps vu d'un mauvais œil que des scientifiques (pire encore, des biologistes) s'intéressent à des questions touchant directement à la santé humaine. Ainsi, en 2011, le biologiste de l'évolution Andrew Read et ses collègues publiaient un article intitulé « L'évolution de la résistance aux médicaments et la curieuse orthodoxie de la chimiothérapie agressive ». Selon eux, un traitement a trois objectifs : 1) guérir le patient, 2) empêcher que le patient n'infecte d'autres personnes et 3) empêcher la propagation de pathogènes résistants à d'autres personnes. Il est évident qu'il n'existe pas une stratégie qui permette de maximiser ces trois critères, ne serait-ce que parce que la meilleure solution pour minimiser la transmission de souches résistantes est de ne pas utiliser de médicament, ce qui clairement est la pire stratégie du point de vue des deux premiers objectifs. En fin de compte, le but est de savoir si l'on peut trouver des modes de traitement qui répondent de manière aussi satisfaisante aux deux premiers critères que les modes actuels, mais en faisant mieux au niveau du troisième critère.

C'est une lapalissade mais si une infection devient résistante suite à un traitement, c'est soit que l'infection dans le patient comportait déjà des souches résistantes avant le traitement, soit que les souches résistantes sont apparues après le début du traitement par mutation génétique. Dans le second cas, la vitesse d'apparition d'un mutant dépend du taux de mutation du parasite et de la taille de la population de parasites, car chaque parasite peut générer un mutant lorsqu'il se reproduit. Vu les taux de mutation des parasites, cela reste souvent un événement rare. Dans les deux cas, la souche résistante, qui est initialement rare, peut remplacer la souche sensible plus ou moins rapidement en fonction de la pression de sélection. La méthode actuelle, qui consiste à prescrire de fortes doses de médicaments pendant une durée jugée suffisamment longue, a pour but de diminuer le nombre de parasites dans l'hôte et ainsi de minimiser le risque qu'une souche mutante n'apparaisse. Le problème est que cette méthode maximise la pression de sélection. Autrement dit, on minimise le risque que se produise l'événement le plus rare (la mutation) mais en parallèle on facilite l'invasion de toute souche résistante déjà présente dans l'infection, un événement sûrement plus probable que la mutation.

Quelles autres solutions sont envisageables ? Avant de continuer, il est peut-être bon de préciser que ce qui va suivre n'est surtout pas à expérimenter chez soi et que les tests effectués ne concernent pour le moment que des souris (et qui plus est, des souris de laboratoire, qui ne sont probablement pas représentatives des souris que l'on croise tous les jours). Une des expériences faites par le groupe d'Andrew Read a consisté à infecter ces souris par des souches de paludisme des rongeurs sensibles et résistantes aux médicaments antipaludiques. Ce faisant, les chercheurs peuvent contrôler la proportion de parasites déjà résistants avant le début du traitement. Ils ont ensuite varié les modes d'administration des médicaments en essayant par exemple de diminuer les doses et/ou de faire varier les jours avec et sans administration de médicaments. Tout au long de l'expérience, ils ont suivi non seulement la santé des souris mais aussi le nombre de souris qui avaient développé des infections résistantes. Leur résultat a été que, pour des souris infectées par un mélange de souches de plasmodium non résistantes et résistantes (ces dernières étant très rares, de l'ordre de 1 millionième), l'approche classique (administration d'une forte dose de médicament pendant 7 jours) n'est pas la meilleure pour limiter l'évolution de la résistance. En outre, l'inoculation pendant un jour seulement de fortes doses ou de faibles doses permet de limiter la transmission de souches résistantes tout en obtenant des succès comparables aux fortes doses du point de vue de la santé des souris traitées.

Encore une fois, il faut insister sur le caractère expérimental de ces études. De nombreux obstacles doivent encore être franchis avant que l'on puisse envisager des moyens alternatifs d'administration des traitements. Car même si les chercheurs suivent les souris en détail, ils ne peuvent faire beaucoup plus que de prendre la température des souris, les peser et mesurer leur nombre de globules rouges. Difficile de savoir si ces mesures révèlent vraiment ce que ressent la souris. Il n'en reste pas moins qu'on peut trouver surprenant que ces études ne commencent qu'aujourd'hui. Après plus de soixante ans d'utilisation des antibiotiques, beaucoup de recherches fondamentales restent encore à entreprendre.

Tragédie des biens communs ?

Finalement, on pourrait voir dans l'utilisation des antibiotiques une illustration de la tragédie des biens communs. Pour introduire cette notion de théorie des jeux, Garrett Hardin prend l'exemple d'un alpage où les pâturages permettent d'élever 100 vaches de manière optimale. Avec plus de vaches, la nourriture se raréfie et le rendement par vache diminue. Supposez maintenant que 10 petits éleveurs aient à exploiter ce pâturage. Logiquement, ils vont décider d'un commun accord d'y mener au maximum 10 vaches chacun. Que se passe-t-il si l'un des éleveurs décide d'en amener 12 ? La qualité de l'ensemble des vaches élevées diminuera mais le tricheur lui y gagnera car il aura élevé 12 vaches au lieu de 10 (certes d'un peu moins bonne qualité mais le nombre compense cette perte). Si l'on poursuit ce raisonnement, que les économistes orthodoxes qualifient de « rationnel », on s'attend à ce que tous les éleveurs amènent plus de vaches afin de compenser la tricherie des autres. Au final, il y aura tellement de vaches dans l'alpage que la production totale sera ridicule et tout le monde sera perdant. D'où la tragédie.

Dans le cas des antibiotiques, tout le monde a un intérêt individuel à utiliser les antibiotiques (que ce soit pour être sûr de guérir rapidement d'une bronchite ou pour faire grossir des porcs en batterie). Le problème est résumé par un adage médical concernant les médicaments antiparasitaires : « Si vous l'utilisez, vous le perdez. » C'est pour cette raison qu'aujourd'hui on fait tous les efforts possibles pour ne pas utiliser certains antibiotiques encore efficaces. Beaucoup de campagnes de publicité de l'industrie pharmaceutique nous présentent la découverte de nouvelles molécules comme la mise au point d'armes de précision : la structure 3D des molécules du parasite serait décortiquée afin de créer un composant chimique qui le tuera à coup sûr. La réalité est plus pragmatique. Le plus souvent, il s'agit de rajouter un extrait de principe actif quelconque (issu de bactéries, de plantes ou de champignons) à un parasite. La découverte d'une molécule thérapeutique consiste donc à essayer des milliers de composants jusqu'à en trouver un qui semble marcher. Afin de gagner du temps et de diminuer le nombre de molécules à tester, les firmes reprennent souvent des savoirs ancestraux basés sur des plantes moyennant des compensations variables versées aux tribus qui détiennent encore ces savoirs[1]. Sans surprise, cette approche à tâtons a ses limites et tous les antibiotiques découverts ces vingt-cinq dernières années ne sont que des variations de molécules déjà connues. Au passage, le fait que presque tous nos antibiotiques majeurs proviennent de plantes ou de champignons devrait nous rendre un peu plus sensibles à l'effondrement de la biodiversité, car cela signifie la disparition de molécules qui auraient pu s'avérer utiles.

Comment sortir de la tragédie des biens communs ? La solution est peut-être dans le sous-titre de l'article original de Hardin qui dit « Le problème de la population n'a pas de solution technique ; il requiert une extension fondamentale de la morale[2] ». Son conseil date de 1968.

1. Pour ces aspects, voir *Le Grand Secret de l'industrie pharmaceutique* de Philippe Pignarre à La Découverte.

2. « The population problem has no technical solution ; it requires a fundamental extension in morality », traduction de l'auteur.

Pour aller plus loin

Chen W., *Comment Fleming n'a pas inventé la pénicilline*, Les Empêcheurs de penser en rond, 1996. [Un essai revisitant la découverte de la pénicilline.]

Institut de veille sanitaire et Agence nationale de sécurité du médicament et des produits de santé, « Consommation d'antibiotiques et résistance aux antibiotiques en France : nécessité d'une mobilisation déterminée et durable », 2014 (http://www.invs.sante.fr). [Rapport sur la situation des résistances aux antibiotiques en France.]

Organisation mondiale de la santé, « Résistance aux antimicrobiens : un nouvel exemple de la "tragédie des biens communs" », *Bull. World Health Organ*, 88, 2010, p. 805-806 (http://www.who.int/bulletin/volumes/88/11/10-031110/fr/). [Entretien sur la bactérie résistante NDM-1 et la mauvaise utilisation des antibiotiques.]

Organisation mondiale de la santé, « Rapport OMS 2012 sur la résistance du VIH aux antirétroviraux », Genève, 2012 (http://apps.who.int/iris/bitstream/10665/112764/1/9789242503937_fre.pdf). [Rapport sur la résistance du VIH aux traitements.]

Organisation mondiale de la santé, « Résistance aux antimicrobiens », Aide-mémoire n° 194, 2015 (http://www.who.int/mediacentre/factsheets/fs194/fr/). [Les points clés sur la résistance aux antimicrobiens.]

Pignarre P., *Le Grand Secret de l'industrie pharmaceutique*, La Découverte, 2003. [Plus de détails sur le rôle de l'industrie pharmaceutiques dans les résistances aux antibiotiques.]

Vasselle A., « Rapport sur la politique de lutte contre les infections nosocomiales », Paris, Office parlementaire d'évaluation des politiques de santé, 2006. [Rapport parlementaire sur les infections nosocomiales en France.]

Autres références citées dans le chapitre (en anglais)

Bell G., Gouyon P. H., « Arming the enemy : The evolution of resistance to self-proteins », *Microbiology*, 149, 2003,

p. 1367-1375. [Pourquoi les résistances aux peptides antimicrobiens sont particulièrement problématiques.]

Baker-Austin C., Wright M. S., Stepanauskas R., McArthur J. V., « Co-selection of antibiotic and metal resistance », *Trends Microbiol.*, 14, 2006, p. 176-182. [Comment survivre à la pollution des métaux lourds favorise la résistance aux antibiotiques.]

Clavel F., Hance A. J., « HIV drug resistance », *N. Engl. J. Med.*, 350, 2004, p. 1023-1035. [Une revue de référence sur la résistance du VIH aux traitements.]

Goossens H., Ferech M., Stichele R. V., Elseviers M., « Outpatient antibiotic use in Europe and association with resistance : A cross-national database study », *Lancet*, 365, 2005, p. 579-587. [Étude montrant les liens entre consommation d'antibiotiques et résistance en Europe.]

Jones D. S, Podolsky S. H., Greene J. A., « The burden of disease and the changing task of medicine », *N. Engl. J. Med.*, 366, 2012, p. 2333-2338. [Une comparaison des causes de mortalité entre 1900 et 2010.]

Kouyos R. D., Abel Zur Wiesch P., Bonhoeffer S., « On being the right size : The impact of population size and stochastic effects on the evolution of drug resistance in hospitals and the community », *PLoS Pathog.*, 7, 2011, e1001334. [Démonstration d'un lien entre taille des hôpitaux et prévalence des résistances aux antibiotiques.]

Rosdahl V. T., Pedersen K. B., « The Copenhagen recommendations. Report from the invitational EU conference on "the microbial threat" », World Health Organisation, 1998. [Résolution de l'OMS qui marque un changement de cap dans la prise en compte des résistances.]

Yeung A. T. Y., Gellatly S. L., Hancock R. E. W., « Multifunctional cationic host defence peptides and their clinical applications », *Cell. Mol. Life Sci.*, 68, 2011, p. 2161-2176. [Où en sont les essais cliniques sur les peptides antimicrobiens.]

CHAPITRE 3

Pourquoi les parasites nuisent-ils à leur hôte ?

Un virus a un seul but dans la vie : multiplier son ADN le plus vite possible pour survivre génétiquement, comme le font tous les êtres dotés d'un ADN. Or, un virus, c'est un ADN réduit à sa plus simple expression. Son but, ça n'est pas de rendre malade. Les symptômes de la maladie sont liés aux réactions de l'organisme destinées à éradiquer le virus : la fièvre, c'est le corps qui la produit pour empêcher le virus de se reproduire ; les courbatures, c'est la contraction intense des muscles pour produire de la fièvre ; la toux, c'est la réaction inflammatoire du nez, de la trachée et des bronches à l'entrée du virus dans les tissus respiratoires. Le virus, lui, il a intérêt à ce que le patient reste debout et le transmette dans ses gouttelettes de salive.

Publié le 12 septembre 2009
sur http://martinwinckler.com/
article.php3?id_article=973.

La théorie de l'avirulence et sa remise en cause

Pourquoi les maladies infectieuses nous rendent-elles malades ?

La théorie de l'évolution permet de répondre à cette question, ou tout du moins de l'aborder, en invoquant un processus découvert par Charles Darwin en 1859 : la sélection naturelle. Un trait des individus d'une espèce, par exemple la taille des bois des cerfs, évolue par sélection naturelle si trois conditions sont réunies. Primo, il faut que le trait soit variable, c'est-à-dire que l'on ne trouve pas la même valeur de trait chez tous les individus. Dans le cas des bois des cerfs, il est évident qu'il existe une grande variabilité de ramure d'un cerf à l'autre. Secundo, il faut que le trait soit héritable de telle sorte que les descendants d'un individu aient tendance à avoir le même trait que leurs parents. Là encore, les descendants de cerfs ayant de grands bois ont des bois plus grands que la moyenne. Enfin, tertio, il faut que la valeur du trait affecte la valeur sélective des individus, c'est-à-dire leur nombre de descendants. La taille des bois joue sur le nombre de descendants car elle détermine l'accès aux femelles et elle peut aussi avoir un coût car non seulement il faut de l'énergie pour faire pousser les bois mais en plus une ramure gigantesque n'est pas très pratique au jour le jour. La sélection naturelle agit donc sur ce trait, ce qui nous permet de faire des prédictions. Ainsi, l'effet de la sélection naturelle est de favoriser les valeurs de trait qui maximisent la valeur sélective, ou nombre de descendants. Pour les cerfs, en repérant quels individus ont le plus de descendants, on peut tenter de prédire vers quelle valeur optimale la taille des bois des cerfs évolue.

Comment la sélection peut-elle jouer sur l'évolution des microbes pathogènes ? Il suffit d'adapter les trois conditions que sont l'héritabilité*, la variabilité et l'effet sur la valeur sélective aux traits des maladies infectieuses. La différence majeure est qu'au lieu de raisonner en termes d'individus sur lesquels agit la sélection naturelle, on raisonne en termes d'infections. Les traits étudiés ne sont donc plus ceux d'un individu mais bien ceux d'une infection tels que la durée de l'infection, l'infectivité d'un hôte infecté ou encore la virulence de l'infection. La souche la mieux adaptée (qui est favorisée par la sélection naturelle) est donc celle qui se propage le mieux dans la population.

Autrement dit, pour prédire dans quelle direction un trait d'un microbe* pathogène évolue, il suffit de regarder comment ce trait affecte le nombre d'infections secondaires engendrées par un individu infecté.

Les maladies les plus étudiées sont celles qui nous nuisent le plus. Le trait de l'infection le plus intéressant est donc sa virulence, qui se mesure généralement via la mortalité de l'hôte due à l'infection. Intuitivement, plus la virulence d'un parasite est élevée, plus on s'attend à ce que sa valeur sélective (c'est-à-dire le nombre d'infections secondaires) soit faible. Pour visualiser cela, imaginons un scénario extrême où deux souches de grippe circuleraient en même temps dans un pays. L'une de ces souches est peu virulente et cause des symptômes légers proches du rhume tandis que la seconde souche est très virulente, clouant le malade au lit pendant plusieurs semaines et entraînant de nombreux décès. La souche la moins virulente est forcément mieux transmise : non seulement elle ne tue pas son hôte, permettant ainsi une infection plus longue, mais en plus les malades sont en meilleure santé, ce qui leur permet de continuer leur routine quotidienne et ainsi de rencontrer et d'infecter de nouveaux hôtes. Au final, on s'attend à ce que la sélection naturelle conduise à l'extinction de la souche virulente car beaucoup moins adaptée que sa compétitrice. Ce scénario caricatural illustre pourquoi on s'attend à ce que les parasites les moins virulents soient les plus favorisés.

Aujourd'hui, ce raisonnement est connu sous le nom de théorie de l'avirulence. Il est apparu vers la fin du XIXe siècle, en particulier sous l'impulsion de Theobald Smith, qui fut le premier médecin des États-Unis à avoir un grand impact scientifique. En 1904, il avait quarante-cinq ans et était à la tête du département de pathologie de l'université d'Harvard lorsqu'il publiait dans la revue *Science* une lettre sur l'histoire de vie des micro-organismes pathogènes dans laquelle il prédisait ainsi leur évolution :

> En fait, plus un microbe est virulent, plus la mort résultera rapidement de l'infection et moins il y aura d'opportunités pour s'échapper. Il y aura donc sélection des variétés qui végètent, ce qui leur permet de s'échapper. Les variétés qui survivront perdront leur qualité invasive et virulente graduellement pour s'adapter en particulier aux conditions d'invasion et d'échappement.

L'idée est donc que si on attend assez longtemps, tous les pathogènes finiront par devenir bénins pour leur hôte car les souches moins virulentes devraient remplacer les souches plus virulentes. Toujours selon cette théorie, si certaines maladies nuisent à leur hôte, c'est parce que leur association est trop récente et qu'ils ne sont pas encore adaptés l'un à l'autre. Plus d'un siècle après Smith, la théorie de l'avirulence est toujours invoquée, comme l'illustre en exergue de ce chapitre la citation du chroniqueur médical Martin Winckler sur son site internet le 12 septembre 2009.

L'exemple le plus connu où un parasite, très virulent lors de son émergence, est devenu moins virulent au cours du temps est celui du virus de la myxomatose en Australie. Les lapins, introduits dans ce pays au XVIIIe siècle se reproduisant comme… des lapins, pullulaient dès le XIXe siècle. Pour être exact, le fait que les lapins aient pullulé aussi rapidement n'était pas uniquement dû à leur fort succès reproducteur mais aussi au fait que l'Australie s'est séparée de l'Asie au cours des temps géologiques avant l'apparition des Mammifères placentaires, chez lesquels, comme leur nom l'indique, les embryons font leur développement entièrement dans le corps de la femelle en étant alimentés pendant la grossesse via le placenta. C'est d'ailleurs pour cette raison que l'Australie abrite de nombreuses espèces endémiques de marsupiaux tels que l'emblématique kangourou, dont les femelles ne sont pas dotées d'un placenta (contrairement aux placentaires) mais d'une poche abdominale où le petit finit son développement après sa naissance. Les lapins sont arrivés dans cet écosystème en étant beaucoup plus « évolués » et ont immédiatement remplacé les anciennes espèces qui occupaient les mêmes « niches » écologiques. En 1950, il fut décidé de tenter une expérience de « lutte biologique » en relâchant dans la nature des lapins infectés par une souche extrêmement virulente de myxomatose, qui engendrait la mort de plus de 99 % de ces pauvres bêtes en moins de deux semaines. En trois mois, et contre toute attente, tous les lapins du sud de l'Australie étaient touchés et la population de l'île était tombée de 600 millions à 100 millions. C'est la première leçon sur les côtés imprévisibles de la lutte biologique. La seconde leçon est évolutive : dès 1952 la souche majoritaire de myxomatose en circulation ne tuait plus « que » 70 à 95 % des lapins en trois à quatre semaines. Certes, ceci pouvait en partie s'expliquer par le fait que les hôtes avaient fini par développer une immunité. Mais les études en laboratoire ont montré que le virus avait évolué et que la souche initiale extrêmement virulente avait été remplacée par une souche moyennement virulente, qui fut elle-même remplacée par une souche peu virulente. Le virus de la myxomatose semble donc avoir évolué comme le prédisait l'exemple extrême de la grippe discuté ci-avant. À un détail près, qui est que cinquante ans plus tard le virus est toujours virulent[1]. Et c'est précisément ce point que la théorie de l'avirulence ne parvient pas à expliquer.

Pour certains parasites humains, nous avons des preuves que leur virulence a persisté depuis des siècles. En 2010, une étude conduite par un consortium international fut publiée sous le titre de *Généalogie et pathologies dans la famille du roi Toutankhamon*. Après avoir analysé les traces d'ADN présentes dans la momie du pharaon et 15 autres momies supposées provenir de sa famille, les chercheurs ont pu montrer que l'agent du paludisme (*Plasmodium falciparum*) sévissait déjà il y a plus de trois mille cinq cents

1. Les travaux des années 1990 semblent suggérer une nouvelle augmentation de virulence.

ans. En revanche, l'origine de la mort de Toutankhamon reste un mystère car aucune des pathologies détectées ne semblait pouvoir entraîner la mort. On sait aussi, grâce à des œuvres d'art, que la tuberculose était présente dans l'Égypte antique. En effet, on a retrouvé des statuettes égyptiennes datant de 3700 av. J.-C. et représentant des malades avec des cyphoses anguleuses, caractéristiques de la tuberculose vertébrale. Le paludisme et la tuberculose semblent donc avoir conservé toute leur virulence chez l'homme malgré les centaines de siècles qu'ils ont eus pour s'adapter à leur hôte.

Pour résumer, les données montrent que des parasites qui sont très virulents lors de leur émergence peuvent évoluer pour devenir moins virulents. Cependant, l'avirulence n'est pas atteinte et il existe de nombreux exemples de parasites qui ont conservé leur virulence aux cours des millénaires. Les années 1980 et 1990 vont voir surgir plusieurs explications alternatives permettant de justifier l'évolution et le maintien de la virulence.

La théorie du compromis évolutif

On l'a vu, la virulence consiste pour le parasite à tuer son hôte ; mais à qui profite le crime ? Trois chercheurs ont proposé la même réponse à cette question. Tout d'abord, en 1982, ce sont Roy Anderson et Robert May qui se sont attelés au problème. Tous deux sont les pères de l'épidémiologie humaine moderne et ont rédigé le livre de référence sur ce sujet. Bien qu'australien, Robert May est d'ailleurs aujourd'hui anobli (sir Baron May of Oxford) et l'un des scientifiques les plus influents en Angleterre. En étudiant les données sur l'expérience de lutte biologique (ratée) contre la myxomatose en Australie, ils constatent que le taux de mortalité engendrée par différentes souches (ou « virulence ») est corrélé avec le taux de guérison des hôtes : plus une souche est virulente, plus l'hôte a tendance à guérir lentement (s'il guérit). Autrement dit, du point de vue du parasite, le coût qu'engendre la virulence peut être compensé par le bénéfice à la guérison lente des hôtes (l'hôte reste infectieux plus longtemps).

Quasiment la même année, en 1983, Paul Ewald va aboutir à une conclusion similaire. Il est une exception à son époque, car bien que médecin il est aussi biologiste de l'évolution. L'expression « bien que » a de quoi surprendre puisque Charles Darwin avait lui-même suivi (et abandonné) des études de médecine. Aujourd'hui, force est de constater que la biologie de l'évolution est quasi absente des cursus médicaux et que les médecins tendent à éviter le *e-word* dans leurs publications. Paul Ewald, donc, analyse des données sur une myriade de maladies humaines et constate qu'il existe une corrélation entre la manière dont les maladies sont transmises et leur virulence. Les parasites qui sont transmis par contact (tels que le rhume ou la grippe) ont tendance à être moins virulents chez l'homme que ceux qui sont véhiculés par l'eau (comme le choléra) ou par des vecteurs* tels que les moustiques (par exemple le paludisme ou la dengue). Son interprétation est très proche de celle d'Anderson et May. Il conclut que nuire à son hôte est positif pour un parasite car cela lui permet de s'approprier plus de ressources, mais cela a un coût car en tuant l'hôte rapidement le parasite a moins d'occasions pour se transmettre. C'est pourquoi, selon lui, lorsque la transmission d'un parasite ne nécessite pas de contact direct entre les hôtes, il peut se permettre d'être plus virulent. En effet, si la transmission est prise en charge par un vecteur (moustique, tique, ou autre), c'est la virulence pour le vecteur qui est la contrainte évolutive majeure. De même, si le parasite produit des spores transmises par l'eau comme dans le cas du choléra, c'est la survie des spores dans l'eau qui importe et non celle de l'hôte.

Finalement, ces deux approches proposent que si la sélection naturelle n'a pas éliminé les souches de parasites virulentes, c'est peut-être parce que la virulence leur confère un avantage évolutif. L'idée consiste donc à associer la virulence à d'autres caractéristiques d'une infection qui soient avantageuses pour le parasite, telles la transmission (c'est-à-dire la contagiosité) ou la durée de l'infection. Ainsi, des souches qui semblent défavorisées, car tuant leur hôte rapidement, peuvent compenser ce désavantage par une transmissibilité accrue ou une capacité à engendrer des infections chroniques.

Reprenons notre exemple caricatural avec les deux souches de grippe, l'une très virulente et l'autre qui l'est moins. Celle qui est très virulente nuit fortement à son hôte et le cloue au lit, certes, mais elle va aussi se multiplier beaucoup plus dans l'hôte (augmentant ainsi le nombre de particules virales transmissibles) et accentuer les symptômes tels que la toux qui permettent aussi d'infecter plus de nouveaux hôtes. Il n'est alors plus si simple de savoir laquelle des deux souches va l'emporter. Certes la souche virulente cause des infections courtes mais celles-ci sont très contagieuses tandis que la souche avirulente cause des infections plus longues mais, en revanche, moins contagieuses. On a donc un compromis évolutif : pour un parasite, être virulent a un coût (l'hôte reste au lit et, en plus, l'infection est courte si l'hôte meurt) mais cela a aussi un bénéfice (la probabilité de se transmettre efficacement à un nouvel hôte est plus élevée). On peut faire un parallèle entre ce compromis évolutif subi par les parasites et le dilemme d'Achille, qui selon Homère eut à choisir entre une vie courte mais glorieuse et une vie longue mais sans éclat.

> Ma mère souvent me l'a dit, la déesse aux pieds d'argent, Thétis : deux destins vont m'emportant vers la mort qui tout achève. Si je reste à me battre ici autour de la ville de Troie, c'en est fait pour moi du retour ; en revanche, une gloire impérissable m'attend. Si je m'en reviens au contraire dans la terre de ma patrie, c'en est fait pour moi de la noble gloire ; une longue vie, en revanche, m'est réservée, et la mort, qui tout achève, de longtemps ne saurait m'atteindre […]. (HOMÈRE, *Illiade*, trad. P. Mazon, Les Belles Lettres, « CUF », 1937, Chant IX, vers 410-417).

Transposé au cas d'un parasite, il y aurait donc le choix entre causer des infections courtes mais très intenses ou des infections longues mais avec peu d'espoir de transmission. Pour finir cette parenthèse mythologique, toujours selon Homère, Achille quant à lui choisit évidemment la vie courte et glorieuse mais dira après à Ulysse lorsqu'il le croisera aux enfers : « J'aimerais mieux être un laboureur, et servir, pour un salaire, un homme pauvre et pouvant à peine se nourrir, que de commander à tous les morts qui ne sont plus » (*Odyssée*, Chant XI, trad. Leconte de Lisle [1867]). Pour les parasites, il existe une solution intermédiaire qui se révèle le plus souvent optimale : avoir une virulence intermédiaire pour un taux de transmission intermédiaire.

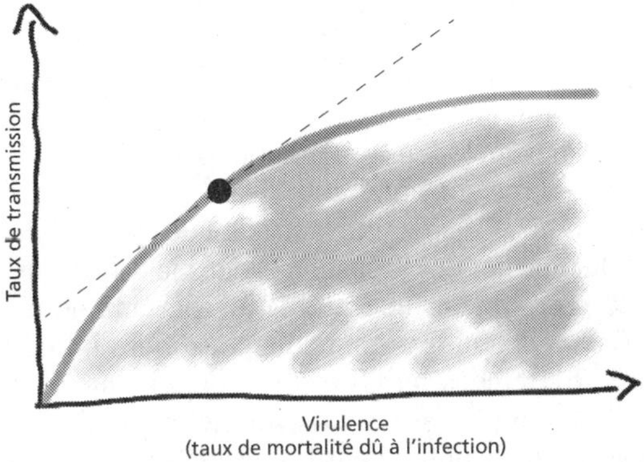

Figure 3.1 – Compromis évolutif entre virulence et transmission

Au sein d'une espèce de parasites, les souches ayant des taux de transmission plus élevés doivent nuire plus à leur hôte. À noter que si la courbe sature (comme sur la figure), il existe une virulence à partir de laquelle les coûts (la virulence) augmentent plus vite que les bénéfices (le taux de transmission). Ce point correspond à la virulence dite évolutivement stable.

Évidemment, remettre en cause la théorie de l'avirulence avec des exemples tirés de l'*Illiade* et l'*Odyssée* a peu de poids par rapport aux données empiriques. Démontrer l'existence d'un compromis évolutif est ardu. Tout d'abord, il faut trouver une espèce de parasite pour laquelle il existe des souches avec des virulences différentes. Ensuite, il faut être capable d'infecter des hôtes en environnement contrôlé et de mesurer le taux de transmission des différentes souches. Malgré les contraintes biologiques et techniques, il existe des preuves empiriques d'un compromis adaptatif pour certaines infections. Ainsi, une analyse récente des données obtenues lors de l'expérience d'utilisation du virus de la myxomatose pour lutter contre les lapins en Australie (encore elle) a montré que les souches virales les mieux adaptées ont une virulence intermédiaire : celles qui sont trop faiblement virulentes ne se transmettent pas assez et celles qui sont trop virulentes génèrent des infections trop courtes. D'autres données ont été récoltées sur le paludisme des rongeurs ; un système développé au sein d'un laboratoire d'Édimbourg par Andrew Read a conduit à de nombreux résultats concernant l'évolution des maladies infectieuses. Comme tous les paludismes, ce parasite alterne ses hôtes en passant d'un hôte vertébré à un moustique. Ceci facilite la mesure de transmission car il suffit de relâcher des moustiques dans la cage d'un animal infecté pour obtenir une estimation du taux de transmission (en comptant le nombre de moustiques infectés après piqûre). Les études sur les souris montrent que les souches qui nuisent le plus aux souris sont les plus efficaces pour infecter les moustiques mais les résultats sont trop imprécis pour pouvoir conclure quant à l'existence d'une virulence optimale.

Il a fallu attendre la fin des années 2000 pour enfin obtenir une démonstration du compromis évolutif dans un environnement entièrement contrôlé. Cette étude a été conduite par un chercheur néerlandais, Jacobus (Jaap) De Roode, qui a fait sa thèse sur le paludisme des rongeurs à Édimbourg. Jaap était frustré par le côté artificiel du système du paludisme des rongeurs : non seulement les moustiques utilisés comme vecteurs dans les expériences n'étaient pas de la même espèce que ceux véhiculant le paludisme dans la nature, mais en plus les souris de laboratoire ont peu de chose en commun avec les rongeurs d'Afrique du Nord. Une fois sa thèse soutenue, il a émigré aux États-Unis où il a mis en place un système expérimental 100 % naturel basé sur les papillons Monarques et leur parasite *Ophryocystis elektroscirrha.* Ce nom effrayant désigne un protozoaire*[1] qui produit des spores dans les papillons adultes et dans les chenilles. Le parasite n'est pas virulent pour les adultes mais les chenilles, elles, risquent d'être tuées avant ou pendant leur métamorphose en papillon. En infectant des centaines de chenilles avec des spores provenant de dix-huit lignées différentes, Jaap et son équipe ont montré qu'il existe une véritable virulence optimale pour le parasite. En effet, les souches trop virulentes tuent quasiment toutes les larves infectées et ont donc beaucoup de mal à se disperser dans la population. Les souches moins virulentes, elles, vont permettre à plus de larves de devenir des papillons et ainsi, indirectement, de les disperser. Toutefois, les souches trop peu virulentes ne sont pas les meilleures compétitrices car elles produisent trop peu de spores dans les papillons, ce qui diminue leur contagiosité.

La seconde étude qui a eu beaucoup de poids pour affirmer la théorie du compromis évolutif porte sur un parasite humain et non des moindres : le virus de l'immunodéficience humaine (VIH). Jusqu'en 2007, il semblait paradoxal qu'une théorie censée pouvoir expliquer la virulence de beaucoup de maladies ne s'applique pas pour le

1. Un protozoaire a un vrai noyau, comme nos cellules humaines, mais il est unicellulaire (comme les bactéries). L'agent du paludisme (*Plasmodium*) ou celui de la maladie du sommeil (le trypanosome *Trypanosoma brucei*) sont des parasites protozoaires de l'homme.

parasite humain sur lequel il existe le plus de données cliniques à l'heure actuelle. D'où l'ampleur de l'étude coordonnée par Christophe Fraser de l'Imperial College de Londres.

Le VIH tue presque toujours son hôte mais il peut s'écouler plusieurs années entre l'infection initiale et le déclenchement de la phase SIDA (syndrome d'immunodéficience acquise) au cours de laquelle les effets délétères se manifestent extrêmement fortement avec l'effondrement des défenses immunitaires. Au passage, un aussi long décalage entre une infection et une virulence aussi forte est extrêmement rare pour des maladies humaines. D'ailleurs, lorsque les premiers cas de SIDA sont apparus aux États-Unis dans les années 1980, les membres du Center for Disease Control (CDC), le centre de contrôle des maladies à Atlanta (États-Unis), étaient paniqués comme le raconte le film *Les Soldats de l'espérance*. Ce que voyaient ces médecins était une maladie inconnue avec une progression très rapide touchant principalement des hommes jeunes et sans passé médical. Comme ils ignoraient tout de la progression lente de la maladie, ils pensaient être en face d'une sorte de virus Ebola, tuant ses hôtes en quelques semaines. Le premier pas dans la compréhension a été d'identifier une chaîne de transmission : en retraçant les partenaires sexuels d'un steward américain voyageant de ville en ville, ils réussirent à montrer que la maladie était transmise par contact sexuel. Mais le fait que les premiers cas de SIDA aient été décrits dans la communauté gay a rapidement conduit à une vague d'homophobie. On qualifia le SIDA de « peste rose » ou « cancer gay » (voire de « punition divine ») en pensant que seuls les homosexuels pouvaient être touchés. Depuis, le SIDA est devenu une pandémie, c'est-à-dire une épidémie mondiale, mais de nombreuses déclarations liées à cette maladie ont encore des relents homophobes.

Une infection par le VIH se divise en trois phases : primo, la phase aiguë, qui ressemble à une infection virale aiguë telle que la grippe, secundo, la phase asymptotique,

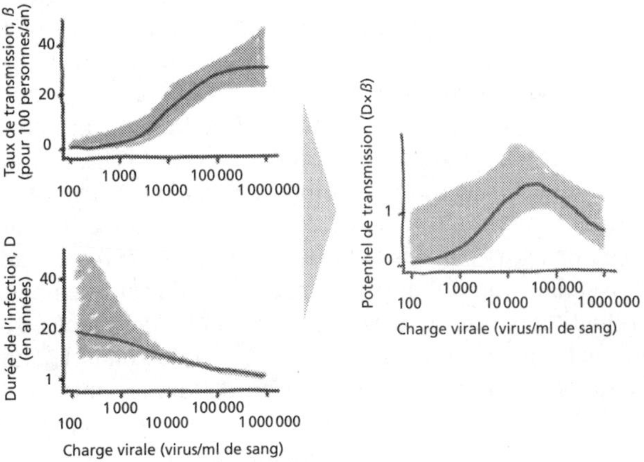

Figure 3.2 – Virulence et transmission du VIH

Le taux de transmission augmente avec la quantité de virus présents par ml de sang d'un individu infecté. La durée de l'infection décroît avec l'augmentation de la charge virale. On retrouve l'idée de compromis évolutif (augmenter le taux de transmission augmente la virulence). Si l'on recoupe les deux informations en multipliant durée de l'infection et taux de transmission on voit que la valeur sélective du virus est maximisée pour des charges virales (donc des virulences) intermédiaires. Coïncidence (ou pas), la majorité des virus détectés sur le terrain causent des infections ayant des charges virales proches de l'optimum (dessin de l'auteur d'après Fraser *et al.*, « Virulence and pathogenesis of HIV-1 infection : An evolutionary perspective », *Science*, 343, 2014, 1243727).

qui peut durer plusieurs années, et enfin, tertio, la phase SIDA proprement dite, pendant laquelle le système immunitaire s'effondre, laissant l'individu à la merci des infections opportunistes. Lors de la phase aiguë le virus croît exponentiellement en infectant des cellules du système immunitaire, les lymphocytes T. Ce faisant, il active la réponse immunitaire et celle-ci permet une décroissance exponentielle du nombre de particules virales. Cependant, contrairement aux infections virales aiguës telles que la grippe, le système immunitaire ne parvient pas à éliminer le virus qui va persister. Débute alors la (longue) phase asymptomatique pendant laquelle la charge virale, qui correspond au nombre de particules virales par millilitre de sang, est étonnamment constante. Il ne faudrait pas croire que le virus est inactif : ce nombre constant reflète en fait le bilan entre une multiplication très rapide du virus et une destruction tout aussi rapide des cellules infectées productrices de virus par des cellules immunitaires. À ce stade, le système immunitaire est encore capable de combattre l'infection et plus la destruction des cellules infectées est efficace, moins il y a de particules virales dans le sang. Ce qui est frappant, c'est que d'un patient à l'autre, cette charge virale est très variable. En fait, elle dépend de facteurs génétiques et environnementaux de l'hôte et de la souche de VIH qui infecte cet hôte.

Mais pour en revenir à notre compromis évolutif, l'étude anglaise dirigée par Christophe Fraser a montré que les hôtes avec des fortes charges virales ont une espérance de vie plus faible (la virulence de l'infection est élevée) et risquent plus d'infecter leur(s) partenaire(s) (le taux de transmission du virus est élevé). L'étape la plus compliquée a été de démontrer le lien entre le nombre de virus dans le sang et le taux de transmission du virus. La solution est venue d'une étude menée chez des couples sérodiscordants, c'est-à-dire des couples dont seul un membre est infecté. Lors du premier diagnostic de séropositivité pour le VIH, le membre du couple est évidemment informé de la situation et du fait qu'il ou elle ne doit pas avoir de rapports sexuels non protégés. En revanche le ou la partenaire n'est pas prévenu(e) par les médecins (ce qui irait à l'encontre du secret médical) qui suivent ensuite le couple à intervalles réguliers afin de déterminer si le ou la partenaire devient infecté(e) (et, si oui, quand). Malheureusement, la transmission a souvent lieu, même si les informations de prévention ont un effet très net (le taux de transmission au sein de ces couples est bien plus faible que celui estimé pour les couples ne participant pas au programme). Les résultats ont montré que la probabilité de transmission suit la charge virale du patient avec un pic pendant la phase aiguë, un plateau pendant la phase asymptomatique et une augmentation en début de phase SIDA. Cette étude a été conduite en Afrique, en Ouganda. D'après ses concepteurs, tous les critères éthiques ont été validés et l'unique raison pour laquelle une telle étude n'a pas été réalisée dans un pays tel que la France est qu'il fallait un pays où le fait de ne pas traiter quelqu'un ayant été diagnostiqué comme étant séropositif n'aille pas à l'encontre de la politique de santé nationale. La triste réalité est en effet qu'à la date de l'étude (entre 1994 et 1999) les médicaments anti-VIH avaient des prix prohibitifs pour la majorité des pays les plus pauvres.

Comme dans le cas précédent des papillons Monarques, cette étude sur le VIH a montré qu'il existe une solution optimale d'un point de vue évolutif pour le virus qui se traduit par une charge virale (et donc une virulence) intermédiaire. De plus, elle a aussi montré que la plupart des charges virales mesurées chez des patients infectés sont proches de cet optimum, suggérant que les virus ont évolué vers cette virulence optimale. La virulence a donc certes un coût évolutif pour le virus mais elle peut aussi être associée à une transmission plus élevée. Le cas du VIH est probablement l'un des plus simples car, dans la mesure où les patients ne peuvent jamais guérir (à une exception près, le « patient de Berlin », dont on reparlera), il n'existe que deux traits de l'infection qui comptent : la durée de l'infection (directement liée à la virulence) et le taux de transmission par contact. Pour la plupart des maladies infectieuses, le cycle biologique est plus compliqué et il est nécessaire de prendre en compte plusieurs composantes pour comprendre l'évolution de la virulence.

« La malédiction du pharaon »

Le 4 novembre 1922, l'égyptologue Howard Carter et son équipe découvrent la tombe de Toutankhamon. C'est l'une des seules sépultures de pharaons à n'avoir pas été pillée au cours des siècles et elle abrite un trésor inestimable. Moins d'un an plus tard, lord Carnarvon, le commanditaire des fouilles, meurt assez étrangement suite à une piqûre d'insecte infectée qui conduit à une septicémie (la pénicilline n'est pas encore inventée). À ce jour, on a attribué plus d'une dizaine de morts à la visite de cette tombe. Les rapprochements sont plus ou moins tortueux, car si George Jay Gould I, qui visita la tombe, mourut en France en mai 1923 après avoir développé une fièvre suite à sa visite, le prince égyptien Ali Kamel Fahmy Bey, commanditaire des travaux, lui, mourut en 1923, tué par sa femme. On a souvent attribué au cas Toutankhamon la paternité de ce mythe de la malédiction du pharaon, qui a tant inspiré la littérature et la bande dessinée (des *Sept boules de cristal* d'Hergé au *Mystère de la grande pyramide* d'Edgar Jacobs). En fait le mythe existait bien avant dans des nouvelles anglaises du XIXe siècle. C'est d'ailleurs de cette littérature que la journaliste Marie Corelli (de son vrai nom Mary Mackay) s'est inspirée pour rapporter la mort de lord Carnavon dans le *Daily News*.

Même si cette histoire est un mythe basé sur une coïncidence, elle est fort utile pour illustrer la notion de compromis évolutif si l'on émet l'hypothèse que des archéologues aient pu être infectés par des champignons qui auraient survécu à l'intérieur du tombeau. L'idée directrice est toujours que le coût à être virulent peut avoir un avantage. Ce que Sebastian Bonhoeffer a proposé en 1996, reprenant ainsi les travaux initiaux de Paul Ewald des années 1980, c'est que l'avantage dans ce cas a été la survie des spores. Imaginons en effet que les champignons dans la tombe du pharaon aient pu produire des spores afin de survivre sur de longues périodes. Dans un contexte où il y a beaucoup de passages d'hôtes à infecter, les souches qui produisent des spores durables sont contre-sélectionnées : elles ne retirent aucun avantage à être virulentes. En revanche, si l'écart entre deux passages d'hôtes est de plusieurs milliers d'années, seules les souches avec une extrême longévité peuvent survivre. Dans ce cas, la virulence se révèle essentielle pour perdurer. On pourrait donc expliquer les morts mystérieuses des découvreurs de tombeaux (car il existe aussi des mythes similaires pour d'autres momies) par le fait que l'isolement pendant des milliers d'années a sélectionné les souches les plus virulentes, celles-ci étant les plus à même de résister à la dessiccation.

Encore une fois, il est facile de faire de la science avec des histoires de momies, mais comment le prouver expérimentalement ? Paul Ewald (encore lui) s'y est attelé en compilant des données issues de virus respiratoires humains. Pour une vingtaine de ces parasites, il a estimé d'une part la virulence (le pourcentage de mortalité) et d'autre part la durée de vie des virus dans l'environnement. Le résultat montre une corrélation très nette : les virus qui survivent le mieux à l'air libre semblent aussi être les plus mortels.

Effets variables des infections multiples

2010 était l'année de la biodiversité et on a largement célébré la richesse des écosystèmes, leur fragilité et les destructions qu'ils subissent. Cependant la biodiversité se niche aussi dans des endroits inattendus. Ainsi, un intestin humain contient 1,5 kg de bactéries appartenant à 160 espèces en moyenne. Cette composition spécifique est très particulière à chaque individu au point que d'aucuns suggèrent de substituer cette composition aux empreintes digitales comme fichage biométrique. On soupçonne aussi qu'elle pourrait expliquer certains cas d'obésité, la présence de certaines bactéries nous aidant à mieux digérer les aliments. Toutefois, il est probablement inutile de vous gaver de pilules macrobiotiques car même après avoir fait table rase avec un traitement antibiotique, la flore intestinale retrouve sa composition initiale. La diversité bactérienne de nos entrailles se retrouve également sur notre peau. Une main héberge plus de 150 espèces de bactéries différentes. Encore plus surprenant, notre main droite et notre main gauche ne comptent que 17 % de ces espèces en commun car nous ne faisons pas les mêmes actions avec nos deux mains. Bien évidemment, cette diversité génétique se retrouve dans le cas des maladies infectieuses et elle n'a pas que des aspects positifs.

Historiquement, la médecine est peu encline à étudier les infections multiples. Ceci est peut-être lié au critère d'unicité introduit par Robert Koch pour expliquer la maladie. Le fait que les symptômes soient liés à la conjonction de deux maladies est le plus souvent jugé trop rare pour être envisagé. Pourtant, mis à part les parasites causant des infections aiguës très courtes telles que la grippe, une souche de parasite est rarement seule dans son hôte (et encore, même pour la grippe, plus on y regarde de près et plus on détecte des infections multiples). Dans les régions du monde où le paludisme humain est présent, on détecte en moyenne trois souches différentes de *Plasmodium* chez un adulte infecté. Les personnes atteintes de tuberculose sont aussi souvent infectées par différentes souches bactériennes. De plus, il existe aussi des infections multiples par des parasites de différentes espèces. Ainsi les coïnfections entre le virus de l'hépatite C (VHC) et le VIH sont fréquentes chez les usagers de drogues en intraveineuse et posent un problème de santé publique majeur.

Pourquoi y aurait-il une différence à être infecté par une ou plusieurs souches de paludisme ? Après tout, une infection est une infection. C'est que les parasites sont des êtres vivants et que comme tous les êtres vivants ils ont une vie sociale. Évidemment cette socialité est extrêmement primitive et se réduit le plus souvent à la production (ou non) de molécules.

Un exemple de cette socialité microbienne s'observe dans de nombreuses infections bactériennes lorsqu'il y a production de sidérophores, qui sont des peptides capables de former des complexes permettant de fixer le fer (nécessaire au fonctionnement des cellules). Car le fer ne circule pas librement dans les hôtes. Chez les Mammifères par exemple il est fixé au sein des protéines d'hémoglobine. Les sidérophores permettent donc aux bactéries de « voler » les molécules de fer de leur hôte. Produire une molécule de sidérophore est coûteux en temps et en énergie pour une bactérie. En revanche, une fois la molécule produite et relâchée dans l'environnement intra-hôte et chargée en fer, toutes les autres bactéries peuvent la récupérer, y compris celles qui n'en produisent pas. Une bactérie qui produit des sidérophores paye donc un coût pour produire une molécule qui peut potentiellement bénéficier à ses compétitrices. On peut voir cela comme de l'altruisme, même s'il est important de souligner qu'une bactérie ne fait pas cela à dessein et que cette grille de lecture anthropomorphique est simplement un raccourci utilisé par les biologistes de l'évolution pour analyser de tels phénomènes.

Évidemment, même si une bactérie ne produit pas des sidérophores à dessein, on peut logiquement se demander comment une souche bactérienne avec un tel comportement altruiste codé dans son génome peut survivre face à des souches « tricheuses » qui se contentent d'exploiter les sidérophores produites par d'autres souches. C'est le problème essentiel de l'évolution de la coopération* : par définition, la coopération est coûteuse et la sélection naturelle est censée agir contre elle. Le seul moyen pour un individu qui porte un gène codant une action coopératrice (par exemple la production d'une molécule) d'avoir une descendance à long terme est de rester entre soi. En effet, tant qu'il n'y a pas de tricheur dans la population, la coopération n'est pas un problème.

La compétition entre parasites est un processus plus intuitif. D'une certaine manière, les parasites « consomment » des ressources de leur hôte et si un hôte est infecté par plusieurs parasites, ceux-ci peuvent entrer en compétition pour une même ressource. Prenons le cas de l'agent du paludisme, *Plasmodium*, qui infecte les globules rouges du sang. Des expériences menées chez les souris montrent que lorsque deux souches sont en compétition dans le même hôte, la quantité de cellules sanguines diminue. Plus frappant, si l'on compare des souches de différentes virulences, on constate que plus une souche est virulente et plus elle gagne la compétition intra-hôte en s'appropriant plus de ressources.

Une autre façon de mettre en évidence la compétition qui existe entre parasites consiste à effectuer des passages en série d'une population génétiquement hétérogène de parasites. Par passage en série, on entend que chaque nouvel hôte est infecté mécaniquement. Par exemple, si les hôtes sont des souris, on réalise une prise de sang à chaque souris infectée pour infecter la souris suivante. Ce faisant, on élimine tous les coûts inhérents à la transmission (puisque celle-ci se fera de toute façon par la seringue de l'expérimentateur). Autrement dit, on élimine la compétition au niveau inter-hôte pour ne garder que la compétition au niveau intra-hôte. Ainsi, si l'on fait passer des isolats de la bactérie *Salmonella typhymurium* de souris en souris, en 10 passages on passe d'une virulence quasi nulle au départ à une virulence extrême (quasiment toutes les souris inoculées par souche évoluée meurent). Au cours des passages, on a favorisé les souches qui se répliquaient le plus rapidement car elles n'avaient plus le coût classique qui est de tuer leur hôte avant de pouvoir se transmettre. Les expériences de passage en série ont des aspects moins effrayants. En effet, si vous faites passer un parasite sur un hôte A, vous allez sélectionner des souches plus adaptées à cet hôte au fur et à mesure des passages. Toutefois, le plus souvent, plus la souche s'adapte à A, plus elle perd son

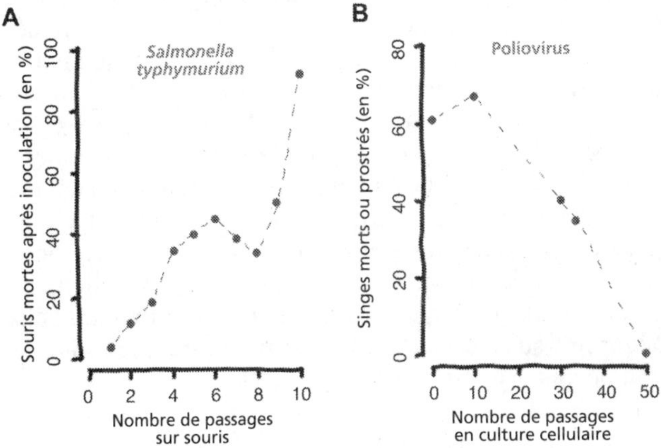

Figure 3.3 – Évolution de la virulence en réponse à des passages en série sur le même hôte (A) ou sur un hôte différent (B)

En s'adaptant à son hôte, le parasite devient de plus en plus virulent. Le fait que les souches virulentes ne soient pas favorisées en temps normal suggère qu'elles payent un coût en tuant leur hôte trop rapidement. En revanche, si le parasite évolue sur un autre hôte (ici en culture cellulaire) il perd sa virulence dans son hôte d'origine. Dessins de l'auteur à partir de Zelle, « Genetic constitutions of host and pathogen in mouse typhoid », *Journal of Infectious Diseases*, 71 (2), 1942, p. 131-152, pour (A) et Sabin *et al.*, « Studies on variants of poliomyelitis virus. I. Experimental segregation and properties of avirulent variants of three immunologic types », *Journal of Experimental Medicine*, 99 (6), 1954, p. 551-576, pour (B).

adaptation à B. Ainsi, après une cinquantaine de passages du virus de la polio en culture cellulaire, on peut le rendre quasiment avirulent pour les singes. Cette méthode consistant à faire évoluer des souches mal adaptées (on dit aussi atténuées) a servi au développement de vaccins.

Ce dernier exemple souligne que la cohabitation de plusieurs souches au sein d'un même hôte donne un nouvel avantage à une souche virulente. Nous avons vu que la virulence peut être due à la nécessité de se transmettre.

Elle peut aussi être due à la nécessité d'exploiter son hôte mieux que les souches concurrentes, ce qui en théorie des jeux est connu sous le nom de « dilemme du prisonnier ». Imaginons qu'aux États-Unis deux suspects ont été arrêtés et mis dans des cellules séparées. Ils ont le choix entre dénoncer leur complice et garder le silence. Évidemment, chacun ignore ce que son complice va dire ou ne pas dire aux enquêteurs. Si les deux complices restent silencieux, le peu de preuves qui existe les condamne tous les deux à deux ans de prison. S'ils se dénoncent mutuellement, chacun écope de cinq ans de prison. Enfin, si l'un des deux dénonce l'autre et que ce dernier ne dit rien, le traître se voit accorder une remise de peine et ne fait qu'un an de prison tandis que son acolyte écope d'une peine supplémentaire de dix ans de prison. La solution la plus équitable pour les deux suspects est de garder le silence. Cependant la théorie des jeux ne se soucie pas d'équité mais de « rationalité ». De deux choses l'une, soit votre complice vous dénonce, auquel cas il vaut mieux l'avoir dénoncé aussi (cette délation permettant d'échapper à cinq années de prison), soit votre complice a gardé le silence, auquel cas en le dénonçant on peut échapper à une année de prison. Quel que soit le choix de l'autre, la stratégie rationnelle est donc de dénoncer. On voit d'ici le dilemme : si chacun des deux acteurs se comporte « rationnellement », ils passent plus de temps en prison que s'ils coopéraient.

Il est surprenant que la théorie des jeux ait d'abord été développée pour analyser des comportements humains. Primo, il existe assez peu de situations où l'hypothèse de rationalité soit vérifiée. Même dans des situations extrêmes, les comportements humains semblent souvent échapper à toute rationalité simple. Secundo, il est souvent difficile d'évaluer les gains (on ne peut pas toujours compter en années de prison). La théorie des jeux prend un tout autre sens quand on l'applique aux micro-organismes. De théorie abstraite et quasi déconnectée de la réalité, elle devient sensée et testable. La « rationalité » des micro-organismes est de se multiplier le plus possible et leur gain correspond à leur nombre de descendants. On peut ainsi réanalyser le dilemme du prisonnier dans le cas de deux souches de *Plasmodium* coïnfectant une souris. Si les deux souches sont virulentes, elles se transmettent intensément mais durent peu de temps. Au contraire, si elles sont toutes les deux bénignes, elles se transmettent peu mais l'infection dure longtemps. Enfin, si l'une est virulente et l'autre pas, la virulente se transmettra fortement, la bénigne se transmettra faiblement et la durée de l'infection sera courte. Dans ce dernier cas, la souche la moins virulente est clairement désavantagée car elle épargne son hôte mais sans la contrepartie attendue (longue durée de l'infection). *In fine*, on s'attend donc à ce que les infections par plusieurs souches favorisent la souche la plus agressive.

Il ne faudrait pas conclure de cet exemple que la biodiversité d'une infection sélectionne toujours des souches virulentes. En fait, le type d'interaction intra-hôte va grandement déterminer si la compétition favorise une souche plus ou moins virulente. Dans le cas des molécules de sidérophore produites par les bactéries par exemple, la compétition va avoir pour effet de favoriser les souches qui ne produisent pas de sidérophores mais exploitent celles produites par d'autres souches. Or, les souches les plus virulentes sont celles qui produisent les sidérophores, car elles peuvent mieux exploiter leur hôte en lui soutirant son fer. Dans ce cas, la biodiversité de l'infection favorise donc la souche la moins virulente.

En fin de compte, on retrouve pour les maladies infectieuses de nombreuses idées et concept de l'écologie scientifique. Ainsi, le concept de niche écologique prend un sens particulier quand on pense aux parasites. La niche écologique correspond aux ressources qu'utilisent les individus d'une espèce pour survivre dans leur environnement et à leur position dans la chaîne alimentaire. Les bactéries commensales de l'homme, que nous avons déjà mentionnées, occupent une niche écologique (par exemple la surface de notre peau). Sans ces bactéries, la niche écologique que constitue notre peau serait laissée vacante, ce qui permettrait à des micro-organismes pathogènes de s'installer. On voit donc que les êtres vivants ont évolué vers une tolérance de leurs commensaux plutôt que vers une défense de niches écologiques très étendues. Ceci soulève de nombreux problèmes qui sont intimement liés au mécanisme d'activation du système immunitaire. On apprend à l'école que ce système est capable de faire le tri entre nos cellules (le « soi ») et les organismes étrangers (le « non-soi »). Pourtant, tout n'est pas si simple car les bactéries commensales, qui pourtant n'ont rien à voir avec des cellules humaines, n'activent pas le système immunitaire[1]. Pour en revenir à la biodiversité et aux parasites, toute cette flore bactérienne commensale que nous hébergeons sur nos épidermes est très diversifiée et doit être prise en compte dans la lutte contre les maladies infectieuses.

Évolution à courte vue

En se promenant en montagne, on repère souvent une marmotte qui pousse des cris stridents. Ce comportement semble assez absurde car ces individus qui alertent les autres ont toutes les chances d'être mangés en premier si le danger vient d'un prédateur. Pas très adaptatif à première vue donc… Jusque dans les années 1960, de tels comportements étaient expliqués par la théorie de l'évolution comme intervenant pour le bien de l'espèce (ou du groupe). Autrement dit, en prévenant leurs congénères, les marmottes qui font le guet participent à la survie de leur espèce. Une des révolutions les plus récentes de la

1. Pour une vision récente sur la notion de soi et de non-soi en biologie, on pourra lire le livre de Thomas Pradeu, *Les Limites du soi : immunologie et identité biologique*, paru chez Vrin en 2009.

théorie de l'évolution a été d'enterrer à la fois la notion de « bien de l'espèce » et la notion de progrès via la sélection naturelle. Comme le dit Pierre-Henri Gouyon, « les individus sont des artifices inventés par les gènes pour se reproduire ». Si l'on considère un arbre généalogique sur plusieurs générations, que reste-t-il des individus du sommet de l'arbre une fois arrivé en bas ? Certainement pas leurs cellules, ni même leurs molécules. Non, ce qui est transmis de génération en génération c'est l'information génétique codée sous forme d'ADN[1] et présente au cœur de chacune de leurs cellules. Lors de la fécondation et de la fusion entre un ovule et un spermatozoïde, les parents mettent en commun un exemplaire de leur information génétique. Ce que la sélection naturelle optimise, ce n'est donc pas le nombre de descendants que laisse un individu (et encore moins leur bien-être), mais c'est simplement le nombre de copies d'ADN transmises à la génération suivante[2]. Notons que dans certains cas, on transmet aussi des informations qui ne sont pas codées génétiquement (par exemple la culture chez l'homme) ou alors des modifications environnementales (les barrages des castors ou les déchets radioactifs des centrales nucléaires). Pour en revenir aux marmottes, le comportement d'alerte s'explique dans le cadre de la sélection naturelle par le fait que les individus d'une population de marmottes sont apparentés

1. Il est maintenant admis que la séquence d'ADN ne contient pas toute l'information transmise à la descendance et qu'il existe toute une information « épigénétique* », qui est sous une autre forme. Par exemple, la présence de groupements méthyles sur les brins de la molécule d'ADN semble avoir un rôle sur le développement, tout comme la concentration de certaines molécules dans le cytoplasme des cellules. On y retrouve une sorte de lamarckisme, car ces modifications épigénétiques peuvent être provoquées par des variations environnementales et transmises à la descendance.

2. Pour approfondir ces questions d'évolution, on pourra se référer à l'ouvrage collectif coordonné par Thomas *et al.*, *Biologie évolutive*, De Boeck, 2010.

et ont donc de nombreux gènes en commun. Un individu qui alerte les autres marmottes prend un risque (celui d'être mangé en premier) mais il confère un bénéfice à toute la population. Si l'on se place au niveau du gène, la mort du guetteur correspond à la perte d'une copie du gène mais elle est compensée par la survie de tous les individus de la population avertie par le guetteur qui portent une copie de ce même gène.

Un des corollaires de cette optimisation du nombre de copies d'ADN est que la sélection naturelle agit à court terme : si un gène donne un immense avantage aux individus qui le portent il sera sélectionné, quand bien même il serait évident qu'à long terme ces individus sont voués à disparaître. On parle d'ailleurs de « suicide évolutif » lorsque la sélection naturelle agit sur une population pour la conduire à l'extinction. Et ceci pourrait expliquer la sévérité de certaines infections.

Certains agents pathogènes évoluent si rapidement que la sélection naturelle peut parfois agir au cours d'une infection. Au niveau intra-hôte, la sélection naturelle favorise les souches qui se répliquent le mieux. Autrement dit, si une souche apparaît qui capte toutes les ressources de l'hôte aux dépens des autres souches, elle sera favorisée. On voit d'ici le problème, car une telle souche conduirait certainement à la mort rapide de l'hôte. Ainsi, la bactérie *Neisseiria meningitidis* est une bactérie qui vit dans le nasopharynx de l'homme sans causer de symptômes ni de soucis. Toutefois, dans certains cas rares elle peut devenir pathogène si elle colonise le sang et le liquide céphalo-rachidien. Comment cette bactérie en vient-elle à coloniser des organes qu'elle ne colonise pas d'habitude ? L'hypothèse la plus probable est que cela est dû à l'apparition de mutants rares. Au niveau intra-hôte, ils ont un avantage compétitif énorme car ils peuvent exploiter des ressources inaccessibles aux autres souches. Le problème est que l'apparition de tels mutants conduit à une explosion de la virulence et à une forte mortalité de l'hôte. Au niveau inter-hôte, les mutants virulents seront donc fortement contre-sélectionnés, car l'hôte risque de mourir avant d'infecter de nouveaux hôtes. La virulence serait donc due ici à une perpétuelle « redécouverte » par les bactéries de la capacité à coloniser le sang, découverte qui disparaît aussitôt avec la mort de l'hôte. On peut voir chaque infection comme un processus de sélection aveugle qui peut conduire à un suicide évolutif via la mort de l'hôte.

Pourquoi notre système immunitaire est-il imparfait ?

Au cours de ce chapitre, nous nous sommes entièrement focalisés sur les raisons qui ont fait que la sélection naturelle n'a pas éliminé les parasites virulents. Mais comme nous le verrons plus en détail plus tard, les hôtes aussi évoluent, même s'ils le font plus lentement que leurs parasites. On peut donc retourner la question en se demandant pourquoi la sélection naturelle n'a pas permis la mise en place d'un système de défense parfait contre toutes les infections.

La première réponse tient évidemment au désavantage qu'a le système immunitaire sur les parasites en termes de vitesse d'évolution : une génération humaine dure environ une vingtaine d'années alors que pour de nombreux virus ou bactéries elle dure une vingtaine d'heures. La parade a consisté à sélectionner un système de défense qui soit très généraliste, de manière à pouvoir cibler une myriade de parasites différents. Concrètement, lors de son développement, notre système immunitaire génère un répertoire de cellules immunitaires tellement immense et diversifié qu'il existe des cellules immunitaires capables de reconnaître des souches de parasites qui n'existent pas encore. Comme souvent en biologie de l'évolution, le généralisme se paye en termes d'efficacité. De plus, tout système de défense a ses failles et le cas du VIH montre bien comment, en infectant des cellules clés du système immunitaire, un virus peut persister dans son hôte et causer une mort certaine.

Une autre raison qui expliquerait que la sélection naturelle n'ait pas favorisé des individus dotés de systèmes immunitaires hyperpuissants tient au coût de l'entretien de ces systèmes de défense. De nombreuses études chez les animaux montrent que l'investissement dans les défenses immunitaires se traduit par une diminution de l'espérance de vie et/ou de la fécondité. De plus, le système immunitaire s'attaque parfois aux cellules saines comme l'illustrent les maladies auto-immunes. Comme leur nom l'indique, ces maladies se traduisent par un emballement du système immunitaire. Certaines peuvent être causées par une infection mais d'autres ont des origines génétiques. Elles ont tendance à être plus fréquentes dans les pays où l'hygiène de vie est la meilleure et où le système immunitaire est moins stimulé. D'aucuns interprètent cela d'un point de vue écologique : si les cellules immunitaires, qui sont de véritables prédateurs, n'ont pas de cellules infectées à se mettre sous la dent, elles se rabattent sur des cellules saines.

Plus généralement, on a tendance à ignorer la toxicité du système immunitaire. En effet, quand des cellules immunitaires détruisent une cellule infectée, elles utilisent tout un arsenal de composés chimiques (par exemple les radicaux libres) qui sont potentiellement toxiques pour toutes les cellules, pas seulement pour les cellules infectées. D'aucuns comparent l'activation du système immunitaire spécifique à l'utilisation d'armes de destruction massive dans les conflits armés. Pour continuer la métaphore, de même que les frappes « chirurgicales » dans les guerres font toujours des victimes civiles, l'activation de la réponse immunitaire spécifique a des conséquences délétères pour tous les tissus. On parle d'immunopathologie. Encore une fois, des preuves expérimentales quantitatives des effets délétères de la réponse immunitaire sont venues du système expérimental développé à Édimbourg sur le paludisme des rongeurs. En empêchant l'activation de certaines voies du système immunitaire de la souris ou alors, au contraire, en décuplant leur activité, Andrea Graham et son équipe ont montré que la majeure partie des dommages de l'infection n'est pas uniquement causée par réplication du parasite dans les globules rouges mais aussi en partie par l'activation du système immunitaire. Dans le cas des maladies humaines, il existe de nombreux exemples tels que la dengue, la tuberculose, le paludisme où la virulence est indépendante de la densité de parasite et est en partie attribuable à l'immunopathologie. Dans le cas du Syndrome respiratoire aigu sévère (SRAS), qui a causé une épidémie en Asie en 2003, les études ont montré que la mortalité semblait causée par un emballement du système immunitaire.

Mais alors, si c'est l'entretien ou l'activation du système immunitaire qui cause des dommages, pourquoi ne pas diminuer cette expression ? Des traitements sont à l'étude, qui vont dans ce sens, en particulier, les infections thérapeutiques par des vers intestinaux. Comme on l'a dit plus haut, on a remarqué que les maladies auto-immunes (où le système immunitaire s'en prend aux cellules du soi) avaient plus tendance à se manifester dans des environnements sains. Certains ont d'ailleurs suggéré que ceci provenait du fait que notre système immunitaire a été sélectionné dans un contexte où les infections par des macroparasites tels que les vers étaient monnaie courante. À partir de là, on a montré que les vers intestinaux produisent des composés chimiques qui réduisent l'activation du système immunitaire. Évidemment, cette production se fait dans l'intérêt du ver car il s'assure ainsi de moins souffrir de la réponse immunitaire et de se maintenir dans l'intestin de son hôte. Cependant, un effet « collatéral » est qu'en refrénant l'activité du système immunitaire il diminue aussi le développement de maladies auto-immunes. Des infections de patients souffrant de la maladie de Crohn ont montré que la présence des vers dans l'intestin bénéficiait au patient. Le défi est maintenant de parvenir à identifier les molécules produites par les vers, car beaucoup répugnent à soigner le mal par le mal en se faisant infecter par des vers.

Difficulté des applications : la grippe de 1918

En 1918-1919, l'épidémie de grippe dit « espagnole » fait plus de morts que la Première Guerre mondiale qui vient de s'achever. L'épidémie semble débuter en France dès 1916. Ensuite, on détecte une première vague lors du printemps 1918, mais la virulence des infections correspond à celle des grippes saisonnières. La seconde vague débute en octobre 1918, tuant de 30 à 40 millions de personnes en quelques mois. Les symptômes duraient en général entre 2 et 4 jours et se traduisaient par de la fièvre, des douleurs et des maux de tête intenses. En l'absence d'antibiotiques, les patients étaient le plus souvent victimes d'infections secondaires par les bactéries, qui transformaient leurs poumons en sacs de fluides, et ils mouraient au bout de quelques jours d'œdèmes pulmonaires hémorragiques. Ce qui était surprenant, en plus de la virulence de l'infection, c'était l'âge des victimes. La grippe annuelle est la plus mortelle aux extrémités de la pyramide des âges (pour les moins de 5 ans et les plus de 70 ans). En 1918, en plus de ces deux catégories, on observa un pic de mortalité chez les jeunes entre 20 et 40 ans. Depuis, on tente toujours de comprendre les facteurs qui ont conduit à ces millions de décès sans qu'un consensus ne se dégage. Le débat oppose ceux que l'on pourrait qualifier de molécularistes, qui pensent que la solution se trouve dans le génome du virus, et les écologistes, qui pensent qu'il faut prendre en compte l'interaction entre l'hôte, le virus et son environnement pour comprendre l'origine de la virulence inouïe de ces infections.

En biologie moléculaire, dans une tradition qui remonte au moins à Louis Pasteur et Robert Koch, la virulence est un trait binaire : soit une souche est virulente et cause des pathologies, soit elle ne l'est pas et peut être considérée comme bénigne. Dès lors, la recherche des causes d'une épidémie de grippe se focalise sur la détection de ce qu'on appelle « facteurs de virulence », c'est-à-dire des gènes ou des ensembles de gènes qui permettent de distinguer les souches pathogènes des commensales. Cette approche fonctionne assez bien pour de nombreuses bactéries pour lesquelles on détecte des souches pathogènes avec de tels facteurs. Toutefois, les progrès récents de la génomique ont tendance à mettre à mal cette vision binaire et l'on détecte de plus en plus de bactéries qui devraient être pathogènes au vu des facteurs de virulence qu'elles portent mais qui sont commensales. Au contraire, la virulence bactérienne provient parfois non pas de la présence mais de l'absence de certains gènes.

Au milieu du XXe siècle, les experts de la grippe étaient divisés. D'un côté, il y avait ceux qui, comme Wilson Smith, codécouvreur de la nature virale de l'infection en 1933, pensaient que même si nous avions la chance de mettre la main sur une souche de 1918-1919 de nos jours, nous n'obtiendrions que peu de résultats en la comparant aux souches asiatiques apparues depuis. À l'inverse, certains étaient convaincus que la réponse devait se trouver dans le génome des souches du virus ayant circulé en 1918. C'est ainsi que dans les années cinquante, Johan Hutlin, un pathologiste suédois travaillant dans l'Iowa, organisa plusieurs expéditions dans des petits villages inuits où la grippe de 1918 avait tué plus du trois quarts des habitants. Il voyagea jusque dans des villages près de Brevig Mission à l'ouest de l'Alaska, près du détroit de Béring, espérant trouver dans le pergélisol (sol gelé en permanence) des virus encore intacts dans des corps. Il exhuma les tissus des poumons de plusieurs cadavres mais ses tentatives de mise en culture de virus échouèrent. Quarante ans plus tard, en 1997, le biologiste moléculaire Jeffery Taubenberger et son équipe publièrent la première caractérisation génétique du virus de 1918-1919 à partir de tissus autopsiés sur des victimes et conservés dans du formol. Ces échantillons provenaient d'un institut de pathologie de l'armée américaine, très prompte à conserver de tels échantillons[1]. Ils émirent l'hypothèse que ce virus avait une origine aviaire. Toutefois, ils furent dans l'impossibilité d'identifier des mutations expliquant la virulence du virus. À la lecture de ces résultats, Hutlin écrivit à Taubenberger en lui proposant de retourner à Brevig Mission. Ce qu'il fit et, contre toute attente, cette fois-ci l'expédition fut un succès. Hutlin obtint l'autorisation du conseil d'un village pour ouvrir des tombes et après quatre jours de travail son équipe exhuma le corps d'une femme de trente ans qui fut nommée Lucy, dont les deux poumons congelés furent extraits. Ceux-ci furent envoyés à Taubenberger à Washington. En s'appuyant sur trois échantillons (ceux de Lucy et deux des stocks de l'armée américaine), les chercheurs purent effectuer ce qui reste à ce jour l'analyse la plus poussée du génome de la grippe de 1918-1919. Non seulement ils ne trouvèrent pas de mutation frappante par rapport aux autres souches de grippe de type contemporaines, mais en plus leur inférence de l'origine aviaire du virus demeurait très bancale. Comme le montre Janis Antonovics, l'empêcheur de tourner en rond dont on a déjà parlé pour son étude sur la réticence des médecins à utiliser le mot évolution, dans une réponse à l'article de Taubenberger et confrères paru dans la revue *Nature*, les résultats suggéraient plutôt que le virus était d'abord passé chez les Mammifères (homme et porc) avant ensuite de diverger. D'après leurs résultats, si la grippe de 1918-1919 avait une origine aviaire, on pourrait en dire de même pour la plupart des variants de grippe circulant dans le monde.

1. Comme on le verra par la suite, l'URSS n'était pas en reste sur ce point.

De leur côté, les biologistes de l'évolution aussi se sont attelés à expliquer la virulence de cette pandémie. D'une part la forte densité d'hôtes que représentaient les tranchées avec les soldats et les trains de rapatriement aurait pu jouer. Si le taux de transmission et la virulence sont liés par une relation de compromis évolutif, alors une forte augmentation de la densité d'hôtes a pour effet de conduire à une augmentation exponentielle du nombre de cas. Pendant cette phase de croissance (dit phase épidémique), le plus important pour un parasite est de se transmettre à de nouveaux hôtes et tant pis si cela se fait au détriment de la durée de l'infection, car il y aura toujours de nouveaux hôtes à infecter. La virulence de la grippe espagnole aurait pu provenir de cette croissance épidémique. L'autre facteur, qui est d'ailleurs assez lié à l'augmentation du nombre d'hôtes potentiels, est la dimension internationale des échanges. La guerre « mondiale » a conduit à de très nombreux mouvements intercontinentaux dans un monde jusque-là somme toute assez cloisonné. En effet, ce sont des dizaines de milliers de soldats américains par exemple qui sont revenus aux États-Unis après avoir séjourné en Europe ou en Asie. Les échanges liés à la guerre ont dispersé l'ensemble des souches, conférant ainsi un avantage sélectif aux souches les plus transmissibles (donc les plus virulentes s'il existe une relation de compromis évolutif). Enfin, une dernière explication permet en quelque sorte de réconcilier biologie moléculaire et de l'évolution. L'idée est que la faiblesse des hôtes est la cause de la virulence des infections. Ceci peut s'expliquer d'un point de vue clinique, la guerre et les privations ayant diminué les défenses naturelles des hôtes. Mais on peut aussi le voir en termes d'histoire immunologique : les populations n'avaient jamais été confrontées à ce variant et les systèmes immunitaires ont été pris de court (ce qui coïncide assez bien avec les résultats sur le caractère immunopathologique de ces infections).

Comme souvent, il est probable que la virulence soit le fait non seulement de contraintes environnementales, mais aussi de propriétés génétiques du virus. Car l'incapacité à trouver des facteurs de virulence ne remet pas en cause en tant que tel le rôle de la souche du virus dans la virulence. En effet, il est facile de voir si les souches de 1918 ont un gène en plus ou alors deux ou trois mutations clés qui les distinguent des souches contemporaines, mais si les différences de virulence nécessitent des dizaines de mutations elles deviennent impossibles à détecter sans avoir des milliers de séquences. Une des raisons de croire à un effet du génome du virus est que les expériences ont montré que les souris infectées par ces virus pandémiques (ou par des virus contemporains auxquels on a intégré des gènes des virus pandémiques) produisent 39 000 fois plus de virus que les souris infectées avec une souche référence. De plus, les souris infectées par la souche 1918-1919 meurent en moins de 6 jours alors que toutes les autres survivent. Il se pourrait donc que la réponse à la virulence soit bien là, inscrite dans le génome, mais que nous soyons incapables de la déchiffrer.

La question des déterminants génétiques à la virulence a des implications pour les pandémies actuelles, par exemple celle de VIH. Comme on le verra plus tard, il semble aujourd'hui avéré que si certaines infections de VIH sont plus virulentes que d'autres, entendez par là si certaines personnes infectées meurent plus vite que d'autres en l'absence de traitement, c'est en partie dû au génotype du virus causant l'infection[1]. Dès lors, on pourrait s'attendre à détecter des signes de la virulence du VIH. Pourtant, en 2013, même en analysant plus de 70 000 séquences de virus avec des techniques statistiques de pointe, des chercheurs ne sont pas parvenus à expliquer plus de la moitié des variations de taux de réplication *in vitro*. Inutile de

1. Ces effets s'ajoutent bien sûr aux différences génétiques et non génétiques entre les hôtes.

dire que pour comprendre des données cliniques, la chose est encore plus ardue.

Enfin, afin de ne pas finir ce chapitre sur une note trop panglossienne, attitude qui consiste à expliquer tout ce que l'on voit par l'action de la sélection naturelle, il existe des cas où il n'y a aucun sens à se poser la question de comment la virulence évolue. Ce sont les cas où l'hôte (dans lequel on mesure la virulence) est un « cul-de-sac » pour la transmission du parasite. Prenons le cas de la toxoplasmose. Elle peut infecter l'homme mais les parasites à l'intérieur de l'homme ont extrêmement peu de chances d'être transmis. En quelque sorte, le parasite s'est trompé d'hôte. Certes la toxoplasmose peut avoir des effets délétères sur l'homme, mais puisque ces effets ne modifient pas la transmission du parasite, la sélection naturelle ne peut agir sur eux. Ou plus exactement, les défenses de l'homme vont évoluer pour contrecarrer la virulence du parasite si celui-ci devient suffisamment fréquent dans la population pour engendrer une réponse évolutive.

En guise de conclusion partielle…

On pourrait penser qu'une question aussi simple que « Pourquoi les parasites nous tuent-ils ? » serait facile à résoudre ou à défaut qu'elle aurait été résolue depuis la découverte de la sélection naturelle. Il n'en est rien et les résultats expérimentaux qui démontrent des liens entre virulence et transmission pour certaines maladies infectieuses sont très récents. En conclusion, pour la plupart des systèmes la majorité des questions restent sans réponse. Pourquoi par exemple le VIH tue-t-il l'homme à coup sûr alors que son homologue le virus de l'immunodéficience simienne (VIS) semble nettement moins létal pour les singes ? Et même parmi les différents types de VIH, pourquoi le VIH-2 est-il beaucoup moins virulent que le VIH-1 ? Pour mieux cerner ces questions et aussi tenter de prévoir à quoi ressemblera le prochain virus ou la prochaine bactérie qui causera une pandémie mondiale, il faut se pencher sur l'origine des maladies infectieuses.

Pour aller plus loin

Alain K. *et al.* (éd.), *Biodiversité(S)*, Paris, Cherche Midi, 2010. [Un état des lieux des recherches sur la biodiversité.]

Kupiec J. J., Sonigo P., *Ni Dieu ni gène. Pour une autre théorie de l'hérédité*, Paris, Seuil, 2000. [Une critique du dogmatisme en biologie moléculaire et une application de notions d'écologie et d'évolution au niveau cellulaire.]

Pradeu T., *Les Limites du soi : immunologie et identité biologique*, Vrin, 2010. [Une remise en cause des concepts de soi et non-soi en immunologie.]

Thomas F., Lefèvre T., Raymond M. (éd.), *Biologie évolutive*, Bruxelles, De Boeck, 2010. [Ouvrage de référence sur la biologie de l'évolution.]

Autres références citées dans le chapitre (en anglais)

Alizon S., De Roode J. C., Michalakis Y., « Multiple infections and the evolution of virulence », *Ecol. Lett.*, 16, 2013, p. 556-567. [Comment les infections multiples affectent l'évolution de la virulence.]

Ebert D., « Experimental evolution of parasites », *Science*, 282, 1998, p. 1432-1435. [Revue de référence sur les expériences d'évolution en laboratoire.]

Ewald P. W., *Evolution of Infectious Disease*, Oxford, Oxford University Press, 1994. [Le livre qui a popularisé l'importance de l'évolution de la virulence.]

Fierer N., Hamady M., Lauber C. L., Knight R., « The influence of sex, handedness, and washing on the diversity of hand surface bacteria », *Proc. Natl. Acad. Sci. USA*, 105, 2008, p. 17994-17999. [Une étude montrant que les bactéries présentes sur nos deux mains diffèrent.]

Fraser C., Hollingsworth T. D., Chapman R., de Wolf F., Hanage W. P., « Variation in HIV-1 set-point viral load : Epidemiological analysis and an evolutionary hypothesis », *Proc. Natl. Acad. Sci. USA*, 104, 2007, p. 17441-17446. [La démonstration que la virulence du VIH est adaptative pour le virus.]

Hawass Z. *et al.*, « Ancestry and pathology in King Tutankhamun's family », *JAMA*, 303, 2010, p. 638-647. [Une autopsie de momies.]

Levin B. R., Bull J. J., « Short-sighted evolution and the virulence of pathogenic microorganisms », *Trends Microbiol.*, 2, 1994, p. 76-81. [Une réflexion sur les conséquences de l'évolution intra-hôte.]

CHAPITRE 4

De l'origine des maladies infectieuses

Le titre le plus célèbre de Darwin met l'accent sur la question de l'« origine des espèces ». La recherche des origines est en effet centrale quand on étudie l'évolution. Concernant les parasites, on peut situer la recherche des origines à deux niveaux : de même que, pour l'homme, on peut soit partir en quête d'ancêtres plus ou moins éloignés dans sa généalogie, soit viser les origines de l'espèce *Homo sapiens*, pour un parasite, on peut s'intéresser soit à son histoire proche, soit à son histoire plus lointaine. Dans le premier cas, on se placera à l'échelle de temps d'une épidémie, en se demandant par exemple qui nous a transmis notre dernière grippe ; dans le second cas, on se situera à l'échelle de l'espèce du parasite, en cherchant par exemple quelle espèce animale a transmis la grippe à l'homme. Ces dernières années, cette quête des origines a connu des progrès majeurs, principalement grâce à l'essor des techniques de séquençage des génomes, qui permettent de reconstituer facilement des généalogies et parfois même de dater des événements de spéciation.

Des chasseurs-cueilleurs aux navetteurs

Le cas des Kayapos

En 1989, ils étaient plus de 600 à se rassembler à Altamira, cité portuaire du nord du Brésil. Les Kayapos voulaient attirer l'attention sur la construction du barrage de Belo Monte, qui, en inondant plus de 500 km² de terres, menaçait l'existence de leur peuple[1]. Les méthodes de culture des Kayapos nécessitent en effet de grands espaces. Avant de mener un combat médiatisé pour défendre leur mode de vie, les Kayapos avaient fait l'objet d'une importante étude publiée en 1975 par le biochimiste Francis Black : celui-ci s'était intéressé au système immunitaire des membres de neuf tribus, afin de déterminer quels virus circulaient dans cette population. Les Kayapos vivant à l'écart des zones fortement peuplées, et leur population étant elle-même structurée en villages de 100 à 1 000 habitants, l'étude de Black est souvent utilisée comme repère pour inférer quels types de parasites infestaient l'homme avant l'apparition des grands centres urbains.

Ce que Francis Black a cherché chez ces Amérindiens, ce ne sont pas directement les virus mais les anticorps spécifiques à ces virus. Molécules de défense produites par le système immunitaire lors d'une infection, les anticorps peuvent être détectés dans l'organisme plusieurs années après la guérison. La recherche d'anticorps dirigés contre divers agents infectieux permet de déterminer par quels micro-organismes un sujet a été infecté antérieurement. Les Kayapos présentaient pour la plupart des anticorps ciblant les virus peu virulents causant des infections prolongées tels que le virus de l'herpès, le virus Epstein-Barr ou le virus de l'hépatite B. Un autre type de virus avait laissé des traces assez nombreuses : les arbovirus, nom générique pour les virus humains transmis par les insectes (par exemple le virus de la fièvre jaune). Enfin, l'étude de Black a mis en évidence des anticorps ciblant des virus à l'origine d'infections aiguës telles que la rougeole, les oreillons ou la grippe A. Cependant, concernant ces derniers, une

1. Les Kayapos et leur chef Raoni sont toujours en lutte contre la déforestation et les droits des peuples autochtones. Ils s'opposent au projet de barrage géant de Belo Monte, au commerce de bois illégal et, plus récemment, au mondial de football au Brésil.

différence de taille avec les autres types de virus a été notée : seules certaines classes d'âges étaient immunisées contre ces infections. Par exemple, pour la rougeole, les anticorps n'ont été détectés que chez les Indiens de 10-15 et 30-35 ans. Selon Black, ceci montre que ces infections aiguës n'ont pas pu s'établir dans la population et devenir endémiques : elles ont causé des épidémies de manière épisodique (tous les vingt ans pour la rougeole) avant de s'éteindre.

Les résultats de Black sous-tendent la théorie communément admise aujourd'hui qui est que le mode de vie d'une population détermine les types de parasites qu'elle subit. On considère qu'à l'échelle de l'histoire de l'humanité, deux bouleversements ont engendré l'apparition de nouvelles maladies, dont près de trois quarts ont une origine animale : la domestication et l'urbanisation. La première a conduit à une proximité entre l'homme et les animaux d'élevage, qui a favorisé le transfert de maladies. La seconde a accru la taille des populations, permettant ainsi l'essor des maladies virales et bactériennes humaines. Le premier point est assez évident : pour que le parasite arrive dans une population humaine, il faut qu'il y ait contact entre la population réservoir et l'homme. Le second point est moins évident et nécessite quelques précisions.

R_0

On l'a vu, ce que la sélection naturelle optimise, c'est le nombre de descendants d'un individu, c'est-à-dire, pour un parasite, le nombre d'infections secondaires qu'un infecté engendre pendant la durée de l'infection. En épidémiologie, ce nombre est appelé R_0*. Pour qu'un parasite puisse se maintenir dans une population d'hôtes, il faut qu'il engendre en moyenne au moins une infection secondaire (donc il faut que $R_0 \geq 1$). Une infection causée par un parasite avec un R_0 de 0,5 a en moyenne une chance sur deux d'infecter un nouvel hôte. Si l'on part d'une population de 10 hôtes infectés, à la génération suivante de parasite (une génération correspondant à la durée d'une infection), on en aura environ 5 hôtes infectés. À la génération suivante ce sera 2,5, puis 1,25 et enfin 0,625. Ainsi, à la quatrième génération du parasite, on compte en moyenne moins d'un hôte infecté et on peut considérer que le parasite a disparu. On estime que le virus de la grippe dite « espagnole » de 1918 avait un R_0 proche de 2 (tout comme d'ailleurs le virus qui apparaît dans le film *Contagion* paru en 2011). Pour 10 hôtes infectés à la première génération, on en a environ 20 à la deuxième génération, puis 40, puis 80, et ainsi de suite.

On peut aussi calculer R_0 de manière indirecte. En 2007, devant sa télévision, Troy Day, un collègue biologiste de l'université de Queen's au Canada, a ainsi calculé que dans les films de Romero *48 Days Later* et *48 Weeks Later*, où se propage une épidémie de zombisme suite à des expérimentations sur le virus de la rage, le R_0 de la maladie est environ de 11. Afin d'endiguer l'épidémie il aurait fallu vacciner plus de 90 % de la population avec un vaccin qui diminue la transmission de plus de 95 %.

On peut arriver à ce résultat car l'épidémie se déclare en Grande-Bretagne et qu'on connaît à la fois sa durée et le nombre de survivants. À partir du nombre d'habitants initiaux, des modèles épidémiologiques simples permettent d'aboutir au R_0 (pour les mathématiciens, la formule est $R_0 = S_0 \times (\ln (S_0) - \ln (S_\infty)) / (S_0 - S_\infty)$, où S_0 est la taille de la population initiale, soit environ 60 millions en Grande-Bretagne, et S_∞ la taille de la population à la fin de l'épidémie, soit un millier selon le film). Ce travail a été soumis aux *Annals of improbable research* mais n'a jamais été publié.

Une manière plus intuitive d'aborder le R_0 est de remarquer qu'il dépend de trois choses : l'infectivité des hôtes infectés, la durée de l'infection et le nombre d'hôtes potentiels dans la population. Mathématiquement, on peut écrire :

R_0 = taux de transmission × durée de l'infection × nombre d'hôtes potentiels.

Au passage, on peut retrouver dans cette équation l'idée de compromis évolutif discutée dans le second chapitre : les souches qui ont un fort taux de transmission ont un avantage adaptatif (leur R_0 est plus élevé) mais elles ont toutes les chances d'être plus virulentes et donc de causer des infections plus courtes.

Indépendamment de l'idée de compromis évolutif, un parasite très infectieux mais causant des infections courtes (par exemple la grippe) peut donc avoir le même R_0 qu'un parasite qui se transmet mal mais cause des infections longues (le VIH). Toutefois, les deux ne sont pas complètement équivalents. Dans un cas où le parasite a accès à de nombreux hôtes potentiels (on parle aussi d'hôtes susceptibles à l'infection ou de « susceptibles »), par exemple un virus de grippe aviaire infectant un élevage de poulets en batterie, le plus important pour le parasite est de se transmettre rapidement, peu importe si les infections sont courtes. Au contraire, si les hôtes susceptibles sont rares, la sélection naturelle favorisera mécaniquement les parasites causant des infections longues, car la durée de l'infection maximise les chances que l'hôte infecté entre en contact avec des hôtes susceptibles. Dans une célèbre étude de 1957, le statisticien anglais Maurice Stevenson Bartlett a ainsi montré que pour que le virus de la rougeole puisse persister dans une population humaine, il faut que celle-ci dépasse une taille de communauté* critique de 250 000 personnes. Sous ce seuil, le virus peut certes émerger mais l'épidémie s'éteint rapidement car les infections sont courtes et, faute de nouveaux hôtes, l'ensemble de la population se retrouve immunisé, laissant le virus sans proies. C'est pour ces mêmes raisons que dans l'étude de Black en Amazonie, seuls les virus causant des infections longues (et peu virulentes) ont été caractérisés comme étant endémiques chez les Kayapos.

Transitions épidémiologiques

Certains ont tenté de lier la démographie humaine et l'histoire des épidémies. Le développement des premières villes et l'essor de l'agriculture constituent la première « transition épidémiologique » selon le terme que le chercheur Abdel Omran a introduit en 1971 : une telle transition recouvre un changement du taux de mortalité humaine et un changement des causes de cette mortalité. Cette première transition épidémiologique à l'échelle de l'humanité a permis à de nombreux parasites causant des infections aiguës de se maintenir. Omran qualifie d'ailleurs cette phase d'âge des famines et des pandémies, car l'espérance de vie oscillait alors entre 20 et 40 ans. La seconde transition est celle du recul des pandémies, permis par la mise en place de mesures d'hygiène et l'accès aux médicaments. Enfin, la troisième phase est celle des maladies dégénératives (comme les cancers). Cette troisième phase apparaît paradoxale : l'amélioration des conditions de vie pourrait entraîner son lot de nouvelles pathologies. Ces nouvelles pathologies, qui étaient jusqu'à présent plus ou moins masquées par d'autres causes de décès, pourraient devenir première cause de mortalité. Ainsi, les cancers du col de l'utérus, qui se déclarent le plus souvent chez des femmes de plus de 45 ans, étaient forcément moins fréquents en 1900 où l'espérance de vie des femmes était d'environ 40 ans.

Cela dit, il faut se méfier des généralisations rapides de la théorie d'Omran. Certes les transitions épidémiologiques semblent assez bien traduire les étapes par lesquelles sont passés les pays occidentaux, mais il n'est pas sûr que l'histoire se répète partout de la même manière et, par exemple, on détecte actuellement une très forte hausse des cancers dans des pays africains, également fortement frappés par des maladies infectieuses telles que le paludisme ou le VIH. Comme on va le voir dans le cas de la tuberculose, l'étude de cas précis révèle parfois des écarts à la théorie ou, du moins, nécessite parfois des précisions.

Lire l'histoire du paludisme dans les crottes

Paludisme et syphilis

Certains parasites de l'homme frappent sans distinction de classe. La syphilis, maladie vénérienne causée par la bactérie *Treponema pallidum* (ou tréponème pâle), a infecté des monarques tels que François Ier comme des poètes tels que Baudelaire. Longtemps les stades avancés de cette maladie ont déconcerté les médecins, en particulier le fréquent déclin intellectuel des patients, parfois associé à des épisodes de démence. Cet état aujourd'hui appelé neurosyphilis était autrefois pudiquement qualifié de « paralysie générale » et extrêmement redouté car pendant plusieurs siècles les seuls traitements utilisés étaient à base de mercure. L'efficacité qu'on leur attribuait était sans doute plus liée au fait que la progression de la syphilis passe toujours par des stades de rémission (même sans traitement). La donne change quand un psychiatre viennois, Julius Wagner-Jauregg, remarque que certains de ses patients atteints de symptômes neurologiques semblent se porter mieux après des accès de fièvre. En juin 1917, un soldat présentant des symptômes d'une infection par le paludisme est admis dans sa clinique en même temps qu'un autre patient atteint de la paralysie générale. Arguant du fait que ce dernier n'a plus rien à perdre, il obtient son consentement pour lui injecter du sang du soldat. Le pari du médecin est que les accès de fièvre propres au paludisme permettront de recréer les conditions ayant conduit à des améliorations observées chez ses anciens patients. Le patient développa rapidement le paludisme et Wagner-Jauregg nota une amélioration partielle des symptômes au cours des mois suivants. Il répéta l'expérience sur huit autres patients. Au final, trois patients quittèrent la clinique (apparemment) guéris, trois virent leur santé s'améliorer avant de rechuter, pour deux il n'y eut aucun effet, enfin l'un d'entre eux mourut d'une fièvre. Wagner-Jauregg publia ses résultats en 1919 et en 5 ans la guérison par la fièvre de paludisme était devenue une pratique médicale répandue. Un siècle plus tard, l'expérience a de quoi mettre mal à l'aise. D'autant plus qu'outre l'inoculation de patients avec un parasite potentiellement létal, Wagner-Jauregg ne se préoccupait pas des groupes sanguins pourtant déjà découverts (cette découverte semblait assez ignorée encore à l'époque). Cependant il faut replacer l'étude dans son contexte : la neurosyphilis était une sentence de mort et aucun traitement n'existait alors. Des études plus poussées montrèrent que les taux de succès de sa méthode allaient de 30 à 50 %. On lui attribua d'ailleurs le prix Nobel de médecine et de physiologie pour sa découverte et jusqu'à la découverte des antibiotiques, la thérapie par la fièvre (utilisant des méthodes plus sûres comme les bains chauds ou les cabinets de fièvre) resta couramment utilisée.

Il peut sembler incongru que l'infection par le paludisme puisse avoir des vertus thérapeutiques, le paludisme étant un des principaux fléaux de l'humanité avec 220 millions de personnes infectées et 700 000 décès par an, en majorité des enfants. Rien que dans l'expérience de Wagner-Jauregg, l'un des neuf patients est mort de fièvre et pourtant le médecin utilisait des médicaments antipaludiques pour maintenir la fièvre sous contrôle. Le paludisme n'est pas non plus un parasite récent. Il jalonne notre histoire : Hippocrate en décrit l'infection et Toutankhamon semblait en être infecté au moment de sa mort. En France métropolitaine, si le paludisme était toujours présent au début du XXe siècle, les seuls cas recensés aujourd'hui sont importés.

Jusqu'à la fin du XIXe siècle, on pensait que cette maladie était due au mauvais air des marais (d'où son autre nom de « malaria »). C'est un médecin militaire français,

Charles Louis Alphonse Laveran, qui découvre en 1880 que les globules rouges de patients infectés contiennent un micro-organisme unicellulaire pourvu d'un flagelle (comme les spermatozoïdes). En revanche, ce que Laveran ne comprend pas c'est comment ce parasite s'introduit dans le corps humain. La réponse viendra quelques années plus tard, en 1898, lorsqu'un autre médecin militaire, anglais cette fois, Ronald Ross, démontrera que la maladie est transmise par les moustiques. Le premier aura le prix Nobel en 1907 et le second en 1902. Au passage, il est intéressant de noter que Ross a été tout près d'abandonner ses travaux avant d'aboutir. Son protocole expérimental consistait à faire piquer des oiseaux infectés par des moustiques de différentes espèces, espérant ainsi obtenir des moustiques infectés. Pendant deux ans il n'eut aucun succès. La raison de ses difficultés est que l'hématozoaire[1] du paludisme (*Plasmodium*) infectant l'espèce humaine n'est transmis que par les moustiques du genre *Anopheles*. L'intuition de Ross à propos du mode de transmission était bonne mais il utilisait au début une mauvaise espèce de moustique. Anophèle a beau venir du mot grec signifiant « inutile », tous les moustiques ne sont pas interchangeables.

Le paludisme humain vient donc d'une piqûre par un moustique infecté, le moustique étant lui-même infecté en piquant une personne infectée. Voilà pour l'origine à très court terme. Mais si l'on veut remonter plus loin, comment *Plasmodium* en est-il venu à infecter l'homme ? Étrangement, ce n'est que depuis quelques années qu'on commence à en avoir une idée plus précise. Et encore, les résultats ne concernent que *Plasmodium falciparum*, la plus virulente des cinq espèces causant le paludisme humain[2].

1. On parle d'hématozoaire pour de tels parasites des globules rouges.

2. Les autres agents du paludisme humain sont *Plasmodium vivax*, *Plasmodium ovale*, *Plasmodium malariae* et *Plasmodium knowlesi*.

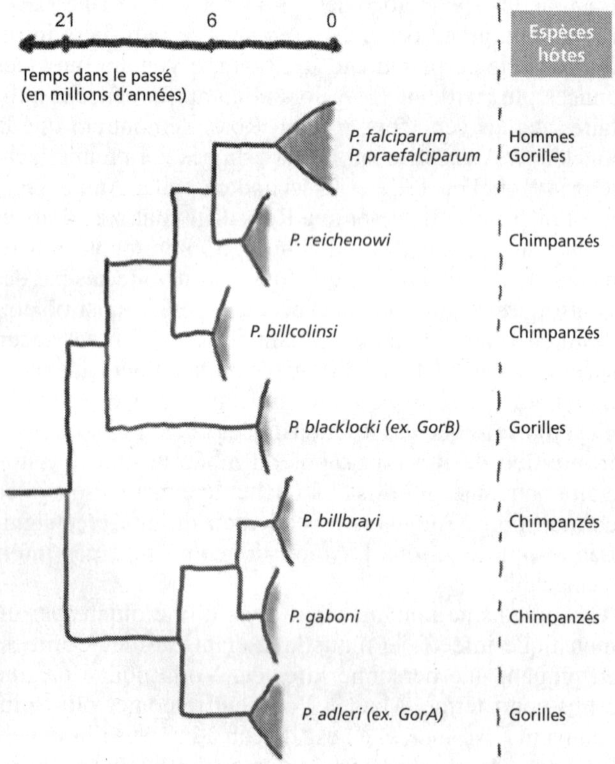

Figure 4.1 – Phylogénie des espèces de paludisme infectant les grands singes

Seul *Plasmodium falciparum* infecte à la fois les hommes et les singes.

Au début des années 1990, les premières études ont conclu à une origine aviaire de *P. falciparum*, car sa séquence génétique était plus semblable à celle des *Plasmodium* d'oiseaux qu'à celles des *Plasmodium* d'autres Mammifères. Les méthodes de datation moléculaire semblaient suggérer que le parasite était passé des oiseaux à l'homme il y a environ dix mille ans lors des premiers événements de sédentarisation. Ces premiers résultats ont toujours été critiqués, principalement à cause du manque d'échantillons utilisés pour les analyses. Quelques années plus tard, en 1994, une séquence génétique de l'espèce *Plasmodium reinchenowi* est obtenue. L'échantillon provient d'un chimpanzé. *P. reichenowi* étant très proche de *Plasmodium falciparum*, les chercheurs en concluent qu'elle et *P. falciparum* semblent avoir divergé en même temps que les humains et les chimpanzés, il y a de cela six millions d'années. Toutefois ces résultats restaient assez fragiles. En 2009, le panorama change. Tout d'abord, des chercheurs du Centre international des recherches médicales de Franceville (CIRMF) au Gabon et du CNRS à Montpellier découvrent une nouvelle espèce, qu'ils baptisent *Plasmodium gaboni*, dans deux « kikis », terme local désignant des petits singes (ici des chimpanzés) apprivoisés. En effet dans certains villages d'Afrique, lorsque les singes adultes ont été tués par des chasseurs, les petits sont conservés comme animaux de compagnie. Avec cette nouvelle espèce, l'histoire se précise, car si les espèces *P. falciparum* et *P. reichenowi* ont divergé il y a environ six millions d'années, les méthodes de datation basées sur les mutations dans le génome indiquent que *P. gaboni*, elle, aurait alors divergé il y a vingt et un millions d'années, suggérant que l'ancêtre commun à tous ces parasites était déjà présent chez l'ancêtre commun des hominoïdes (c'est-à-dire les grands singes).

Mais c'est en 2010 que la découverte principale est faite par la même équipe de Montpellier conduite par Franck Prugnolle et François Renaud. L'originalité de leur étude est que pour la première fois ils adoptent une méthode non invasive pour détecter la présence de *Plasmodium*. Jusqu'alors, la méthode consistait à faire une prise de sang au singe, ce qui est faisable pour un petit kiki de village mais nettement plus audacieux pour un gorille sauvage. Leur idée a consisté à reprendre la méthode utilisée pour détecter le virus de l'immunodéficience simiesque (VIS, c'est-à-dire le VIH des singes) en utilisant des crottes de singes. Ramasser les crottes d'un gorille n'est certes pas très ragoûtant mais c'est nettement plus enviable que d'aller lui faire une piqûre. En analysant quelque 200 échantillons de crottes de chimpanzés et de gorilles collectées par d'autres collègues tels que Cécile Neel pendant sa thèse sur les VIS, ils ont obtenu de nouvelles séquences ADN de *P. reichenowi* et de *P. gaboni* et ils ont aussi découvert deux nouvelles espèces de *Plasmodium* propres aux gorilles. Encore plus surprenant, ils ont montré que certains gorilles étaient infectés par… *Plasmodium falciparum*, que l'on pensait jusqu'alors être totalement spécifique à l'homme. Au siècle dernier il a fallu admettre que nous partageons un ancêtre commun avec les grands singes, maintenant il nous faut en plus admettre que nous avons des parasites en commun.

Les découvertes de cette dernière étude ont immédiatement stimulé la recherche : la même année, un laboratoire américain reprenait la même démarche (chercher des *Plasmodiums* dans des crottes de singes) mais avec une puissance d'analyse bien supérieure à ce que la recherche française en biologie de l'évolution peut se permettre. Leur analyse à grande vitesse de plus de 3 000 échantillons leur a permis de conclure que *P. falciparum* aurait été transmis à l'homme par les gorilles. Évidemment, on peut se demander si l'histoire va encore changer et si, après les oiseaux et les chimpanzés, les gorilles ne vont pas à leur tour être détrônés de leur statut d'espèce source du paludisme humain. Par exemple, on ne peut pas exclure l'hypothèse que des espèces de paludisme encore inconnues circulent dans des populations de chimpanzés ou de bonobos mais avec une faible prévalence et que leur découverte remette en cause une fois de plus cet arbre généalogique. Finalement, la leçon principale de ces découvertes récentes est que, dans la quête des origines, l'acquisition des données est le moteur des avancées.

Histoire et évolution de la tuberculose

Irtyersenu était une femme corpulente d'une cinquantaine d'années et menait une vie sédentaire quand elle est morte. Elle n'était pas dans le besoin au moment de sa mort mais n'était pas non plus très riche. Afin de déterminer les causes de sa mort, Auguste Bozzi Granville, éminent médecin et obstétricien, pratiqua une autopsie. Cela se passait en 1825. Sa conclusion fut qu'Irtyersenu était morte d'une tumeur ovarienne, comme près de 150 000 femmes en 2010. Près de deux siècles plus tard, une équipe de recherche de l'University College of London a pourtant abouti à une conclusion différente : la cause de la mort serait non pas un cancer mais la tuberculose.

Pourquoi cet intérêt autour des causes de la mort d'Irtyersenu ? C'est qu'elle vivait pendant la vingt-sixième dynastie égyptienne. Le sarcophage contenant sa momie fut exhumé dans la nécropole de Thèbes près de l'actuelle Louxor et acheté par le docteur Granville. Le rituel le plus perfectionné d'embaumement chez les Égyptiens de l'Antiquité consistait à prélever les organes du défunt (par le nez pour le cerveau et par l'abdomen pour les viscères) afin qu'ils puissent être préservés à part dans des vases. Mais les organes d'Irtyersenu avaient été laissés à leur place au moment de l'embaumement (d'où l'hypothèse qu'elle n'appartenait pas à la classe la plus riche). C'est cette particularité qui motiva cette première dans la médecine légale avec une autopsie près de deux mille quatre cents ans après la mort. Les conclusions de l'autopsie initiale furent remises en cause car la tumeur prélevée par le docteur Granville, quoique de taille imposante, était en fait bénigne. Dans les années 1990, des tests réalisés sur les tissus biologiques de la momie ont révélé la présence d'une protéine caractéristique de l'infection par *Plasmodium falciparum* (le paludisme), mais ce test avait de fortes chances d'être un faux positif. S'ensuivirent une dizaine d'années pendant lesquelles plusieurs laboratoires tentèrent d'amplifier de l'ADN de la momie. Tous échouèrent, vraisemblablement à cause du processus d'embaumement inhabituel utilisé. En 2010, les analyses moléculaires d'Helen Donoghue réalisées sur les restes d'os et d'organes, qui avaient été conservés par le British Museum après l'autopsie, apportèrent une nouvelle solution à l'énigme en détectant la présence de la bactérie *Mycobacterium tuberculosis* dans les poumons et les fémurs de la momie. Une analyse avait déjà révélé la présence suspecte de liquide dans les poumons. L'équipe londonienne apporta une preuve de taille en prouvant la présence d'acides mycoliques. Ces composés se retrouvent dans la paroi des bactéries et sont d'ailleurs une cible pour les antibiotiques. Ils sont assez spécifiques et peuvent être utilisés pour déterminer quelle bactérie a causé l'infection. Dans le cas présent, Irtyersenu semble avoir été la victime d'une bactérie du complexe *Mycobacterium tuberculosis*, qui aujourd'hui se compose de deux principales souches infectant l'homme, *M. tuberculosis* et *M. africanum*, et cause encore chaque année 10 millions de nouveaux cas et près de 2 millions de morts.

Irtyersenu n'était pas un cas isolé, car des traces de tuberculose ont été détectées sur d'autres momies dont l'ADN avait été moins dégradé. Il existe aussi des statuettes représentant des pathologies typiques de la tuberculose osseuse. La tuberculose a donc au moins vingt-cinq siècles. Jusqu'à la fin des années 2000, la théorie qui prévalait était que la tuberculose aurait été transmise à l'homme par les animaux au Néolithique il y a environ dix mille ans. Avec la sédentarisation, les ancêtres des souches présentes aujourd'hui chez les bovins (*M. bovis*) ou les chèvres (*M. caprae*) seraient passées chez l'homme.

Les analyses récentes ont cependant battu cette idée en brèche. Tout d'abord, l'analyse comparée des génomes a montré que *M. bovis* et les autres tuberculoses animales ont des génomes plus petits que celui de la tuberculose humaine. L'explication la plus parcimonieuse est donc que la tuberculose est passée de l'homme aux animaux d'élevage, à la suite de quoi son génome s'est réduit[1]. Autrement dit, c'est l'homme qui a infecté les animaux d'élevage et non le contraire. La seconde pièce au dossier est venue d'un fossile d'*Homo erectus* vieux de cinq cent mille ans trouvé en Turquie et qui présente les lésions caractéristiques de la tuberculose. Enfin, des chercheurs ont estimé l'âge de l'ancêtre commun des différentes souches de *Mycobacterium* à environ trois millions d'années : la tuberculose a donc précédé les débuts de l'agriculture et ne peut provenir des animaux d'élevage.

On sait aussi que la tuberculose est apparue sur le continent africain (ce qui n'est pas surprenant si son origine précède l'apparition d'*Homo Sapiens*). L'origine de la tuberculose sur le continent américain est aussi controversée. L'hypothèse classique était celle de la « terre vierge », qui postulait que la tuberculose avait été apportée par les Européens. On pense aujourd'hui qu'il n'en est rien et que la tuberculose a une origine précolombienne.

Le cas de la tuberculose invaliderait donc l'idée que les maladies infectieuses sont le résultat de nos modes de vie ? On comprend mal cependant comment cette maladie, très virulente sans traitement, pouvait persister dans de petites populations. Il faut pour cela prendre en compte l'évolution

1. Notre vision anthropocentrique nous conduit le plus souvent à ne percevoir que les maladies qui passent des animaux aux hommes. Pourtant, si l'on regarde de plus près, de nombreuses maladies font le chemin inverse. Il suffit de discuter avec un vétérinaire pour s'en persuader. Anecdotiquement, un chat de treize ans dans l'Iowa a été diagnostiqué avec le virus de grippe H5N1 en 2009 (en revanche il n'existe aucune preuve que le virus ait pu passer des chats ou chiens domestiques aux hommes). Plus sérieusement, beaucoup d'espèces en voie d'extinction le sont à cause de ravages causés par des parasites humains.

de la bactérie : ses représentants actuels ne causent pas le même type d'infections que leurs lointains ancêtres. Des études semblent en effet détecter une augmentation récente de la virulence de la tuberculose, qui pourrait correspondre à l'expansion démographique de l'homme au cours des derniers siècles. La théorie de l'évolution de la virulence prédit en effet que les souches de parasites les plus virulentes devraient être sélectionnées si la taille de la population d'hôtes est en augmentation (cela a été prouvé expérimentalement comme on le verra dans le dernier chapitre). Certaines données de laboratoire sur *M. tuberculosis* tendent à montrer que les souches contemporaines sont plus virulentes. Ainsi, des souches isolées dans l'Inde du Sud qui appartiennent à une lignée « ancienne » de tuberculose se révèlent bien moins virulentes que les souches de lignées plus « récentes ». Une étude plus détaillée conduite en Gambie a abouti à des conclusions similaires. Les chercheurs ont suivi 317 personnes infectées par la tuberculose ainsi que les 1 808 autres membres de leurs foyers pendant deux ans. Ils ont ensuite compté le nombre de ces contacts infectés pendant les deux années et se sont rendu compte que parmi les 317 personnes initialement enrôlées dans l'étude, celles qui étaient infectées par des souches modernes avaient infecté davantage de membres de leur foyer.

Il faut donc s'intéresser non seulement à l'origine des infections, mais également aux processus d'évolution qui opèrent ensuite. Encore une fois, les parasites ne sont pas des objets inertes. S'ils sont parvenus à infecter l'homme il y a des millénaires, ils ont pu beaucoup changer depuis, en bien comme en mal.

Pourquoi la grippe revient tous les ans

L'origine du mot épidémie est compliquée. À la lettre, cela signifie « sur [ou parmi] le peuple » et n'a pas spécialement de connotation médicale : Homère l'utilise pour désigner « celui qui est dans son pays » (par opposition à celui qui est en voyage ou en exil). Par exemple, dans le chant I de l'*Odyssée*, v. 230 : « Et le sage Télémaque lui répondit : "Étranger, puisque tu m'interroges sur ceci, cette demeure fut autrefois riche et honorée, tant que le héros habita le pays [*epidemios*] ; mais, aujourd'hui, les dieux, source de nos maux, en ont décidé autrement [...]" »

Entre – 600 et – 400, la signification du terme va évoluer à la fois dans la tragédie et dans la médecine : on retrouve le terme *epidemios* dans l'*Œdipe roi* de Sophocle, v. 494 : « [...] je n'ai trouvé la moindre preuve qui me force à partir en guerre contre Œdipe dont la réputation se répand dans le pays [*epidemios*] [...] »

À peu près à la même époque, Hippocrate l'utilise comme titre pour l'un de ses traités. Dans les deux cas, le terme désigne un objet (une rumeur pour Sophocle et une maladie Hippocrate), qui se répand dans un endroit donné. Ceci est probablement le reflet de changements dans le langage courant mais il n'est pas anodin que le glissement du terme touche à la fois les maladies infectieuses et les rumeurs. Tout comme le parasite, la rumeur a un taux de transmission (une personne « infectée » par la rumeur peut la transmettre à une personne qui ne la connaît pas), un taux de guérison (quand on apprend que la rumeur n'est pas vraie) et même une durée d'immunité (en entendant de nouveau la même rumeur on finit par se dire qu'elle était peut-être vraie). Après Hippocrate, pour qui le terme prend vraiment le sens de quelque chose qui se propage dans le peuple, Paul Martin et Estelle Martin-Granel notent toutefois une rupture au Moyen Âge avec l'apparition du mot *ypidime* vers 1256 pour désigner un grand nombre d'une même maladie, en l'occurrence le choléra (alors que le terme selon Hippocrate ne fait pas la distinction).

Si le mot épidémie a une longue histoire, il en est de même pour les parasites qui les causent. Ainsi, beaucoup s'accordent à dire que la toux de Périnthe qu'Hippocrate décrit dans ses *Épidémies* pourrait correspondre à la grippe. Toutefois, il faut reconnaître que les premières traces attestées de la grippe ne datent « que » du XVIe siècle (d'après les médecins, la diphtérie ou la coqueluche pourraient aussi expliquer les symptômes décrits par Hippocrate). Cette longévité du virus influenza (qui cause la grippe) peut surprendre quand on sait que son R_0 est de l'ordre 2 (soit très près de l'extinction), alors que des virus tels que la rougeole ont des R_0 dix fois plus élevés. Un calcul rapide montre que vacciner une personne sur deux suffirait en théorie à empêcher la propagation du virus[1]. Pourquoi le R_0 est-il un si piètre indicateur de la bonne santé de ce virus ? C'est que la grippe est en mouvement perpétuel. D'une certaine manière, en Europe la grippe s'éteint chaque année pour renaître de ses cendres l'année suivante.

Une des forces de notre système immunitaire est de reconnaître certains pathogènes auxquels il a déjà été confronté. Cette mémoire immunitaire, particulièrement efficace pour les infections aiguës, est à la base des vaccins (on stimule le système immunitaire avec une version atténuée du parasite pour que, lorsqu'une vraie infection se produit, la réponse immunitaire soit tout de suite maximale). Quand vous contractez la grippe en décembre, vous êtes quasiment certain de ne pas être réinfecté dans les mois qui suivent. Les hôtes sont donc à usage unique pour le virus. La raison pour laquelle le virus de la grippe

1. Pour éradiquer un parasite, il faut vacciner (ou enlever) une proportion d'environ $(1 - 1/R_0)$ des hôtes susceptibles. À ce jour, la seule campagne de vaccination qui a abouti à l'éradication d'une maladie ciblait la variole, qui a un R_0 entre 4 et 6 (il « suffisait » donc d'obtenir une couverture vaccinale de 75 à 80 %). La même approche a été mise en place pour la polio, mais à ce jour la maladie n'est pas éradiquée. La différence est que le R_0 pour la polio oscille entre 8 et 10 et que la couverture vaccinale à atteindre est d'environ 90 %. Pour éradiquer la rougeole, il faudrait vacciner 95 % de la population.

revient chaque année est que chaque année il est un peu différent.

Mécanismes d'évolution

Le virus de la grippe a ceci de particulier qu'il combine deux vitesses d'évolution. D'une part, il évolue par un processus classique de mutation tel qu'on l'a vu pour les bactéries. Ces mutations s'accumulent rapidement dans le génome du virus lors de chaque cycle de reproduction qu'il effectue dans une cellule infectée. Les mutations concernent principalement deux protéines de l'enveloppe du virus : l'hémagglutinine et la neuraminidase. Peut-être avez-vous sans le savoir déjà entendu parler de ces protéines car il en existe plusieurs types et leurs initiales servent à définir les sous-types de grippe : H1N1, H5N1, H3N2, etc. On y reviendra plus tard, tous les types d'hémagglutinines ne sont pas égaux pour infecter l'homme (les hémagglutinines H5 et H1 parviennent mieux à pénétrer nos cellules). Les mutations que le virus subit dans ces deux protéines n'ont généralement pas d'effet majeur : elles modifient un peu la structure de surface du virus (les antigènes) mais, mis à part ça, on pourrait les considérer comme neutres. Ce processus d'accumulation de mutations ponctuelles est même appelé « dérive* antigénique » : en biologie de l'évolution, le terme de dérive désigne un processus évolutif aléatoire où tous les individus ont la même valeur sélective (par opposition à la sélection naturelle où certains individus sont favorisés).

Pourtant, l'évolution des antigènes du virus influenza n'est pas si neutre. Pour le comprendre il faut la replacer dans son contexte, c'est-à-dire prendre en compte la population d'hôtes que le virus doit infecter. En accumulant des mutations modifiant ses antigènes d'une année sur l'autre, le virus peut infecter des hôtes qui auraient été protégés l'année précédente par la mémoire immunitaire. Toutefois, il convient de prendre des précautions car à ce jour on n'est pas exactement sûr de ce qui permet à l'épidémie de grippe de revenir tous les ans en France. Certes l'évolution du virus et la perte de la mémoire immunitaire jouent un rôle mais celui du climat est aussi central car l'été le virus a beaucoup de mal à se transmettre. Il ne faut aussi pas perdre de vue qu'en Asie le virus de la grippe est endémique et cause des infections toute l'année. La faute à un climat différent et au fait qu'il y existe des réservoirs animaux pour le virus.

Influenza serait probablement perçu comme un virus banal s'il ne possédait pas un second moyen d'évolution, qui effraye au plus haut point les autorités sanitaires : on l'appelle la cassure antigénique. Car le génome du virus de la grippe est fragmenté : toute l'information n'est pas regroupée dans une seule molécule d'ARN mais dans huit fragments. Un peu comme nos chromosomes humains. Les soucis apparaissent lorsque des hôtes sont coïnfectés, c'est-à-dire infectés successivement par deux virus influenza. Pendant un laps de temps, des virus différents coexistent dans un même hôte et donc dans certaines de ses cellules. Et là, comme avec les images dans les cours de récréation, les deux virus peuvent s'échanger des fragments. Imaginez qu'un des deux virus ait accumulé 6 mutations sur un de ces fragments et que l'autre en ait accumulé 7 sur un autre fragment. Le réassortiment entre ces deux virus peut produire une nouvelle souche avec 13 mutations d'un seul coup. Comme la dérive, la cassure modifie les antigènes du virus (ce que la réponse immunitaire peut détecter). La différence est qu'avec la cassure la modification peut être radicale et rendre caduque toute la mémoire immunitaire dans la population. Autrement dit, un nouveau variant de grippe peut infecter tout le monde alors que la grippe annuelle n'a accès qu'à une fraction de la population.

En 2004, un article a produit une représentation visuelle d'une intuition que tout le monde avait. En se basant sur des relevés immunologiques, Derek Smith et six collaborateurs sont parvenus à représenter les antigènes des virus en deux dimensions. La carte ainsi obtenue se compose de plusieurs amas et illustre deux choses : il existe une continuité dans l'évolution antigénique (les amas sont organisés chronologiquement) et l'évolution procède par glissements continus (au sein des amas) et par sauts (création d'un nouvel amas). Ces résultats montrent qu'un amas dure environ trois ans. Autrement dit, avoir été infecté par une souche de grippe confère environ trois ans d'immunité. Pour la petite histoire, les résultats de Smith ont été critiqués à leur publication du fait de l'opacité de la méthode statistique employée pour obtenir les amas à partir des données immunologiques. Toutefois, plus récemment, ces données ont été réanalysées de manière plus fine par Trevor Bedford, un jeune chercheur qui apporte autant de soin à la propreté de ses analyses qu'à l'esthétique de leur représentation. Comme on le voit sur la figure 4.2, le résultat est toujours là.

Trevor Bedford a une seconde caractéristique, qui est de publier tous les programmes qu'il élabore afin de permettre aux sceptiques de vérifier tous ses résultats. Ceci tranche un peu avec bon nombre de ses collègues travaillant sur l'évolution de la grippe. En effet, comme la grippe change tous les ans, être capable de prévoir quel type de grippe va circuler l'année suivante intéresse énormément les fabricants de vaccins. Or en Europe de l'Ouest, la technique consiste à attendre de voir quels variants de grippe circulent à l'est (par exemple en Australie) où la grippe frappe en premier. En 2014, la méthode prédictive de Trevor Bedford, basée sur les analyses immunologiques et publiées sur son (très beau) site internet est arrivée aux mêmes recommandations que l'OMS pour l'épidémie de 2014-2015, mais bien avant elle.

La cassure antigénique, qui permet une évolution plus rapide, peut aussi parfois donner naissance à de nouvelles combinaisons d'hémagglutinines (H) et de neuraminidases (N) issues de différentes espèces. On parle alors de réassortiments. C'était le cas pour la grippe qui a défrayé

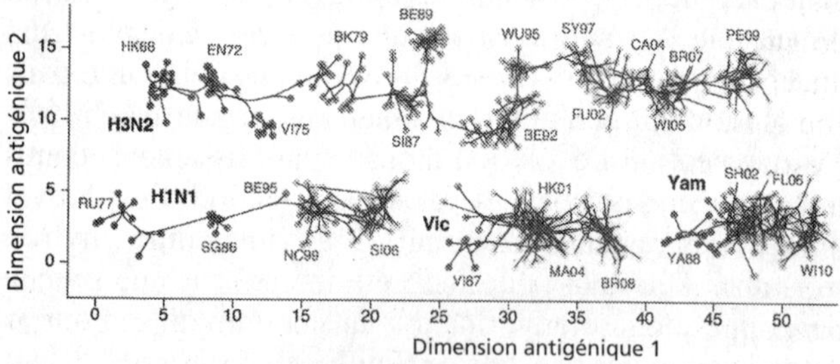

Figure 4.2 – Dérive antigénique de la grippe (variants H1N1 et H3N2)

Les deux dimensions correspondent à un espace antigénique, qui est déterminé par des tests immunologiques. Les codes à quatre caractères indiquent un lieu (les deux premières lettres) et une année de 1968 à 2009 (les deux chiffres). On voit que les isolats de virus de grippe se groupent en amas et on observe des changements plus prononcés à intervalles réguliers (figure de Bedford *et al.*, « Integrating influenza antigenic dynamics with molecular evolution », *eLife*, 3, 2014, e01914.

la chronique sous le nom de « grippe porcine » en 2009[1]. Pour comprendre l'origine de ces réassortiments, il faut connaître l'écologie du virus et plus précisément les réservoirs qui abritent les différents types d'hémagglutinines et neuraminidases. Sur les 16 hémagglutinines connues, toutes peuvent infecter des oiseaux sauvages mais seulement H1, H2, H3, H5, H7 et H9 sont connues pour infecter l'homme. H5 est la seule à infecter les félins et H3 la seule à infecter les chiens. De même pour les neuraminidases : toutes peuvent infecter les oiseaux sauvages mais seules N1, N2, N3 et N7 peuvent infecter l'homme. La grippe porcine de 2009 était un peu un cas d'école, car son génome était issu d'un réassortiment complexe entre

1. Un porc est un lieu de rencontre idéal pour les virus de grippe car il peut être infecté par des variants de grippe très différents et souffre peu de l'infection.

un virus de grippe A humaine de type H3N2, un virus de grippe aviaire de type H1N1 (qui a fourni son N1) et un virus de grippe porcine de type H1N1 (qui a fourni son H1). Comme souvent, le mélange entre les trois virus s'est fait au sein de porcs, qui non seulement peuvent être infectés par la plupart des virus de grippe A, mais qui, de plus, tolèrent assez bien les infections.

2009 n'a pas été une exception et toutes les grandes pandémies de grippe A (à une exception près) sont le fait de réassortiments. La première pour laquelle nous ayons des données précises a été la pandémie de grippe de 1918. Il s'agissait d'un variant de type H1N1. Ce variant a créé des épidémies annuelles jusqu'en 1957 où un variant de type H2N2 engendra l'épidémie de grippe « asiatique ». Ce variant est remplacé en 1967 par un variant H3N2 qui cause la grippe dite de « Hong Kong ». Ce variant circule encore aujourd'hui. En 1977 se produit un événement insolite, avec l'émergence de la grippe « russe ». Il s'agit d'un variant de type H1N1 extrêmement proche de celui de la grippe de 1918. Est-ce une coïncidence ? Pas vraiment : ce variant s'est échappé d'un laboratoire de l'Union soviétique (c'est l'exception qui confirme la règle). Ce variant russe a circulé jusqu'en 2009 où il a été remplacé par le variant de la grippe « porcine », lui aussi H1N1. Comme quoi la nature travaille aussi bien que les laboratoires de guerre bactériologique pour générer des nouveaux parasites.

Phylodynamique

Mai 1981 : réunion de crise au Center for Disease Control (CDC) d'Atlanta. Depuis quelques mois, un nombre alarmant de jeunes hommes gays de la région de San Francisco et New York ont contracté des infections par toutes sortes de maladies opportunistes, des maladies qui normalement n'infectent que des patients très affaiblis. La première conclusion des praticiens est que beaucoup de ces hommes ont développé une maladie tumorale, le sarcome de Kaposi (dont l'origine virale ne sera découverte qu'en 1994). Le diagnostic se révèle rapidement en décalage avec le nombre de cas. Plus de trente ans plus tard, on a du mal à imaginer le désarroi des épidémiologistes du CDC. Ils faisaient face à ce qui ressemblait à une infection, se transmettant de manière indéterminée et ayant un taux de fatalité proche de 100 %. Aujourd'hui, on sait que ces maladies opportunistes se sont déclarées chez des patients infectés par le VIH et étant entrés en phase SIDA, ce qui se traduit par un effondrement des défenses immunitaires. L'étude des génomes des virus, c'est-à-dire de leur information génétique, a permis d'en savoir plus sur leur origine.

Le travail de datation de l'apparition des maladies infectieuses humaines s'apparente un peu à celui des généalogistes. Le but est de construire un arbre qui remonte le plus loin possible dans le temps. De telles généalogies du vivant, ou « phylogénie* », sont indissociables de la théorie de l'évolution. D'ailleurs, la seule illustration de *L'Origine des espèces* de Darwin est une phylogénie. L'amélioration des techniques de séquençage de l'ADN a bouleversé la reconstruction de ces arbres du vivant car la molécule d'ADN offre un support idéal pour inférer des phylogénies. Chaque fois qu'une cellule se divise, l'ADN contenu dans son noyau est dupliqué de telle sorte que chacune des deux cellules issues de la division possède la même information génétique. Toutefois, il peut se produire des erreurs (ou mutations) lors de la duplication. Par erreur, on veut dire qu'une des lettres de la séquence d'ADN a été remplacée par une autre. On peut faire une analogie avec les moines copistes du Moyen Âge. De temps en temps, l'un d'eux pouvait faire une erreur en recopiant un manuscrit, par exemple en remplaçant un mot par un autre, et cette erreur se retrouvait fixée dans les copies suivantes de l'œuvre. Une mutation dans l'ADN peut avoir de petites ou de grosses conséquences. Certaines mutations sont tellement délétères qu'elles ne sont pas viables et la cellule qui les porte meurt aussitôt. D'autres sont dites avantageuses car elles procurent une meilleure adaptation à l'environnement. Enfin, de nombreuses mutations sont qualifiées de silencieuses car elles n'ont quasiment aucune conséquence[1]. Les mutations silencieuses sont particulièrement intéressantes en évolution car elles peuvent servir de marqueur chronologique. Comme elles se produisent au hasard dans le génome et à un rythme plus ou moins constant (selon les régions du génome), on peut comparer les génomes de deux espèces, par exemple en comptant combien de mutations neutres les différencient, pour obtenir une idée du nombre de générations nécessaires pour remonter à leur ancêtre commun. Ainsi, les séquences ADN de l'homme et des chimpanzés sont plus proches que celles de l'homme et de l'orang-outan et que celles du chimpanzé et de l'orang-outan : on peut donc en conclure que l'ancêtre commun de l'homme et des chimpanzés se situe plus près dans le temps que l'ancêtre commun entre le chimpanzé et l'orang-outan. Si en plus de pouvoir compter les différences, on connaît la vitesse à laquelle les mutations apparaissent, on peut même estimer l'âge de ces ancêtres communs avec une simple règle de trois.

Dans le cas du VIH-1, les phylogénies ont permis de dater assez précisément le début de la pandémie. La méthode consiste à analyser des séquences génétiques de virus prélevés au cours de plusieurs années dans une même région géographique pour estimer le temps qui les sépare de leur ancêtre commun (donc de l'apparition du virus dans la population étudiée). Un des critères déterminants pour la précision de la datation est la couverture dans le

1. Ce caractère neutre est largement dû au fait que le code génétique est redondant et que plusieurs types de triplets de bases (les codons) peuvent coder un même acide aminé. Autrement dit, changer la séquence ADN (en modifiant une base) peut ne pas changer la séquence d'acides aminés d'une protéine dont la synthèse est basée sur la portion d'ADN considérée.

temps et, dans le cas du VIH, la redécouverte de deux échantillons datant de 1959 et 1960 dans des congélateurs en République démocratique du Congo a permis d'affiner la date d'apparition du virus. Au final, le VIH-1 semble être apparu dans la région de l'actuelle Kinshasa vers 1908 (de manière certaine après 1885 et avant 1925). Ceci nous place peu de temps après la création des villes de la région. Par exemple, Kinshasa a été fondée en 1881 et en 1908 la ville comptait moins de 10 000 habitants. Il semble donc bien que ce soit l'urbanisation qui ait entraîné la pandémie de ce virus autrefois confiné aux populations rurales vivant près des forêts.

La phylogénie nous permet aussi de voir que le saut d'espèce, par lequel un virus de l'immunodéficience simienne (VIS) est passé chez l'homme pour devenir un virus de l'immunodéficience humaine (VIH), n'était pas un acte isolé. Pour le VIH-1, il a dû y avoir au moins trois cas de passages indépendants des chimpanzés à l'homme et un passage des gorilles à l'homme dans les années 1920. Ceci est révélé par la forme de la phylogénie des VIH et des VIS où l'on voit par exemple qu'un ensemble de séquences de VIH ressemble plus aux séquences de VIS de gorilles qu'aux séquences de VIS de chimpanzés. Le VIH-2 provient, lui, d'un VIS de singes mangabeys dans les années 1930. Et probablement existe-t-il des sauts d'espèce non documentés. Si, comme on le verra, l'émergence dè nouveaux parasites est avant tout déterminée par le hasard, il n'en existe pas moins une pression constante pour leur émergence.

Collecte de données dans la jungle

Les phylogénies sont un bel outil mais il ne faudrait pas perdre de vue qu'en amont il est nécessaire de collecter les échantillons. Dans le cas du VIS, cela nécessite du travail de terrain dans la jungle. Cécile Neel, qui a passé plus de trois années de thèse à collecter des milliers de crottes de singe dans la jungle raconte. « Les expéditions durent environ quinze jours dans la jungle. Il faut un ou deux jours de voiture sur des pistes plus ou moins praticables pour atteindre le village en bordure de forêt. Il faut ensuite discuter avec le chef et les notables du village pour expliquer le but de l'opération et recruter des guides et des porteurs. Souvent, ça prend la journée. Il faut négocier et leur payer à boire car ça nous portera chance : ils en versent une goutte sur le sol pour que les esprits des ancêtres nous protègent. Le lendemain on se met en route et tout doit être porté, y compris le sac de 50 kg de riz (un des seuls aliments qui tiennent le coup). Une fois le camp installé dans la forêt à côté d'une rivière, les porteurs repartent au village et les guides restent. La collecte commence le lendemain en équipes de trois à la recherche de traces de gorilles ou chimpanzés. C'est difficile, mais les guides ont l'habitude du pistage. Certains jours on revient au camp bredouille après avoir exploré toute la journée, d'autres jours avec trente échantillons. Le soir, on compare nos traces avec les GPS et on planifie les endroits à explorer le jour suivant. On se lave à la rivière et on mange du riz (matin et soir pendant quinze jours) et généralement on va se coucher avant 8 heures, car marcher huit heures en forêt est épuisant. Le lendemain on recommence, jusqu'à la fin du séjour, ou, si on a eu de la chance jusqu'à ce qu'on n'ait plus de matériel de collecte. » La chercheuse a eu la chance de ne pas avoir de problème plus grave au cours de ses expéditions qu'une charge par des buffles ou une épidémie d'Ebola qui s'est avérée n'être « que » de l'anthrax. Tous ces efforts permettent ensuite de détecter et séquencer des virus présents dans les crottes.

D'autres études, moins éprouvantes, ont aussi permis des découvertes majeures. Ainsi, Nathan Wolfe, qui se décrit lui-même comme un « chasseur de virus », a montré en 2004 avec ses collaborateurs que près de 1 % des hommes des villages ruraux d'Afrique centrale qu'ils ont testés étaient infectés par un rétrovirus* de singe, le virus spumeux simien (VSS). Ces virus avaient des origines géographiques distinctes et provenaient de trois types d'hôtes : les guenons de Brazza, les mandrills et les gorilles. Ces infections sont probablement dues au contact entre les hommes et les grands singes pendant la chasse ou pendant la découpe de la viande de brousse. La découverte a fait grand bruit car le VIS est aussi un rétrovirus de singe et la pandémie de VIH nous a rendus sensibles aux risques d'émergence de tels virus simiens. Le même Nathan Wolfe a popularisé l'idée du « bavardage viral », par analogie avec l'*intelligence chatter* qui décrit l'espionnage des agences du type de la CIA sur les réseaux sociaux. Wolfe soutient que ces virus causent des infections irrégulières dans les populations humaines et qu'en les étudiant on pourra éviter des pandémies. Et au moins ces études ne mettent pas en danger les libertés publiques.

Épidémiologie moléculaire

La limite principale à la reconstruction de phylogénies est le nombre de différences entre les séquences étudiées. Plus la vitesse de fixation de nouvelles mutations dans un génome est faible, plus il faut considérer une grande portion de ce génome pour voir quelque chose ou alors plus il faut comparer des espèces ayant divergé longtemps auparavant. Chez l'homme, le taux de mutation[1] a été estimé

1. Attention, le taux de mutation n'est pas identique au taux de substitution (appelé aussi vitesse évolutive). En effet, le premier est un processus mécanique, qui dépend principalement des erreurs faites par la machinerie cellulaire dans la duplication de l'ADN. Le second est plus compliqué puisqu'il considère les mutations fixées dans le génome et met donc en jeu des processus de dynamique des populations d'individus. Le second taux est moins élevé que le premier car de nombreuses mutations sont délétères et n'ont donc (quasiment) aucune chance de se fixer dans un génome (elles sont contre-sélectionnées).

à 2,5 × 10^{-8} par paire de bases par réplication. En comparant tout votre génome à celui de votre voisin, vous trouverez en moyenne une cinquantaine de mutations uniques perdues parmi trois milliards de paires de bases identiques. Ceci explique pourquoi les études en génomique humaine comparent généralement des individus issus de populations humaines ayant divergé il y a longtemps ou alors carrément des espèces différentes. Rappelons que même entre nous, *Homo sapiens*, et l'homme de Néandertal, il y a 99,7 % d'identité au niveau de la séquence génétique (et 98,8 % avec les chimpanzés, d'ailleurs).

Jusqu'aux années 1980, la construction de phylogénies était l'apanage des systématiciens souhaitant positionner les espèces les unes par rapport aux autres. La pandémie de VIH a marqué un tournant car on s'est mis à élaborer des phylogénies non plus d'espèces différentes mais de populations de la même espèce. En effet, ce virus évolue tellement rapidement qu'il fixe de nombreuses mutations par génération. Contrairement aux espèces à temps de génération long (comme les espèces de Mammifères) où il faut attendre de nombreuses années pour voir des différences apparaître entre populations isolées, il suffit de prendre les populations de VIH de deux patients infectés pour détecter de nombreuses différences. On peut même détecter une divergence entre populations virales infectant différents organes d'un même individu ! Pour utiliser un terme technique, on dit que l'horloge moléculaire du VIH tourne beaucoup plus vite que les horloges moléculaires des animaux. Ainsi le taux de mutation du VIH est de l'ordre de 3 × 10^{-5} par paire de bases par réplication, soit mille fois celui de l'homme, et une « génération » dure en moyenne 48 heures contre 20 ans chez l'homme. Ceci a permis l'essor de ce qu'on appelle la phylodynamique, c'est-à-dire l'utilisation des phylogénies en épidémiologie. En pratique, si en phylogénie classique, chaque feuille d'un arbre correspond à une espèce, en épidémiologie chaque feuille correspond à un patient, ou, plus précisément, à l'ADN d'une souche de pathogène prélevée chez un patient.

Depuis 1988 (soit seulement sept ans après la découverte du VIH), les Helvètes ont créé la Cohorte suisse pour l'étude du VIH (SHCS), qui regroupe toutes les données collectées sur des patients infectés en Suisse. En avril 2012, plus de 17 000 personnes ont été suivies par la cohorte, sachant que le nombre total de personnes diagnostiquées en Suisse entre 1985 et 2011 est de 32 700. Ceci fait de la SHCS la cohorte ayant la description la plus fine d'une épidémie dans un pays. Ces patients ont pu être infectés par le VIH via différentes routes de transmission : les relations sexuelles entre partenaires hétérosexuels (HET), celles entre hommes (*men having sex with men* [MSM] en anglais), l'injection de drogue (*injecting drug users* [IDU] en anglais), la transfusion sanguine, ou encore la transmission mère-enfant, les trois routes majeures étant HET, MSM et IDU. Durant sa thèse à Zurich avec Sebastian Bonhoeffer, Roger Kouyos a croisé ces informations sur les routes de transmission avec les informations phylogénétiques. Autrement dit, il a construit une phylogénie à partir des données de séquences de virus issues de 5 700 patients et sur cette phylogénie il a représenté d'une couleur différente les patients ayant été infectés par les trois routes de transmission principales. À ce stade, il faut préciser que les données sur les routes de transmission proviennent des déclarations des patients. Un des responsables de la SHCS me confiait qu'il s'était plusieurs fois retrouvé en présence d'hommes infectés, qui lui certifiaient n'avoir jamais eu de contact sexuel avec un autre homme, alors même que la séquence de leur virus était extrêmement proche de séquences circulant dans la communauté homosexuelle. C'était là l'un des résultats principaux de Kouyos : on observe sur la phylogénie suisse un regroupement très prononcé entre séquences de MSM d'une part et séquences d'IDU et de HET d'autre part. Il semble donc que deux épidémies de VIH coexistent en Suisse. La première se propage dans la communauté homosexuelle

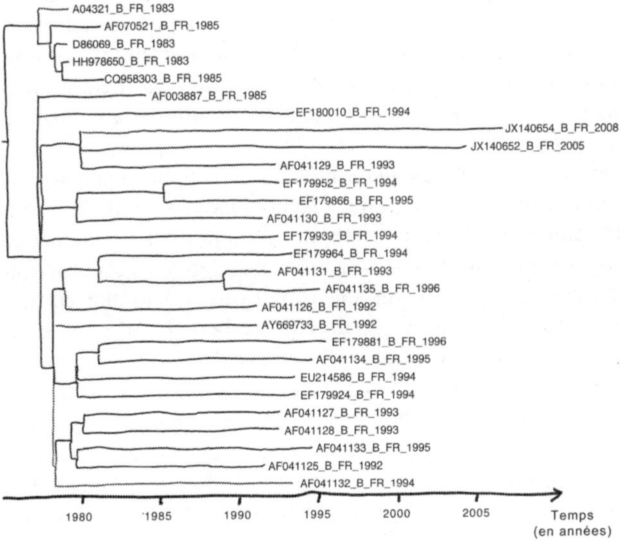

Figure 4.3 – Phylogénie de VIH en France

Chaque feuille de l'arbre correspond à la séquence génétique d'un virus échantillonné dans un individu à une année donnée en France (le code indique la référence de la séquence dans la base de données GenBank). On peut voir que les virus causant l'épidémie circulant depuis les années 1990 ne semblent pas provenir de ceux échantillonnés dans les années 1980, ce qui suggère des introductions répétées du virus.

tandis que la seconde touche les hétérosexuels et les utilisateurs de drogue. En faisant le tri entre les séquences les plus anciennes et les séquences issues de patients infectés plus récemment, les chercheurs ont aussi pu montrer que les liens entre HET et IDU ont diminué au cours du temps. Selon eux, cette diminution correspond à la mise en place de programmes de distribution de seringues propres aux toxicomanes en Suisse. Ceci illustre que les politiques de prévention destinées à une partie de la population peuvent avoir un bénéfice pour une autre partie de la population. Enfin, Roger Kouyos me confiait qu'une autre délimitation extrêmement forte dans les données séparait Suisse romande et Suisse alémanique, suggérant qu'il existe peu de transmissions du VIH de part et d'autre de la « barrière de röstis ».

En plus de critères qualitatifs, les phylogénies permettent de quantifier la vitesse de propagation des maladies, par exemple en estimant ce fameux R_0 que nous avons décrit plus haut (le nombre d'infections qu'engendre un individu infecté avant la fin de son infection). La même équipe en Suisse est à la pointe de ces méthodes, qui consistent à extraire des informations épidémiologiques à partir de séquences génomiques virales. Impossible ici de rentrer dans les détails techniques statistiques et mathématiques que ces méthodes mettent en jeu. L'idée centrale est que dans des phylogénies d'infection, chaque embranchement correspond à une « naissance », c'est-à-dire à une nouvelle infection, et que chaque terminaison correspond à une « mort », c'est-à-dire à la fin de l'infectivité d'un patient (que ce soit parce que le patient est mort ou parce que son infection a été détectée et qu'il a entamé une trithérapie). En étudiant les diverses longueurs des branches de la phylogénie, on peut obtenir une idée de la vitesse d'apparition des nouvelles infections et de la durée moyenne de l'infectivité. En appliquant ces méthodes aux données de la SHCS, Tanja Stadler, mathématicienne de formation, est parvenue à estimer la vitesse à laquelle s'est propagé le VIH en Suisse : le R_0 est environ de 2,3 avec une durée d'infectivité moyenne de 7,5 ans (sachant que ce nombre représente le temps jusqu'au traitement de l'hôte ou jusqu'à sa mort). De plus, ces mêmes méthodes impliquant des statistiques bayésiennes permettent aussi d'estimer le nombre de personnes infectées à un moment donné. Une des études phares a été réalisée sur des données de séquence de virus de l'hépatite C provenant de patients infectés en Égypte, où la prévalence de ce virus est la plus élevée au monde (entre 10 et 20 % de la population est infectée). L'analyse phylogénétique a permis d'estimer le nombre de personnes infectées au cours du temps et de détecter une augmentation très prononcée du nombre d'infections à partir des années 1920. Ceci a pu être mis en relation avec la mise en place de traitements contre la bilharziose (une maladie parasitaire causée par un ver, le schistosome) qui se faisait par injection. À partir de 1960, ce traitement a été remplacé par un traitement oral et le R_0 de l'hépatite C a fortement diminué (toutefois la prévalence reste forte car la majorité des infections par le VHC sont persistantes).

Phylogénie comparative

En plus de nous renseigner sur la vitesse de propagation des virus, les phylogénies peuvent aussi nous en apprendre plus sur les symptômes des infections. Par exemple, la charge virale du VIH pendant la phase dite asymptotique est connue pour varier fortement d'un patient à l'autre. Pour certains, on trouve moins de 10 particules virales dans une goutte de sang tandis que pour d'autres on en trouve plus de 10 000. On en a déjà parlé, cette charge virale reflète la virulence de l'infection : plus il y a de virus dans le sang, moins le système immunitaire contrôle l'infection et plus le patient risque de rentrer rapidement en phase SIDA. L'un de mes travaux a consisté à étudier dans quelle mesure les variations de charge virale étaient dues aux différences entre patients ou aux différences entre virus qui infectent ces patients. De manière assez intuitive, on s'attendrait à ce qu'un patient en bonne santé physique (par exemple quelqu'un de jeune, sportif, avec une alimentation saine) contrôle mieux l'infection que quelqu'un de plus âgé qui souffre d'une maladie chronique. De plus, les analyses de séquences du génome humain ont montré que des modifications génétiques associées à des gènes du système immunitaire permettent de mieux contrôler l'infection

– par exemple la délétion du récepteur à C-C chimiokine de type 5 (CCR5), qui sera discutée dans la prochaine section, mais aussi quelques mutations ponctuelles dans les gènes du complexe majeur d'histocompatibilité. C'est pourquoi jusqu'en 2010 la plupart des spécialistes interrogés sur le sujet auraient probablement répondu que les variations de charge virale observées sont dues à 99,9 % aux différences entre patients. Mais, à la vérité, le rôle des différences génétiques entre virus était alors très mal connu.

Un moyen de montrer que le génome du virus influence la charge virale est de savoir qui a infecté qui. Si le virus a une influence, on s'attend à trouver une corrélation entre la charge virale de « l'infectant » et celle de « l'infecté ». Ce type de données existe mais pas pour la cohorte suisse que nous utilisions. Notre idée a été d'utiliser la phylogénie pour compenser ce manque de données sur la chaîne de transmission. Dans un arbre généalogique, plus les personnes sont proches, plus elles ont de gènes en commun : frères et sœurs sont plus proches entre eux qu'avec leurs cousins et ainsi de suite. Il en est de même pour une phylogénie d'infections : plus des pathogènes issus d'individus infectés sont génétiquement proches, plus il y a de chances que ces individus soient proches dans la chaîne de transmission. Notre hypothèse était donc que si le génome du virus a un rôle dans la détermination de la charge virale, nous devrions observer que des virus proches dans la phylogénie (donc similaires) engendrent des infections avec des charges virales comparables. Et c'est ce que nous avons trouvé. En utilisant des méthodes classiques en biologie de l'évolution, nous avons estimé que jusqu'à 56 % des variations de charge virale observées peuvent être dues à des variations génétiques du virus. La même année, trois autres études basées sur des cohortes où les paires de transmission étaient connues ont trouvé des résultats similaires.

Inférer des phylogénies d'infection est donc un outil puissant pour peu que l'on puisse la combiner à une analyse de « traits » de l'infection tels que la route de transmission ou la charge virale. Une autre illustration des potentialités ouvertes par les phylogénies est ce qu'on appelle la phylogéographie, qui consiste à inférer la localisation en même temps que la phylogénie. Autrement dit, si vous savez où les échantillons ont été prélevés, vous pouvez estimer à quel endroit on était le plus susceptible de trouver leur ancêtre commun. En remontant dans la phylogénie, on peut ainsi retracer la propagation d'un virus à l'échelle d'un continent ou à une échelle intra-hôte (selon le type de données de location que l'on possède). Un des chercheurs qui a le plus travaillé sur ces questions est Philippe Lemey, de l'université catholique de Louvain. Il a même conçu des outils qui permettent de visualiser ses résultats sur GoogleEarth. Il est ainsi parvenu à reconstituer le trajet de l'épidémie de grippe aviaire H5N1 et à montrer que son origine la plus vraisemblable (6 chances sur 10) était Hong Kong.

Pour aller plus loin

Amiel C., « Virus de la grippe et barrière d'espèce », *Revue francophone des laboratoires*, 423, 2010, p. 55-62. [Une note de synthèse sur le virus de la grippe.]

Guégan J. F., Choisy M., *Introduction à l'épidémiologie intégrative des maladies infectieuses et parasitaires*, Bruxelles, De Boeck, 2008. [Pour approfondir l'épidémiologie mathématique.]

Autres références citées dans le chapitre (en anglais)

Black F. L., « Infectious diseases in primitive societies », *Science*, 187, 1975, p. 515-518. [Étude des parasites circulant dans les populations d'Amerindiens d'Amazonie.]

Lemey P., Rambaut A., Drummond A. J., Suchard M. A., « Bayesian phylogeography finds its roots », *PLoS Comput. Biol.*, 5, 2009, e1000520. [Comment inférer l'histoire de la propagation des épidémies à partir des séquences génétiques de virus.]

Martin P. M. V., Martin-Granel E., « 2,500-year evolution of the term epidemic », *Emerg. Infect Dis*, 12, 2006, p. 976-980. [L'histoire du mot épidémie.]

Omran A. R., « The epidemiologic transition : A theory of the epidemiology of population change », *Milbank Mem. Fund. Q.*, 49, 1971, p. 509-538. [Article introduisant le concept de transition épidémiologique.]

Prugnolle F. *et al.*, « A fresh look at the origin of *Plasmodium falciparum*, the most malignant malaria agent », *PLoS Pathog.*, 7, 2011, e1001283. [Le point sur l'histoire évolutive de *Plasmodium*, l'agent du paludisme.]

Smith D. J. *et al.*, « Mapping the antigenic and genetic evolution of influenza virus », *Science*, 305, 2004, p. 371-376. [Étude démontrant que l'évolution des antigènes de la grippe se fait par sauts.]

Tebit D. M., Arts E. J., « Tracking a century of global expansion and evolution of HIV to drive understanding and to combat disease », *Lancet Infect. Dis.*, 11, 2011, p. 45-56. [Histoire de l'évolution des VIH.]

CHAPITRE 5

Prévoir les prochaines pandémies ?

Le prochain agent pathogène pandémique existe peut-être déjà. Le VIS circulait dans les populations de singes africains bien avant l'émergence du VIH. Pour la grippe A, toutes les pandémies humaines ont été causées par des souches plus ou moins d'origine aviaire (à l'exception de la souche de 1977 issue des recherches de la guerre froide). La question à poser semble plutôt être : « Comment éviter que des parasites qui existent déjà dans les réservoirs ne se retrouvent en circulation dans la population humaine ? »

Les approches sociologiques nous permettent de dresser le profil de certaines catégories de personnes. Par exemple, selon une étude du Centre de recherches politiques de Sciences Po, en 2012 un député en France est en général un homme (73,5 %), cadre ou d'une profession « intellectuelle supérieure » (82 %) et de plus de 50 ans (68 %). Pour les maladies émergentes, il est plus compliqué de dresser un portrait-robot. Toutefois, les modèles théoriques nous indiquent qu'il s'agit probablement d'un virus et, plus précisément d'un virus ayant un génome sous forme d'ARN plutôt que d'ADN, car les premiers évoluent plus rapidement. Sur les quelque 1 400 parasites humains recensés, on dénombre environ 200 virus, 500 bactéries, 300 mycètes (des champignons), 50 protozoaires, près de 300 helminthes (des vers) et au moins 2 prions. Pourtant, bien que ne représentant qu'un parasite humain sur 7, les virus sont la cause de la grande majorité des maladies dites émergentes. Pour ne prendre que quelques exemples connus : VIH (découvert en 1983), Ebola (en 1977),

SRAS (en 2005), hépatite C (1989)… Toutes sont d'origine virale. L'explication la plus probable est que ces parasites ont tous des taux d'évolution très élevés, ce qui leur donne toutes les chances de s'adapter rapidement à un nouvel hôte. De plus, ces maladies émergentes sont aussi zoologiques, c'est-à-dire transmises depuis des réservoirs animaux, en particulier des Mammifères. Enfin, notons que ces agents pathogènes ont aussi toutes les chances de provenir de l'équateur où la biodiversité est la plus élevée, quelles que soient les espèces considérées.

Dans un article de 2007 de la revue *Nature*, Nathan Wolfe, le « chasseur de virus » dont nous avons déjà parlé, et ses collaborateurs proposent de distinguer quatre stades dans l'adaptation des parasites à l'homme. Le premier stade correspond à un parasite qui peut infecter l'homme mais qui ne se transmet pas (ou très mal) d'homme à homme. C'est le cas du virus de la rage par exemple, qui peut causer des infections chez l'homme en cas de morsure par un animal enragé mais qui se transmet peu ou pas d'homme à homme. Le deuxième stade est un parasite qui peut se transmettre d'un homme à un autre mais ne peut produire que des épidémies très limitées et localisées. L'exemple classique est celui du virus Ebola, qui cause des fièvres hémorragiques et sur lequel nous reviendrons par la suite. Le troisième stade correspond à un parasite qui peut créer des épidémies majeures mais qui infecte d'autres hôtes que l'homme. Par exemple, le virus de la dengue qui doit passer par un vecteur moustique pour être transmis d'homme à homme. Enfin, le stade ultime est un parasite qui s'est tellement adapté qu'il n'infecte que l'homme. Le dernier en date à être apparu est le VIH. En résumé, peu importent les caractéristiques précises du virus. Le plus important est de comprendre les étapes qui conduisent d'un premier cas, appelé souvent le patient 0, à une épidémie ou une pandémie.

Le rôle du hasard

L'anglais passe souvent pour une langue plus pauvre que le français ou l'allemand mais, en épidémiologie, c'est le français auquel il manque un mot. En effet, les Anglais ou les Allemands font la différence entre *an epidemic*, une épidémie, et *an outbreak*, qui en français se traduirait aussi par épidémie. La nuance est que dans une épidémie (*epidemic*), il y a l'idée que beaucoup d'hôtes sont infectés. L'*outbreak* a une portée plus limitée et fait souvent référence aux premiers stades d'une épidémie, quand il n'est pas encore certain que le pathogène passe le seuil épidémique. Tout un pan de l'épidémiologie se concentre sur ces *outbreaks* avec l'espoir de détecter des points faibles des « maladies émergentes ». La grande particularité de ces approches est la place qu'elles accordent aux processus aléatoires (appelés processus stochastiques dans le jargon).

À toutes les étapes de l'émergence d'un nouveau parasite, le hasard a un rôle prépondérant. Prenons le cas de l'épidémie d'Ebola qui a eu lieu en 2007 à Luebo (République démocratique du Congo), qu'a analysée en détail Éric Leroy avec son équipe. En août 2007, ils reçoivent au Centre international de recherche médical de Franceville (CIRMF) au Gabon des prélèvements sanguins de personnes mortes d'une infection virale. Ils y détectent le virus Ebola. Rapidement, une équipe d'intervention est mise en place, qui se rend sur le terrain en septembre. L'épidémie finira en novembre et on recensera 260 cas dont 186 décès. En enquêtant, les membres de l'équipe parviennent à remonter jusqu'au « patient 0 », c'est-à-dire la personne à l'origine de l'épidémie. Il s'agit d'une femme de 55 ans, morte début juillet 2007, qui a infecté 11 personnes. Après des dizaines d'entretiens, ils finissent par comprendre la suite exacte des événements. Au mois de mars-avril a eu lieu une migration inhabituelle de chauves-souris qui nichent dans une plantation non loin des villages. Deux des espèces de chauves-souris sont connues pour être des réservoirs d'Ebola. Comme beaucoup d'animaux sauvages, elles sont chassées pour leur viande au cours du mois d'avril. Les chasseurs qui livrent les marchés des villages de brousse sont donc en contact avec le sang de ces chauves-souris, dont certaines sont vraisemblablement infectées par Ebola. L'un de ces chasseurs a plus tard rapporté avoir éprouvé des symptômes légers (maux de tête, vertiges). Rien à voir avec les symptômes classiques d'Ebola, qui sont une forte fièvre et des hémorragies internes. En fait, ce chasseur était immunisé à Ebola. C'est une sorte de mithridatisation, du nom de ce roi, qui, selon la légende, avait la phobie de se faire empoisonner et s'était habitué aux poisons en en ingérant de petites doses (moyennant quoi il est mort passé au fil de l'épée). À ce jour, on connaît encore très mal les mécanismes de l'immunisation à Ebola. On soupçonne qu'elle s'acquiert en mangeant des fruits contaminés par des déjections de chauves-souris infectées. Cet homme, le vrai patient 0, était donc ce que l'on appelle un porteur sain du virus. Il a infecté sa petite fille, qui est morte dans les 48 heures. Lorsqu'un enfant meurt dans cette région, le corps est lavé avant les funérailles mais jamais par des membres de la famille. En l'occurrence, c'est la femme de 55 ans qui a lavé le corps. Ce triste exemple illustre à quel point l'émergence d'un virus est « la faute à pas de chance ». Ici, il a d'abord fallu une migration exceptionnelle des chauves-souris, il a fallu qu'un porteur sain soit en contact avec un individu (la petite fille) dont le système immunitaire était plus faible (une proie facile pour le virus) et qu'ensuite une adulte soit en contact prolongé avec le corps de la petite fille.

Mathématiques de l'émergence

L'exemple de l'*outbreak* d'Ebola met en lumière le fait que le nombre d'infections secondaires engendrées par un individu (ce R_0 que nous avons introduit page 114) est une simplification car c'est une valeur moyenne. Dans le cas de l'épidémie d'Ebola décrite ci-dessus, certaines personnes ont engendré plus d'infections secondaires que les autres. Prenons le cas du VIH par exemple dont la probabilité de transmission par acte sexuel varie entre 0,01 % et 1 % (en fonction des pratiques sexuelles). D'une certaine manière, lors d'un acte sexuel non protégé impliquant une personne infectée, il y a un risque de 1 sur 100 que cette personne transmette le virus. C'est comme si vous lanciez un dé à 100 faces dont l'une des faces correspondrait à l'événement « transmission » et dont les 99 faces restantes correspondraient à l'événement « pas de transmission ». Le même raisonnement s'applique pour le nombre d'infections secondaires engendrées par un individu infecté. Sans rentrer dans les détails, on peut montrer que dans le cas le plus simple, la probabilité P qu'un parasite parvienne à émerger dans une population est égale à :

$$P = 1 - \frac{1}{R_0}$$

Les lecteurs qui ont fait un peu de mathématiques le voient tout de suite, si R_0 est strictement égal à 1, la probabilité d'émergence est égale à zéro. Si R_0 est strictement plus petit que 1, cette expression n'est pas définie, ce qui est logique : chaque infection cause en moyenne moins d'une infection secondaire, donc aucune chance que le parasite n'engendre une épidémie. Là où les choses deviennent plus intéressantes, c'est quand le nombre d'infections secondaires est supérieur à 1. À première vue, on pourrait se dire que si $R_0 = 4$ par exemple, l'épidémie est certaine car chaque infection engendre 4 nouvelles infections, qui chacune vont en engendrer 4 et ainsi de suite. En prenant en compte la stochasticité, on s'aperçoit que même dans ce cas la probabilité que le parasite émerge n'est que de 75 % (trois chances sur quatre). Une façon plus intuitive de comprendre en quoi le hasard joue

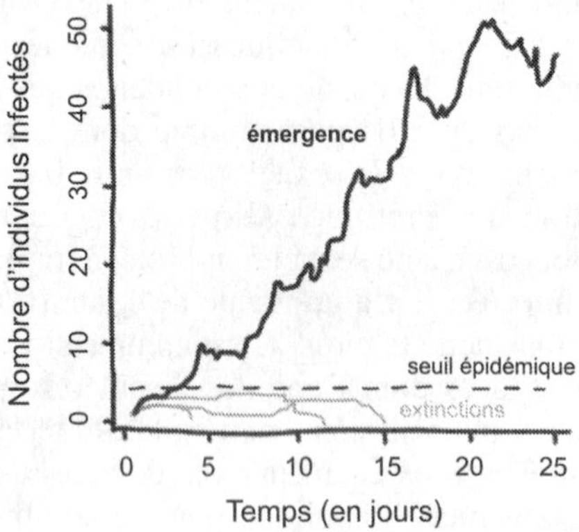

Figure 5.1 – Stochasticité et seuil épidémique

Pour un R_0 donné, beaucoup d'épidémies vont s'éteindre (en gris). Seules certaines (en noir) parviennent à dépasser le seuil épidémique (en tirets) au-delà duquel leur dynamique devient quasiment déterministe. La probabilité d'émergence est de $1 - 1/R_0$. Le seuil épidémique est de l'ordre de $1/\log_{10}(R_0)$. Figure de l'auteur d'après Hartfield M., Alizon S., « Introducing the outbreak threshold in epidemiology », *PLoS Pathog.*, 6, 2013, e1003277.

contre l'émergence est de constater que certes le parasite peut infecter des individus qui génèrent plus d'infections secondaires que la moyenne, mais il peut aussi infecter des individus qui en génèrent moins que la moyenne. Si dès la première infection le parasite tombe dans un de ces hôtes « cul-de-sac », qui n'engendre aucune infection secondaire, l'épidémie s'arrête avant même d'avoir commencé.

Dans mon équipe, nous nous sommes intéressés à cette question en nous demandant à partir de quand une épidémie de grande ampleur est inéluctable. L'idée était de déterminer le seuil épidémique en termes de nombre d'hôtes infectés qu'il faut pour que la probabilité d'émergence soit proche de 100 %. Au passage, on notera que le 100 % n'est jamais atteint car on travaille avec des probabilités et il existe toujours une chance que l'épidémie s'éteigne brutalement (même si dans la pratique cette chance peut devenir tellement faible qu'elle est biologiquement irréaliste). La réponse à cette question dépend en fait du R_0 de la maladie : plus la maladie se propage vite, plus le seuil épidémique est bas car quelques hôtes infectés suffisent à lancer l'épidémie. Mathématiquement, on montre que le seuil épidémique est de l'ordre de $1/\log_{10}(R_0)$ hôtes infectés. Autrement dit, pour une maladie comme la grippe, qui a un R_0 proche de 1,5, il faut compter environ une dizaine d'individus. Pour le virus de la rougeole, qui a l'un des R_0 les plus élevés (proche de 15), le seuil épidémique est de l'ordre… d'un seul individu.

Ces seuils épidémiques peuvent sembler très faibles mais en réalité ils sont un peu plus élevés car la diversité des hôtes rend la tâche des parasites plus difficile. Jusqu'ici en effet, les variations d'une infection à une autre étaient purement stochastiques. Mais on peut aussi introduire plus de réalisme et prendre en compte par exemple le fait que les hommes et les femmes réagissent différemment aux infections (les femmes ont tendance à mieux résister que les hommes en moyenne), ou alors le rôle de l'âge, des milieux socioprofessionnels, etc. L'intensité de l'effet de la diversité des hôtes varie selon les parasites mais elle joue toujours contre la probabilité d'émergence. Pour rcprendre un exemple précédent, plus la population est hétérogène, plus on va avoir des hôtes « superpropagateurs » et plus on va avoir d'hôtes « cul-de-sac ». *In fine*, c'est la proportion des hôtes cul-de-sac dans la population qui joue sur la probabilité d'émergence. Au passage, cette protection que la diversité génétique confère contre les maladies émergentes est valable pour l'homme mais aussi pour les animaux et les plantes. Ainsi, si les platanes des bords des routes de France et d'Europe sont en train de disparaître, c'est parce qu'ils sont quasiment tous identiques génétiquement, ce qui les a mis à la merci d'un champignon (le chancre coloré).

En mars 2014, les centres de santé Guéckédou et Macenta dans le sud de la Guinée, près de la frontière avec le Libéria et la Sierra-Léone, font face à une dizaine de cas d'une maladie mystérieuse qui cause des fièvres et des vomissements avec un taux de fatalité très élevés. Le 18 mars une équipe de Médecins sans frontières est envoyée sur place pour faire des prélèvements. Une fois analysés dans des laboratoires de sécurité maximale à Lyon et Hambourg, le verdict est sans appel : il s'agit du virus Ebola. Pourtant, ce virus n'avait jamais été détecté dans une région si occidentale d'Afrique. Les quelques *outbreaks* recensés avaient tous eu lieu dans des pays d'Afrique centrale (Gabon, Soudan, Ouganda, République démocratique du Congo). Les épidémiologistes n'étaient pas au bout de leur surprise car il s'est avéré que cet *outbreak* était sans commune mesure avec les précédents et rapidement le nombre de cas officiels a dépassé le nombre total de cas jamais recensés pour des infections par Ebola. À la fin de l'été 2014, on pouvait encore espérer que la taille de l'*outbreak* était due au hasard[1]. Malheureusement ce n'était pas le cas et l'épidémie n'a pas ralenti. Il est encore beaucoup trop tôt pour comprendre les raisons de l'ampleur de cette épidémie. Il semble qu'elle soit liée au fait que le virus a été introduit dans une des régions les plus pauvres du monde avec par exemple moins de 250 médecins pour 4 millions d'habitants au Libéria. À cela se rajoutait une méfiance vis-à-vis des autorités suite à des années de guerre civile. Ce qui est certain, c'est que cette épidémie révèle la pauvreté de nos connaissances sur ce virus. Depuis sa découverte en 1976, environ 7 000 articles ont été publiés sur le sujet dont une bonne partie en 2014

1. Pour les lecteurs attirés par les probabilités, un *outbreak* d'une souche de parasite avec un $R_0 < 1$ causera en moyenne, si l'on suppose que les événements liés aux infections suivent des lois exponentielles, $1/(1 - R_0)$ infections avant de s'éteindre, soit 100 infections si $R_0 = 0,99$.

et 2015. À titre de comparaison, dans la même période, plus de 19 000 articles ont été publiés sur le virus du Nil occidental, responsable d'un nombre comparable de décès mais transmis, lui, par les oiseaux et, qui plus est, en Amérique du Nord. Cette épidémie change en tout cas la donne pour l'étude de l'évolution d'Ebola. Jusqu'ici, on pensait que le virus ne pouvait pas se maintenir dans la population humaine et que chaque *outbreak* était dû à un passage d'une espèce réservoir à l'homme. La longue persistance d'Ebola dans la population humaine rend possible son adaptation à cette population et il devient essentiel d'essayer de prévoir ce qu'elle sera afin d'avoir un temps d'avance sur le virus.

D'où vient vraiment la menace ?

> DENNIS FRENCH – Une attaque ? Est-ce que quelqu'un pourrait utiliser la grippe aviaire comme arme ? Est-ce que c'est à cela que nous sommes confrontés ?
> DR ELLIS CHEEVER – Personne n'a besoin d'utiliser la grippe aviaire comme arme. Les oiseaux s'en chargent.
>
> Extraits du film *Contagion* (traduction de l'auteur).

Depuis 1998, quand un poulet éternue, le monde s'enrhume. La faute à la grippe aviaire H5N1. Ce sous-type de grippe A est extrêmement virulent pour l'homme puisque près de la moitié des infections détectées en Asie ont conduit à des décès. En revanche il se transmet très mal de l'animal à l'homme et quasiment tous les cas recensés sont dus à un contact prolongé avec des animaux infectés. Qu'en est-il des oiseaux ? Les canards sauvages, eux, tolèrent bien l'infection et on pourrait quasiment les qualifier de « porteurs sains ». Pour les poulets et autres animaux d'élevage, en revanche, le virus est très virulent et il se transmet très bien de poulet à poulet. Comme on le verra plus tard, sa virulence pourrait être due au fait que les poulets d'un élevage sont quasiment des clones génétiques : il n'y a aucune biodiversité dans un élevage. Ceci signifie qu'un virus capable d'infecter un poulet pourra infecter tous les autres de l'élevage. Au contraire, dans la nature, les populations de canards sauvages ont une diversité génétique élevée et un virus généraliste, qui infecte tous types de canard, aura un énorme avantage sélectif comparé à un virus qui se spécialise pour infecter un type précis de canards.

Le virus H5N1 a généré une grosse inquiétude lors de sa découverte et il est suivi de près par l'OMS. Certes, ce virus se transmet très mal d'homme à homme mais il est très virulent et le scénario catastrophe serait qu'il se mélange avec un virus de la grippe A d'un autre sous-type pour engendrer un virus réassortant qui serait à la fois très virulent pour l'homme et capable de se transmettre rapidement d'homme à homme.

Il y a d'ailleurs eu beaucoup de débats autour de cette possible adaptation de H5N1 à l'homme, car des chercheurs sont parvenus à effectuer de tels réassortiments en laboratoire. Pour un biologiste de l'évolution, ces expériences sont routinières puisque toutes sont fondées sur des passages en série : on infecte un animal (dans le cas de la grippe, un furet) et, une fois les symptômes apparus, on prélève le virus pour l'injecter à un nouvel hôte. Chaque passage manuel mime donc un événement de transmission. Finalement, les chercheurs sont parvenus après quelques passages à obtenir des virus évolués capables de se transmettre de furet à furet et donc, disent-ils, d'homme à homme, car le furet est censé être un animal modèle pour les infections de grippe chez l'homme.

Donc certes, il existe un risque d'émergence d'un nouveau virus de grippe humaine à partir d'un virus de grippe aviaire. Cependant, la réponse des politiques de santé publique, qui ont largement contribué à façonner le message médiatique, laisse perplexe : selon les journaux, l'ennemi numéro un dans cette affaire furent (et restent) les canards sauvages. Pourtant, si l'on étudie des cartes de migration de ces oiseaux, on s'aperçoit que ceux qui à un moment de l'année vivent en Asie (où se trouve le réservoir à l'origine de la grippe aviaire H5N1) ne viennent jamais en Europe mais vont en revanche en Australie et en Amérique du Nord (Alaska) où aucun cas de grippe H5N1 chez l'homme n'a jamais été détecté. Tous les cas sont soit en Asie, soit en Afrique du Nord ou en Europe de l'Est. Il existe en revanche une explication beaucoup plus parcimonieuse à cette répartition des cas, qui consiste à voir les poulets d'élevage comme une source des foyers infectieux. Ainsi, les cas de H5N1 en 2003 suivent de manière parfaite le tracé de la ligne ferroviaire du Transsibérien. Certes le réservoir du H5N1 est constitué d'oiseaux sauvages vivant en Asie du Sud-Est, mais la transmission hors d'Asie, elle, est probablement le fruit du commerce de volaille.

Certains concluent de tout ceci que ce sont nos modes de vie qui façonnent les pandémies que nous subissons (et que nous subirons). Dans certains cas cette affirmation peut se révéler exacte. Par exemple, la propagation de souches bactériennes multirésistantes aux antibiotiques est sans conteste le fruit d'une politique d'utilisation des antibiotiques qui a longtemps été désastreuse. Mais ces souches ne semblent pas nécessairement plus virulentes que les souches qui circulaient en l'absence d'antibiotiques. Dans le cas du VIH, certes la pandémie n'aurait pas pris aussi rapidement une dimension planétaire s'il n'y avait eu l'augmentation des échanges internationaux du XIXe et du XXe siècle mais on pourrait arguer que l'apparition d'une épidémie de VIH était inéluctable. Ceci tient en partie à la nature de ce virus qui en fait le tueur parfait : non seulement les effets vraiment délétères de l'infection peuvent se produire plusieurs années après l'infection (ce qui laisse de nombreuses opportunités au virus pour être transmis), mais en plus la transmission verticale (de la mère à l'enfant) n'a pas toujours lieu. En effet, si tous les nouveau-nés de mère infectée étaient infectés, l'effet de l'épidémie serait tel qu'une population ne pourrait pas survivre à une forte prévalence. Le virus n'étant transmis aux enfants que dans 15 à 45 % des cas, il épargne toute une cohorte d'individus qu'il pourra toucher bien plus tard lors de leur majorité. Un dernier exemple montre le rôle clé du hasard. Entre 1485 et 1551, soit peu avant et peu après le règne d'Henri VIII, eurent lieu plusieurs épidémies de suette en Angleterre qui firent des milliers de victimes. Cette maladie était foudroyante puisque pouvant conduire à la mort en quelques jours. Les symptômes ont été décrits avec précision par les médecins de l'époque : la première phase se manifeste par des frissons, des vertiges et des maux de tête, tandis que la seconde se caractérise par une très forte transpiration[1]. Dans la dernière phase, les patients déliraient et avaient une envie irrépressible de dormir. Le tout s'accompagnait de fièvre, vomissements et diarrhées, durait environ une journée et se terminait souvent par la mort du patient. Ces descriptions détaillées font que l'on pense que ce parasite n'est jamais réapparu depuis le XVIe siècle. Il existe un débat quant à l'agent causatif de la suette. Un des candidats serait un hantavirus mais ceux que nous connaissons sont uniquement transmis par des rongeurs alors que la suette était transmise d'homme à homme. Toujours est-il que cet exemple montre que certaines épidémies semblent échapper au déterminisme selon lequel les modes de vie génèrent nos parasites.

1. En anglais la suette s'appelle la maladie de la sudation (*sweating sickness*).

Les maladies émergentes sont-elles plus virulentes ?

La médiatisation des maladies émergentes peut être vue comme une sorte d'épouvantail destiné à nous maintenir en alerte face aux dangers omniprésents qui nous guettent. La chercheuse Naomi Klein appelle cela la « stratégie du choc », qui permet selon elle de gouverner plus facilement des masses rendues plus dociles. Certes, le nombre total de morts causées par le syndrome respiratoire aigu sévère (SRAS) est de 775. Mais il faut voir qu'on estime que seules 8 273 personnes ont été infectées[1]. Ceci explique que le suivi du SRAS ait pu être aussi précis. À Pékin, les chercheurs sont parvenus à retracer les 77 premiers épisodes d'infection et cette chaîne de transmission illustre l'hétérogénéité dont on a déjà parlé : certains individus n'ont infecté personne alors que d'autres en ont infecté des dizaines. Pour l'un de ces « superpropagateurs », il semblerait que la forte transmission soit liée au fait qu'il avait vomi à côté d'un ascenseur, ce qui a infecté beaucoup de passants.

D'autres menaces telles que la grippe aviaire ou Ebola sont très virulentes. Cela voudrait-il dire que les virus qui émergent chez l'homme sont plus virulents que les virus déjà présents ? L'hypothèse se tient et était à la base de la théorie de l'avirulence popularisée par Theobald Smith et d'autres telle que décrite dans le chapitre 3 : les virus émergents ne seraient pas encore adaptés à l'homme et, d'une certaine manière, exploiteraient mal cette nouvelle ressource. Ce n'est qu'après plusieurs générations de transmissions successives via l'homme que la sélection naturelle aurait le temps de faire son filtrage en favorisant les souches les mieux adaptées à l'homme. On ne reviendra

1. Avec le même taux de fatalité (9,6 %), la grippe saisonnière causerait plusieurs centaines de milliers de morts.

pas ici en détail sur les limites de la théorie de l'avirulence et sur le fait que la virulence peut être adaptative pour le parasite (une souche plus virulente se transmettant mieux ou étant une meilleure compétitrice en cas d'infections multiples). Toutefois, on peut noter qu'une des caractéristiques communes au SRAS et à la grippe aviaire semble être une sorte d'emballement du système immunitaire. De là à imputer la forte mortalité des infections à l'immunopathologie, il y a peut-être un pas mais il n'en reste pas moins que ces nouveaux virus semblent être mal tolérés par l'hôte et que leur virulence pourrait être, au moins partiellement, non adaptative. Autrement dit, on pourrait envisager qu'une évolution prolongée dans les populations humaines puisse favoriser des souches de virus mieux tolérées par l'homme et moins virulentes.

À Montpellier l'équipe de Sylvain Gandon, un biologiste théoricien, a mis au point une expérience pour tenter d'apporter des données concrètes à cette discussion, parfois un peu ésotérique, sur la virulence des parasites émergents. Là encore, ils ont utilisé des virus, car ils évoluent rapidement. Pour les hôtes, ils ont utilisé des bactéries (les virus sont donc des bactériophages, des « mangeurs de bactéries »). L'hypothèse qu'ils voulaient tester est que la disponibilité en hôtes favorise les souches plus virulentes. Au début de toute épidémie, la majorité des hôtes sont susceptibles et plus l'épidémie progresse, plus les hôtes susceptibles se font rares (ils ont été soit immunisés soit tués par le parasite). On s'attend donc à une inversion des pressions de sélection au cours du temps. Dans la phase initiale (la phase « épidémique »), les souches favorisées sont celles qui se transmettent le plus, même si cela se fait au détriment de la durée de l'infection. En revanche, dans la phase suivante, la phase « endémique », les souches sont sélectionnées pour la durée de l'infection, même si cela se fait au détriment du taux de transmission. Notez que l'hypothèse sous-jacente dans ce raisonnement est qu'il existe un compromis évolutif entre taux de transmission et durée de l'infection. Sans cela, la sélection naturelle favoriserait toujours les souches qui se transmettent le mieux et qui causent les infections les plus longues[1]. Leur expérience était donc une manière de tester l'effet de la disponibilité des hôtes sur les pressions de sélection. Leurs résultats ont confirmé ce que prédisaient les modèles mathématiques : dans la phase épidémique, la virulence moyenne de la population de bactériophages était plus élevée. La virulence moyenne a ensuite diminué pendant la phase endémique du fait de la raréfaction des bactéries susceptibles. Pour faire un parallèle peut-être osé avec les maladies émergentes, on pourrait dire que les stades initiaux de l'épidémie pourraient favoriser les souches à forte transmission et forte virulence car, le parasite étant nouveau par définition, tous les hôtes qu'il rencontre sont susceptibles.

On pourrait croire que les données existantes sur la virulence des maladies émergentes permettent de généraliser les résultats de l'expérience ci-dessus. Il faut cependant faire très attention à un biais d'échantillonnage important. Si le SRAS et Ebola ont été repérés, c'est parce qu'ils étaient très virulents. Imaginez qu'apparaisse un nouveau virus qui cause des symptômes proches de ceux des rhumes causés par les rhinovirus. Pensez-vous qu'il serait détecté ? Probablement pas, car qui irait consulter un médecin pour un rhume et quel médecin irait faire séquencer un parasite causant un rhume ? En fait, les modèles prédisent même que, à R_0 égal, les souches les plus susceptibles d'émerger sont celles qui causent des infections longues.

1. Ce type de raisonnement sur l'effet de la sélection en l'absence de compromis évolutif fait appel au « démon darwinien », par analogie avec le démon de Laplace. Le grand mathématicien français avait introduit ce démon afin d'illustrer la notion de déterminisme. Son argument consistait à dire que si un démon pouvait tout calculer il serait à même de prévoir le futur à partir d'un instant donné. Au passage, la dynamique déterministe s'oppose à la dynamique chaotique où même une connaissance parfaite de l'état initial du système ne permet pas d'inférer la dynamique future.

Émergence par sauvetage évolutif

Les maladies émergentes à vecteur focalisent beaucoup l'attention en Europe, en particulier celles transmises par les moustiques. Probablement parce que les moustiques piquent souvent sans distinction de classe. Une des épidémies les plus massives de ces dernières années a eu lieu à La Réunion et fut causée par le virus Chikungunya (aussi appelé Chik ou CHIKV), qui est transmis par les moustiques du genre *Aedes*.

La découverte du Chik est relativement récente. C'est un article de 1955 qui relate une épidémie ayant eu lieu dans le sud du Tanganyika (devenu depuis la Tanzanie). Les symptômes rappelaient ceux de la dengue mais les douleurs articulaires étaient encore plus sévères et la région n'avait jamais connu de cas de dengue. Plus de la moitié des habitants de plusieurs villages furent infectés, chaque fois en l'espace de deux à trois semaines. Le nom donné à la maladie, Chikungunya, vient du bantou et signifie « qui se recroqueville ».

Fin mars 2005, ont lieu les premiers cas d'infection par le Chik à La Réunion. Fin novembre, environ 5 000 personnes ont été infectées. On pense alors que l'épidémie est passée et que son pic a eu lieu en mai avec 450 cas détectés en une semaine. Il n'en est rien. L'épidémie repart de plus belle en décembre et, là, plus de 200 000 personnes vont être infectées en cinq mois, soit un habitant de l'île sur trois ! Rien que la première semaine de février 2006, on dénombre 46 000 nouveaux cas.

Cette dynamique épidémique avec deux vagues successives n'était pas sans rappeler celle observée lors de la pandémie de grippe espagnole. L'analyse du génome des virus isolés des patients va apporter des réponses surprenantes. En effet, les virus qui ont circulé pendant la seconde vague, bien que très semblables à ceux de la première, avaient néanmoins deux petites différences ; en particulier en position 226 de glycoprotéine E1 où un acide aminé en remplaçait un autre (une valine au lieu d'une alanine). Il est rare de pouvoir détecter des mutations ayant des effets aussi marqués, mais dans le cas présent les études ont permis d'aller encore plus loin car on a pu déterminer le rôle qu'elles ont joué.

Classiquement, à La Réunion, le Chik est transmis par le moustique *Aedes aegypti*. Depuis quelques années, ce moustique est remplacé par une espèce invasive qui fait la une des médias car il envahit aussi l'Italie et la France : le moustique tigre, ou *Aedes albopictus*. Avant 1980, on ne trouvait ce dernier qu'en Asie du Sud-Est et au nord de l'Océanie. On pense que sa propagation à la planète entière est une des conséquences de la mondialisation des échanges car ses œufs, qui résistent étonnamment bien à la dessiccation, auraient été transportés d'un pays à l'autre dans des livraisons de pneus de voitures et de camions. Pour peu que les pneus soient laissés à l'air libre et qu'une flaque d'eau se forme dedans, les œufs éclosent et libèrent les larves. En plus de leur robustesse, les moustiques tigres sont très invasifs car particulièrement alléchés par le sang humain : dans les expériences au cours desquelles elles peuvent choisir de piquer un homme ou un autre Mammifère (veau, chien, mouton), les femelles, qui sont les seules à piquer, choisissent toujours l'homme. Enfin, les femelles *Aedes albopictus* sont actives le matin (entre 5 heures et 8 heures) et le soir à l'heure de l'apéritif (entre 17 heures et 19 heures) alors que les autres espèces d'*Aedes* sont plutôt actives le soir (après 20 heures). Pour résumer, le moustique tigre pond des œufs très robustes, il est très attiré par l'homme et il pique aux heures où les gens sont dehors. Si vous êtes un virus et que votre but est d'infecter le plus grand nombre de personnes, ce moustique est un vecteur idéal. C'est précisément ce qui s'est passé à La Réunion. Les deux mutations détectées dans les virus de la deuxième vague épidémique confèrent une adaptation à *albopictus*. Ainsi, si les mutants ont pu infecter près du tiers des habitants de La Réunion, c'est parce qu'ils ont pu exploiter cette espèce de moustique invasive comme vecteur, ce que les souches résidentes ne pouvaient pas faire.

Cet exemple est éloquent à plusieurs titres. D'une part, il montre que l'écologie est essentielle pour comprendre (et si possible prévenir) l'émergence de nouveaux pathogènes. À La Réunion, il ne suffisait pas que le virus mute, il fallait aussi que le moustique tigre ait déjà envahi l'île. D'autre part, il illustre le rôle de l'évolution. Si le virus n'avait pas évolué, le second pic épidémique n'aurait pas eu lieu. Un tel scénario a un nom en évolution : on parle de sauvetage évolutif. En effet, la souche qui a causé le premier pic était vouée à l'extinction car peu adaptée à son environnement (son R_0 était trop proche de 1). C'est parce qu'il a évolué que le virus a pu se maintenir. Ainsi, une des leçons est que même des parasites qui peuvent sembler peu problématiques puisque ayant une propagation limitée sont quand même à surveiller, car ils peuvent servir de marchepied à des souches mutantes ayant, elles, un R_0 très élevé. Cela explique en partie les inquiétudes autour des *outbreaks*, souvent très circonscrits, de grippe aviaire ou de coronavirus.

Émergence de maladies infectieuses dans un monde globalisé

Émergences dans l'histoire

En avril 1519, Hernán Cortés débarque près de l'actuelle Vera Cruz au Mexique avec cinq cents soldats. Deux ans plus tard, l'Empire aztèque, l'un des plus grands de l'époque tombait. Certes les Espagnols ont été aidés par la peur qu'instillaient leurs chevaux (inconnus alors des Aztèques) et leurs armes à feu. Mais l'arme la plus mortelle des conquistadors fut *Variola major*, le virus responsable de la variole. Les sources divergent mais on estime que près du quart de la population aztèque succomba à cette maladie inconnue pour eux. Entre 1500 et 1530, la population aztèque chuta de 35 à 17 millions d'habitants et, vers 1600, elle n'était plus que d'un million. L'arrivée des Espagnols en Amérique du Sud n'est pas le seul exemple où les parasites ont aidé les colons à commettre des génocides. En 1763, une coalition de tribus indiennes autour des Outaouais et de leur chef Pontiac se rebelle contre les colons britanniques et entreprend le siège de Fort Pitt, à l'ouest de la Pennsylvanie. Les officiers du roi (nous sommes treize ans avant l'indépendance des colonies britanniques) rencontrent Cœur de Tortue et Mamaltee, deux dignitaires de la tribu des Delawares. Ces derniers incitent (sans succès) les colons à quitter le fort. Avant de se retirer, ils sollicitent des provisions auprès des officiers qui acceptent et leur offrent gracieusement deux couvertures et un mouchoir. Ces « cadeaux » proviennent du service de l'hôpital soignant les malades de la variole. Une épidémie de variole éclate chez les Indiens la même année. Ce premier exemple de guerre bactériologique moderne[1] est peut-être sujet à caution (même si un reçu du service de l'intendance du fort semble bien confirmer ce don) mais il n'en reste pas moins que le gouverneur Jeffery Amherst est connu pour avoir soutenu le bien-fondé de cette technique de guerre. Chez les Aztèques comme chez les Outaouais, la variole eut des effets décuplés par rapport aux épidémies décrites sur le vieux continent, car les populations n'étaient pas du tout adaptées à ce parasite.

1. Dès l'Antiquité on utilisait les carcasses d'animaux morts pour contaminer les approvisionnements en eau des ennemis. Pour plus de détails, voir l'article de Mirko Grmek intitulé « Ruses de guerre biologiques dans l'Antiquité » (1979).

Livraison à domicile

Le problème d'émergence et de mal-adaptation des hôtes (et/ou des parasites) est évidemment toujours d'actualité. Tout d'abord, on raisonne souvent en voyant l'homme moderne comme celui des pays occidentaux (avec un smartphone), mais il existe encore des tribus reculées qui vivent en autarcie et dont la survie est menacée par les maladies infectieuses. Leur persistance provient d'ailleurs sans doute de leur volonté farouche de vivre en autarcie et il y a fort à parier que les tribus plus enclines à rencontrer des voyageurs ont été celles qui ont disparu en premier. De plus, il existe des transferts entre espèces : non seulement des parasites peuvent passer des animaux à l'homme (on parle de zoonoses) mais aussi l'homme transmet certaines maladies aux animaux, les espèces menacées comme les grands singes étant particulièrement fragiles de ce point de vue. Enfin, et sans surprise, la masse des échanges a explosé dans la deuxième moitié du XXe siècle. La question de l'émergence de nouveaux parasites est plus que jamais d'actualité.

En un siècle, nous sommes passés d'un monde où les échanges étaient minimes à un monde où l'on voyage d'un bout à l'autre de la planète pour partir en vacances. D'après le rapport de 2012 de la Direction générale de l'aviation civile, les vols internationaux hors UE au départ de France métropolitaine concernaient 13,4 millions de passagers en 1986, 21,3 millions en 1996, 38,3 millions en 2006 et 46,4 millions en 2012, soit une multiplication par près de 4 en moins de trente ans. La conséquence de cette intensification des échanges entre (et à l'intérieur) des continents est facile à percevoir. Imaginons qu'un nouvel agent pathogène apparaisse. Comme on l'a vu au chapitre sur l'origine des maladies infectieuses, cet agent a toutes les chances d'être un virus d'ARN déjà présent dans une espèce animale sauvage « réservoir ». La donnée clé est le temps écoulé entre le passage de ce virus animal à un homme et le temps nécessaire pour que cet homme puisse être en contact avec de potentiels nouveaux hôtes. C'est ce temps qui est devenu extrêmement court. Prenons le cas du virus Ebola. Ce virus mortel est cantonné à quelques régions d'Afrique. Il est très contagieux mais tue son hôte tellement vite que cela bloque la transmission à grande échelle. Cependant, on l'a vu, certaines personnes peuvent être des porteurs sains car ils ont développé une immunité à force d'être confrontés au virus. Certes dans le cas d'Ebola il semble qu'il faille une période de contact prolongée pour qu'un porteur sain infecte un autre hôte. Mais on peut s'interroger sur les risques de propagation d'un tel virus via une massification des échanges. De plus, si au lieu de se produire dans un village reculé, un *outbreak* d'Ebola avait lieu dans un aéroport international, on imagine les conséquences.

Et même indépendamment de la circulation des personnes, qui est beaucoup plus compliquée dans le sens sud-nord que nord-sud[1], on peut s'attarder un peu sur la circulation des marchandises, qui circulent bien plus facilement que les hommes. Une étude conduite à l'aéroport de Roissy en France estime que chaque semaine, environ cinq tonnes de viande de brousse passent en contrebande. Il s'agit de viande de pangolin, d'antilope, de singe… Sachant que le VIH provient à l'origine du VIS des singes et qu'on soupçonne que les transferts aient pu se faire via cette viande de brousse, on peut s'inquiéter des conséquences sanitaires de ce trafic clandestin.

1. Contrairement à de nombreux fantasmes soigneusement entretenus, la grande majorité des flux migratoires se font depuis et vers les pays du sud.

La globalisation façonne-t-elle l'évolution des parasites ?

En plus d'effets épidémiologiques que sont les émergences dues à un déplacement à longue distance d'un parasite jusque-là confiné, existe-t-il des effets de la globalisation des échanges sur l'évolution des parasites ? Autrement dit, le fait que de plus en plus d'individus traversent le globe pour aller passer leurs vacances au soleil sélectionne-t-il des parasites différents ? Il est compliqué de répondre à cette question pour les maladies humaines, car les changements en termes d'échanges se sont aussi accompagnés d'autres changements sociaux. En revanche, l'expérimentation sur des systèmes animaux offre des réponses frappantes.

Une expérience réalisée en 2007 par Michael Boots, alors professeur à l'université de Sheffield en Angleterre, constitue l'un des meilleurs exemples d'effet de la structure spatiale sur l'évolution des maladies. Cette expérience est aussi l'une de mes favorites car elle démontre aussi qu'il n'y a pas besoin d'équipements coûtant des millions d'euros pour faire de la (très) bonne recherche. En effet, le protocole expérimental a principalement nécessité des boîtes à chaussures en carton, des flocons d'avoine et de l'eau… Bien loin du coût du séquençage ADN à haut débit ! Le système animal consiste en un hôte, une mite, infectée par un virus. Le but de l'expérience consistait à tester l'effet de la structuration spatiale des populations (le terme technique étant « viscosité ») sur l'évolution de la virulence des parasites. Les chercheurs ont donc laissé des populations de larves de mites infectées par un virus. Ils ont comparé cette évolution dans trois environnements : mou, intermédiaire ou dur. L'augmentation de la viscosité est obtenue en ajoutant plus ou moins d'eau aux flacons d'avoine. Plus il y a d'eau, plus le mélange est dur (ou visqueux) et plus il est difficile pour les larves de se déplacer. L'expérience a commencé avec des virus de virulence égale dans tous les traitements. Notons au passage que même cette mesure de virulence ne nécessite pas de techniques de biologie moléculaire poussées : il suffit d'infecter des populations hôtes témoins avec les virus ancestraux ou évolués et de mesurer le taux de mortalité. Au bout du compte, on n'observe pas de changements significatifs de virulence dans les milieux mous ou intermédiaires. En revanche, dans l'environnement le plus dur, les virus ont évolué pour devenir moins virulents. Ce changement correspond tout à fait à ce que prédit la théorie. En effet, lorsque le milieu est extrêmement visqueux, que les hôtes se déplacent peu et qu'un hôte infecté croise peu de congénères, alors un virus extrêmement virulent, qui tue son hôte tout de suite, même s'il bénéficie d'un taux de transmission extrêmement élevé, ne trouvera pas de cible pendant la (courte) durée de l'infection.

Peut-on généraliser ces résultats de virus d'insectes évoluant dans des boîtes à chaussures à l'homme ? Selon l'aphorisme de Jacques Monod, « Tout ce qui est vrai pour le Colibacille est vrai pour l'éléphant ». Ceci est assez vrai si l'on reste au niveau moléculaire (après tout, on retrouve 60 % des gènes de la mouche Drosophile chez l'homme). Les problèmes commencent lorsque l'on tente de passer à une échelle supramoléculaire. Prenez le cas du VIH, par exemple. Ce virus a un petit génome d'environ 9 000 paires de bases (à comparer avec les quelque 3 000 000 000 de paires de bases du génome humain), qui est entièrement séquencé depuis 1985. Et pourtant, le fait de connaître toute l'information génétique du virus n'a pas encore permis de trouver un moyen de guérir les individus infectés[1]. Plus précisément, on comprend extrêmement bien les mécanismes moléculaires, par exemple comment une particule virale pénètre dans une cellule, ou comment le virus

1. Sauf un, le « patient de Berlin », selon un protocole détaillé dans la prochaine section.

détourne la machinerie cellulaire à son propre bénéfice. En revanche, lorsqu'il s'agit de passer au niveau supérieur, les difficultés commencent. Plus de vingt-cinq ans après avoir séquencé le virus, on ne comprend toujours pas très bien pourquoi les infections progressent inéluctablement vers la phase SIDA proprement dite, où le système immunitaire s'effondre, ouvrant la voie aux infections dites opportunistes. Il est évident que la progression de la maladie est due au fait que le virus se « nourrit » des cellules immunitaires, mais comment expliquer que pendant plusieurs années (voire dizaines d'années) l'hôte est capable de compenser cette destruction de cellules immunitaires ? C'est là où le parallèle de Monod s'arrête. Certes la bactérie et l'éléphant ont tous deux un génome ADN qui leur permet de produire des protéines, mais la manière dont ce génotype est exprimé dans l'environnement (on parle de phénotype) varie. Pour comprendre comment ces espèces évoluent, il faut alors faire appel à l'écologie et à la dynamique des populations, remettre les individus dans leur contexte environnemental et prendre en compte toutes les interactions avec cet environnement (et entre individus). La même logique s'applique pour comprendre une infection par le VIH. Il y a fort à parier que la compréhension du déroulement de l'infection viendra d'une vision qui inclut l'écologie intra-hôte et la dynamique de populations de cellules infectées ou non infectées.

Pour aller plus loin

Grmek M. D., « Ruses de guerre biologiques dans l'Antiquité », *Revue des Études grecques*, 92, 1979, p. 141-163. [Une histoire de la guerre bactériologique.]

Grmek M. D., « Le concept de maladie émergente », *Hist. Phil. Life Sci.*, 15, 1993, p. 281-296. [Un article sur le concept de maladie émergente.]

Leroy É., Pourrut X., Gonzalez J. P., « Les chauves-souris, réservoirs du virus Ebola : le mystère se dissipe », *Med Sci.*, 22, 2006, p. 78-80. [Pour plus de détails sur le virus Ebola.]

Autres références citées dans le chapitre (en anglais)

Berngruber T. W., Froissart R., Choisy M., Gandon S., « Evolution of virulence in emerging epidemics », *PLoS Pathog.*, 9, 2013, e1003209. [Une expérience sur des phages montrant comment la virulence évolue au cours d'une épidémie.]

Boots M., Mealor M., « Local interactions select for lower pathogen infectivity », *Science*, 315, 2007, p. 1284-1286 [Démonstration que la structure de l'environnement façonne l'évolution de la virulence.]

Gandon S., Hochberg M. E., Holt R. D., Day T., « What limits the evolutionary emergence of pathogens ? », *Philos. Trans. R. Soc. Lond. B*, 368, 2013, 20120086. [Une revue sur les mathématiques de l'émergence des maladies.]

Morse S. S. *et al.*, « Prediction and prevention of the next pandemic zoonosis », *Lancet*, 380, 2012, p. 1956-1965. [Une revue très pointue sur la prévention des pandémies.]

Schuffenecker I. *et al.*, « Genome microevolution of chikungunya viruses causing the Indian Ocean outbreak », *PLoS Med.*, 3, 2006, e263. [L'article montrant que l'épidémie de La Réunion est étroitement liée à deux mutations clés dans le génome du virus.]

Wolfe N., « Preventing the next pandemic », *Sci. Am.*, 300, 2009, p. 76-81. [Un article de 2009 sur la prévention des futures pandémies… à mettre en regard avec la récente épidémie d'Ebola.]

CHAPITRE 6

Maladies infectieuses et évolution humaine

Parler d'évolution humaine est un bon moyen pour se brouiller avec tout le monde. D'un côté, il y a ceux qui considèrent que l'homme n'évolue plus. Cette assertion est stupide. L'évolution humaine, ce sont des brassages et des changements de fréquence d'allèles de gènes à chaque génération. Chaque enfant porte deux allèles pour chacun de ses gènes, un allèle* maternel et un allèle paternel, et tous les êtres humains ne se reproduisent pas également. Autrement dit, certains allèles sont forcément plus représentés d'une génération à la suivante et d'autres allèles sont moins représentés. Il existe aussi des mutations, qui créent de nouveaux allèles. Même en adoptant une vision fixiste où tous les individus auraient le même nombre de descendants et où les mutations n'existeraient pas, il n'en resterait pas moins que même dans les familles très nombreuses deux enfants n'auront jamais exactement le même génome[1]. Vu que les populations humaines ne sont pas infinies, il est certain qu'une génération ne ressemblera pas à la précédente. L'évolution humaine est donc un processus inéluctable à moins d'envisager un scénario

1. Pour un génome maternel donné, il existe plusieurs millions d'ovules différents. En effet, il n'y a qu'un seul chromosome de chacune des 23 paires dans chaque ovule (ou gamète), ce qui fait 2^{23} = 8 388 608 combinaisons possibles. Comme il en est de même pour les spermatozoïdes, il faut multiplier ce nombre par lui-même pour avoir le nombre total de génomes enfants possibles, soit un peu plus de sept mille milliards.

eugéniste où le contrôle des naissances serait total comme dans le film de science-fiction *Bienvenue à Gattacca*.

À l'autre extrémité, il y a ceux qui sont évidemment d'accord avec l'idée que l'homme évolue mais qui vont plus loin en disant que la sélection naturelle agit sur l'homme et ses comportements. Et là il convient de prendre beaucoup plus de précautions car autant l'évolution humaine est un processus évident, autant démontrer l'action de la sélection naturelle sur un caractère donné est compliqué. On l'a vu pages 74-75, il faut que trois critères soient réunis pour prouver qu'un trait évolue par sélection naturelle : ce trait doit être variable dans la population humaine, il doit être héritable de telle sorte que les enfants ont tendance à avoir le même trait que leurs parents et enfin il doit avoir un effet sur la valeur sélective (les individus ont plus ou moins de descendants selon la valeur du trait qu'ils portent). Prenons le cas de la taille. Autant le premier critère est facile à vérifier (tout le monde n'a pas la même taille), autant les deux autres sont plus compliqués à tester. Certes les tailles des enfants et des parents sont souvent corrélées mais comment être sûr qu'il s'agit de facteurs génétiques et non de conditions environnementales communes ? Parents et enfants vivent généralement au même endroit et mangent plus ou moins la même chose. Par exemple, dans le cas de la taille, une des explications au fait que les Hollandais sont en moyenne les plus grands au monde est leur consommation massive de lait[1]. Le cas de la taille est quelque peu idéal parce qu'elle est facile à mesurer (contrairement à des traits comportementaux, qui sont les grands dadas des chercheurs en sociobiologie humaine) et qu'elle a de fortes composantes génétiques. Une étude de 2010 est ainsi parvenue à expliquer 45 % de la variance dans des populations humaines par des facteurs génétiques[2]. Il n'en reste pas

1. Le lait de vache contiendrait des facteurs de croissance.

2. Pour être exhaustifs, précisons que certains évolutionnistes étudient l'évolution culturelle et qu'ils s'affranchissent ainsi de la

moins que vérifier le troisième critère est ardu. Comment tester si le nombre d'enfants d'une personne dépend de sa taille quand tant de facteurs sociologiques entrent en jeu ?

Le but ici n'est pas de discuter d'évolution humaine en général mais plutôt de voir comment les parasites ont exercé (ou exercent encore) une pression de sélection sur notre évolution biologique. Par exemple, chacune de nos cellules abrite des organelles (petits organes) appelées mitochondries. Grâce à elles nous pouvons respirer en utilisant l'oxygène de l'air pour brûler des sucres et ainsi fabriquer de l'énergie. À l'origine, ces mitochondries étaient des bactéries parasites proches des Rickettsies actuelles. Au fur et à mesure des générations cellulaires, ces parasites endocellulaires sont devenus de moins en moins virulents jusqu'à ne former plus qu'une seule entité avec la cellule qu'ils infectaient. Ceci se serait produit il y a environ deux milliards d'années. Il existe des vestiges plus récents de l'activité des parasites dans notre génome. Par exemple, au milieu de notre ADN, on trouve des séquences d'ADN de virus, appelés endovirus. Notre génome contiendrait environ un demi-million de ces séquences fossilisées, dont la majorité proviennent des virus de type herpès. Ces éléments ne sont d'ailleurs pas si fossiles que cela et l'hypothèse selon laquelle certains cancers pourraient être associés à la réactivation d'endovirus a été très populaire (bien qu'il soit difficile de distinguer entre cause et conséquence). À noter que ces recherches n'ont pas été inutiles, car le premier antirétroviral utilisé contre le VIH (l'AZT) avait été mis au point pour lutter contre les cancers. *A contrario*, certains endovirus ont été complètement « domestiqués »

---

nécessité d'attribuer une base génétique aux traits : il suffit de montrer que les traits sont transmis à la génération suivante. Pour caricaturer, l'optimum évolutif en sélection culturelle n'est plus d'avoir de nombreux descendants mais de transmettre ses idées au plus grand nombre de personnes. On retrouve d'ailleurs ici beaucoup d'idées issues de l'épidémiologie.

et intégrés par le génome de l'hôte afin d'être utilisés à d'autres fins. Certains gènes humains ont donc une origine virale.

Que ce soit pour les mitochondries ou les endovirus, il faut remonter assez loin dans le temps pour retrouver leurs ancêtres parasites. En règle générale, les traces anciennes de parasites sur l'évolution humaine sont plus faciles à détecter et à mettre en évidence que la sélection contemporaine. Toutefois, des exemples frappants existent.

Superdominance

En mai 2010, l'équipe de France de football est en stage à Tignes pour préparer le mondial qui aura lieu en Afrique du Sud (et où les joueurs porteront haut les couleurs du droit de grève[1]). Au cours du stage, Lassana Diarra, milieu de terrain évoluant dans le prestigieux club du Real de Madrid, est contraint de déclarer forfait pour une crise de douleurs intestinales. Son club révélera qu'il est atteint de drépanocytose[2].

La drépanocytose est une maladie génétique qui cause un type d'anémie dite falciforme. À la différence des maladies infectieuses, la cause d'une maladie génétique se niche dans le génome des individus affectés, au sein des molécules d'ADN contenues dans chacune des cellules. Pour la drépanocytose, il s'agit d'une modification qui peut sembler dérisoire : à un endroit au milieu de la molécule du chromosome* 11, l'une des 134 millions de bases, une Adénine (A), est remplacée par une Thymine (T). Malheureusement, cette mutation se trouve dans le locus codant

1. Sur ce sujet, on pourra lire le livre de Stéphane Beaud, *Traîtres à la nation ? Un autre regard sur la grève des Bleus en Afrique du Sud*, La Découverte, 2011.

2. À noter que certains mauvais esprits, dont le quotidien *20 minutes*, ont fait remarquer que ce forfait avait empêché Lassana Diarra de prendre part à un contrôle antidopage « inopiné ».

une des protéines constituant l'hémoglobine. L'hémoglobine ne sert pas que dans les films gore pour les effets Grand-Guignol, c'est la molécule qui fixe l'oxygène et permet son acheminement depuis les poumons jusqu'aux extrémités de l'organisme. Cet acheminement se fait via les globules rouges (ou hématies), chacun étant chargé d'environ 28 millions de molécules d'hémoglobine. La petite mutation modifie la structure de toutes les molécules d'hémoglobine produites par le corps, ce qui entraîne une déformation des globules rouges. Au lieu d'avoir une forme de disque aplati au milieu (une sorte de coussin enfoncé des deux côtés), les hématies prennent une forme de faucille ou de feuille d'acanthe telles qu'on les voit sur les colonnes des temples grecs. D'où le nom d'anémie falciforme. Les symptômes sont de plusieurs ordres : il peut y avoir des problèmes de circulation du sang avec des crises très douloureuses du fait de la forme anormale des hématies. Le nombre de globules rouges (hématocrite) est faible car les globules drépanocytaires sont éliminés de manière plus précoce (et qui dit moins de globules rouge dit aussi moins d'oxygène) et les individus sont plus sensibles aux infections.

La drépanocytose est très répandue dans certaines régions du monde, notamment en Afrique où l'on estime que plus de 50 millions de personnes en sont atteintes. C'est aussi la maladie génétique la plus fréquente en France. Comment s'est-elle maintenue et se maintient-elle encore aujourd'hui dans la population humaine ? En effet, avec toutes les générations qui se sont écoulées depuis l'apparition de l'homme, on pourrait s'attendre à ce que les individus atteints de drépanocytose aient eu moins de descendants et que l'allèle délétère* HbA ait disparu. On pourrait même être tenté de voir dans le maintien de la maladie l'une des preuves que pour *Homo sapiens* la sélection naturelle se serait arrêtée. Il n'en est rien.

Les maladies génétiques illustrent l'importance de la diploïdie. Toutes nos cellules, à part les spermatozoïdes et les ovules, contiennent notre génome en double avec une version paternelle et une version maternelle. Tous nos gènes ont deux copies (ou allèles). La drépanocytose est liée à un allèle délétère appelé hémoglobine S (HbS), par opposition à l'allèle « sauvage », ou non muté, noté HbA. Évidemment, les individus homozygotes (dont les deux copies du gène sont délétères) développent des formes nettement plus graves de drépanocytose que les hétérozygotes qui peuvent même être footballeurs de haut niveau (si Lassana Diarra a fait une crise à Tignes, c'est probablement à cause de l'altitude, qui conduit à une raréfaction de l'oxygène).

Le fait que le statut hétérozygote ne soit pas trop délétère pourrait expliquer la persistance de la maladie, car la pression de sélection contre l'allèle délétère HbS n'est pas très forte. Néanmoins, ceci ne semble pas être la raison principale puisque vu les échelles de temps considérées, non seulement la sélection aurait eu le temps d'agir, mais l'extinction d'un des deux allèles aurait pu se faire par dérive génétique (c'est-à-dire par hasard). Un des indices qui a conduit à l'élucidation des raisons de la persistance de l'allèle HbS est la comparaison entre les populations afro-américaines et les populations d'Afrique de l'Ouest. Chez les premières, la prévalence (c'est-à-dire la proportion d'individus portant l'allèle HbS) est d'environ 0,25 % tandis que chez les secondes elle est plus proche de 4 %. Une des différences marquantes entre ces environnements qui puisse être liée à la drépanocytose est la prévalence du paludisme. Les études l'ont confirmé par la suite : les individus atteints de drépanocytose résistent mieux aux infections par *Plasmodium* que les autres. En génétique des populations, ce phénomène a pour nom superdominance et il décrit des cas où les hétérozygotes ont une valeur sélective supérieure à celle des deux homozygotes. Ainsi, dans les régions où le paludisme est très prévalent, les hétérozygotes pour l'allèle de la drépanocytose (HbS/HbA) survivent mieux que les homozygotes sans allèle de drépanocytose (HbA/HbA), qui eux-mêmes survivent mieux que les homozygotes pour l'allèle de la drépanocytose (HbS/HbS). La superdominance est un phénomène qui explique la persistance d'allèles délétères : la sélection naturelle ne peut pas agir car à chaque génération les hétérozygotes propagent l'allèle. La sélection qui maintient un tel polymorphisme sur de longues durées est appelée sélection balancée.

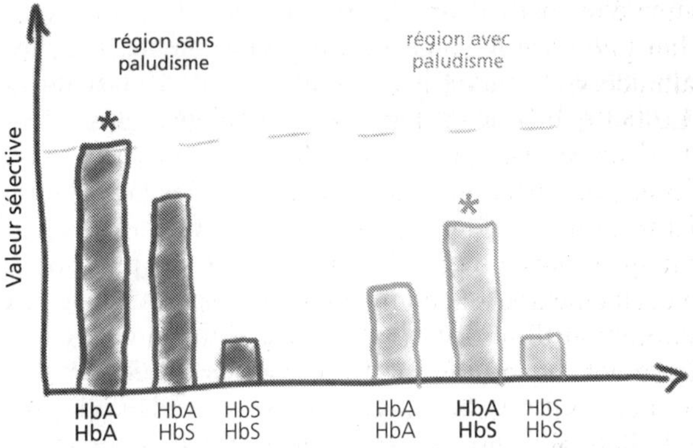

Figure 6.1 – Valeur sélective d'individus homozygotes ou hétérozygotes pour les allèles HbA et HbS dans des environnements sans et avec paludisme

En l'absence de paludisme, la mutation HbS ne confère aucun avantage et ce sont les homozygotes HbA/HbA qui sont avantagés (indiqué avec une étoile noire). Dans les régions où le paludisme est endémique, la mutation HbS confère une résistance partielle au parasite. Toutefois, le coût associé à la mutation fait que les homozygotes HbS/HbS ne sont quand même pas favorisés. L'avantage aux hétérozygotes (indiqué avec une étoile grise) est un indicateur de sélection balancée.

Un des aspects les moins mis en avant est la façon dont a été prouvé l'effet protecteur de la drépanocytose contre le paludisme. Cette hypothèse phare du rôle potentiel des maladies infectieuses sur l'évolution humaine a été formalisée en 1949 par le célèbre généticien des populations

J. B. S. Haldane, mais pour les médecins elle est plutôt associée à Anthony Clifford Allison. Ce médecin anglais est fils de militaire et a grandi au Kenya. Durant ses études, il a été imprégné par la biologie de l'évolution et, une fois diplômé d'Oxford, il a voulu retourner en Afrique pour réaliser une cartographie des groupes sanguins et retracer l'évolution de l'homme depuis le berceau africain. Toutefois, il fut détourné de son projet initial et s'intéressa au lien entre drépanocytose et paludisme. Au cours d'un séjour assez long et mouvementé, il collecta de nombreux échantillons et parvint à montrer que les enfants atteints de drépanocytose étaient moins infectés par *Plasmodium*. Ces travaux furent publiés en 1954 dans la (toujours) prestigieuse revue *British Medical Journal*. Ce que l'on sait moins, et qui est peut-être une des raisons pour lesquelles l'hypothèse de Haldane est plus souvent mise en avant que sa démonstration expérimentale, c'est que dans la fin de son long article, Allison décrit minutieusement le résultat de 30 infections expérimentales : 15 hommes porteurs d'au moins une copie de l'allèle HbS et 15 hommes sans drépanocytose (donc HbA/HbA) se virent injecter des trophozoïtes (l'un des stades de vie du *Plasmodium*) et/ou se firent piquer par 10 moustiques ayant piqué quelqu'un infecté par *Plasmodium falciparum*. Certes les résultats sont frappants (seuls 2 des 15 individus porteurs de l'allèle HbS furent infectés alors que 14 des 15 individus sans HbS l'étaient) et certes tous ces hommes étaient des « volontaires », mais il n'en reste pas moins que les autres résultats de l'article d'Allison étaient plus que suffisants pour démontrer un effet protecteur sans qu'il ait besoin de recourir aux infections expérimentales.

Au passage, il convient de préciser que la différence de prévalence de drépanocytose entre les Afro-Américains et les Africains de l'Ouest, qui avait mis la puce à l'oreille aux chercheurs quant au rôle du paludisme dans la persistance de l'allèle HbS, serait en fait plutôt due au brassage génétique qui a eu lieu en Amérique du Nord qu'à une diminution de la pression de sélection.

Pour conclure, pourquoi l'allèle HbS n'est-il pas aussi présent en Europe ? Après tout ce n'est que très récemment que le paludisme a été éradiqué en France métropolitaine (1977 pour la Corse). Il se trouve que dans certains pays méditerranéens, il existe une autre maladie génétique, qui ne modifie pas directement la structure de l'hémoglobine mais plutôt le nombre de molécules produites et donc le nombre de globules rouges. Ce type d'anémie fut découvert en Italie, d'où le nom de thalassémie en référence à la proximité de la mer Méditerranée. Comme pour HbS en Afrique, les allèles mutés ont un effet positif indirect, qui est de conférer une résistance partielle au paludisme à ses porteurs. Là encore, s'ils n'ont pas complètement envahi les populations humaines, c'est parce que l'état homozygote engendre des anémies trop sévères.

Une des difficultés d'appliquer la théorie de la sélection naturelle à l'histoire humaine est qu'il faut souvent en rester à un stade descriptif associé à de belles histoires. En effet, on ne pourra pas faire « réévoluer » l'homme. L'exemple de la drépanocytose et de la β-thalassémie nous offre un des rares exemples de répétabilité dans l'évolution humaine : même avec des matériaux de base différents (des mutations dans différentes portions du gène de l'hémoglobine), la sélection naturelle opérera de la même manière.

CCR5-Δ32

Dès le début des années 1990, des médecins furent frappés par la résistance au VIH de personnes ayant des comportements qualifiés comme étant « à risques ». Malgré de multiples partenaires sexuels dans des communautés très exposées, ces « chanceux » ne présentaient pas la moindre trace de virus. Certes, il ne suffit pas d'un contact avec une personne infectée pour contracter le VIH, mais vu l'activité sexuelle des individus en question, il aurait fallu une intervention divine pour qu'ils échappent par chance à l'infection. Les études génétiques ont révélé la cause de ce miracle : la plupart des individus résistants possédaient une mutation dans leur génome, qui engendre une modification dans la structure de la protéine CCR5. Cette protéine est un récepteur situé sur la membrane de beaucoup de cellules immunitaires et qui est impliqué dans le fonctionnement du système immunitaire[1]. Le VIH est capable d'utiliser ce récepteur pour rentrer dans la cellule. La mutation porte le nom de CCR5-Δ32 car elle consiste en une délétion du gène CCR à partir de la position 32 (autrement dit, une partie du gène a été perdue au cours des générations).

À ce jour, la seule personne à avoir guéri du VIH est Timothy Brown. En 2006, séropositif depuis 1995 et sous traitements antirétroviraux, il découvre qu'il est atteint d'une leucémie, c'est-à-dire un cancer des cellules de la moelle osseuse (celles qui produisent les cellules sanguines). Sa chimiothérapie échoue, en partie car elle interfère avec sa trithérapie contre le VIH. Gero Hütter, médecin hématologue de l'université d'Heidelberg en Allemagne, lui propose alors une « solution » risquée pour le patient du fait de sa séropositivité : il s'agit de détruire toutes les cellules de sa moelle osseuse par irradiation pour en greffer de nouvelles issues d'un patient sain. Pour ce type d'allogreffe de moelle, il faut trouver un donneur compatible. Quitte à chercher un donneur, les médecins tentent d'en trouver un homozygote pour la mutation CCR5-Δ32[2]. L'espoir est que les nouvelles cellules régénérées suite à la transplantation soient de

1. Des molécules produites par des cellules immunitaires appelées chemiokines peuvent se fixer sur ces récepteurs et ce faisant entraînent une réponse physiologique de la cellule.

2. À noter que Timothy Brown est hétérozygote pour cet allèle.

mauvaises « ressources » pour le virus (puisque portant des récepteurs CCR5 mutants empêchant l'entrée du virus dans les cellules). Non seulement le donneur est trouvé, mais l'opération est une réussite : l'article publié en 2007 par Gero Hütter montre à la fois le chimérisme[1] présent chez le « patient de Berlin » et une charge virale indétectable. Quatre ans plus tard, le virus était toujours indétectable. Ce succès reste une bonne surprise et une énigme car on pouvait s'attendre à ce que certains virus persistent à l'état dormant dans certaines des cellules ailleurs que dans la moelle osseuse. Il est aussi difficilement généralisable. La procédure est extrêmement risquée, laisse des séquelles lourdes à vie (le patient doit suivre un traitement immunosuppresseur du fait de son statut de chimère) et coûte extrêmement cher. D'autre part, trouver un donneur compatible et homozygote CCR5-Δ32 est rare.

Moins d'un Européen sur dix possède la mutation CCR5-Δ32. On observe toutefois un gradient géographique nord-sud car l'allèle est plus fréquent en Scandinavie et moins fréquent en Espagne. De manière surprenante, on ne connaît quasiment que des avantages à cette mutation. Car en plus de protéger contre l'infection par le VIH, elle semblerait aussi rendre ses porteurs partiellement résistants contre la peste bubonique ou la variole. Seule l'infection par le virus West Nile semble être plus virulente chez les porteurs de la mutation. Le débat concernant l'origine exacte de cet allèle mutant n'est toujours pas entièrement résolu et deux hypothèses concurrentes (publiées à quelques semaines d'intervalle dans la même revue

1. En biologie, une chimère est un organisme dont une partie des cellules a une origine génétique différente. Ainsi, les cellules sanguines produites à la suite d'une greffe de moelle osseuse portent l'information génétique du donneur et non celle du receveur. D'où la nécessité pour le receveur de suivre un traitement immunosuppresseur afin d'éviter les réactions de rejet.

en 2005) s'affrontent. La première est que la propagation de l'allèle s'est faite par hasard, un processus appelé dérive génétique. Certes, un allèle rare a beaucoup de chance de disparaître à la génération suivante mais il a aussi une chance de rester. Dans les modèles les plus simples, la probabilité de fixation d'un allèle dans une population diploïde est égale au taux de mutation qui génère ces allèles et le temps de fixation est d'environ $2N$ générations, où N est la taille de la population. Si l'allèle CCR5-Δ32 est suffisamment vieux (vu les fréquences actuelles de l'allèle il faut compter environ 100 000 ans), il a pu atteindre une fréquence importante par dérive génétique. L'autre explication est que l'allèle s'est propagé dans la population humaine car il conférait un avantage sélectif à ses porteurs (bien sûr autre que la résistance au VIH qui n'était pas encore apparu). Qui a raison entre les deux ? Dérive ou sélection naturelle ?

Ceux qui pensent que l'allèle a été sélectionné car il confère un avantage adaptatif mettent en avant deux éléments en faveur de leur hypothèse. D'une part, si la mutation s'est propagée au travers de l'Europe il se pourrait que les analyses génomiques classiques, qui ignorent cette composante spatiale, ne détectent pas un effet de sélection. Second facteur : il existe une autre mutation dans le gène CCR5 que la délétion Δ32 et elle aussi confère un avantage sélectif à ses porteurs. Si deux allèles se propagent en même temps, cela diminue l'avantage sélectif de CCR5-Δ32 et pourrait là encore rendre les outils habituels de détection de sélection inadéquats.

Intuitivement, la mutation CCR5-Δ32 pourrait être un excellent gène candidat pour détecter de la sélection naturelle à l'œuvre aujourd'hui chez l'homme. En effet, il existe de la variation entre les individus, vu que le trait est génétique on est certain qu'il est héritable et il confère une résistance au VIH et peut-être à d'autres parasites. Pourtant, il n'existe quasiment aucun résultat positif et ce malgré un nombre probablement assez élevé d'essais[1]. Seule une étude de 2008 déclare détecter de la sélection au sein du gène CCR5 dans son jeu de données. Toutefois, cet avantage sélectif n'est pas lié à la délétion Δ32. De plus, cette étude a été publiée dans *PLoS ONE*, une revue connue pour l'extrême légèreté de son processus de révision par les pairs[2]. La raison de ces difficultés est probablement liée au fait que l'allèle CCR5-Δ32 est malheureusement beaucoup moins présent dans les régions du monde où la prévalence du VIH est la plus élevée comme l'Afrique, ce qui rend plus difficile la détection de changements de fréquences alléliques sur des échelles de temps courtes. Ce cas emblématique illustre la difficulté à détecter de la sélection naturelle causée par les maladies infectieuses et agissant dans les populations contemporaines.

Évolution du système immunitaire

Utiliser les armes de l'ennemi

Notre côté pessimiste nous pousse le plus souvent à nous demander pourquoi nous tombons malades. La question inverse semble plus logique tant la lutte entre l'homme et ses parasites est déséquilibrée. En vingt ans, il se sera écoulé environ une génération humaine et plusieurs milliers de générations virales. Comme des mutations apparaissent

1. Les résultats négatifs ont tendance à ne pas être publiés, ce qui génère des biais quand on veut déterminer la généralité d'un résultat. Dans le cas de la mutation CCR5-Δ32, son effet sur la santé et sa médiatisation font qu'il est très probable que la plupart des laboratoires travaillant sur le génome humain ont dû tenter de détecter des traces de sélection naturelle sur cet allèle.

2. La revue a publié plus de 2 500 articles en biologie de l'évolution en 2013, soit environ 200 par mois. À titre de comparaison, le journal de la société européenne de biologie de l'évolution (*Journal of Evolutionary Biology*) en publie environ 20 par mois.

à chaque génération, les virus évoluent bien plus vite. Et à cela il faut rajouter que les tailles des populations virales sont des millions de fois supérieures à celles des populations humaines. Imaginez que naisse un mutant humain qui soit doté d'un mécanisme immunitaire de défense original ultrapuissant détruisant les microparasites dès le début de l'infection, il y a fort à parier qu'avant que ce mutant n'ait pu se reproduire, des pathogènes auraient déjà suffisamment évolué pour développer des mécanismes contournant cette défense immunitaire nouvelle.

Si les animaux sont parvenus à tenir tête aux pathogènes évoluant rapidement tels que les virus, c'est parce que leur système de défense, le système immunitaire, est plastique. On pourrait même dire qu'il est évolutif tellement les processus qui se déroulent à l'intérieur de l'hôte ressemblent à ce qu'on observe dans la nature. Sans entrer dans les détails, la force de notre immunité réside dans le fait qu'elle est capable de développer une réponse extrêmement intense et précise contre des pathogènes qui n'existent pas encore aujourd'hui. En fait, la force du système immunitaire est qu'il s'active lorsqu'il détecte une perturbation[1]. Cette perturbation est associée à la présence de petites molécules, appelées antigènes. Lors de la mise en place du système immunitaire au début de la vie d'un individu, il y a production de toute une diversité de cellules immunitaires capables de reconnaître des motifs antigéniques différents. Chacune de ces cellules existe en très faible quantité dans l'organisme mais la perturbation induite par un pathogène (ou par la croissance de cellules cancéreuses) entraîne la prolifération des cellules immunitaires ciblant le mieux le ou les antigènes associés. On peut ainsi adapter au niveau intra-hôte des concepts de l'écologie et de la dynamique des populations en arguant que si les cellules immunitaires prolifèrent c'est parce qu'elles se

1. Voir Thomas Pradeu, *Les Limites du soi : immunologie et identité biologique*, *op. cit.*

« nourrissent » du pathogène, un peu comme un prédateur se nourrit de sa proie[1]. Finalement on retrouve avec les populations de cellules immunitaires les trois conditions nécessaires à l'action de la sélection naturelle sur des populations d'individus : variabilité (les cellules immunitaires ne ciblent pas toutes les mêmes pathogènes), héritabilité (quand une cellule immunitaire se divise, les deux cellules filles ciblent généralement le même pathogène) et effet sur la valeur sélective (une cellule immunitaire ciblant le pathogène responsable de l'infection prolifère plus qu'une cellule ciblant un pathogène complètement différent). Pour résumer, l'immunité des Vertébrés utilise la sélection naturelle intra-hôte afin de lutter contre les parasites évoluant rapidement.

Variations du système immunitaire entre populations

Le fait qu'il y ait une sorte d'évolution intra-hôte du système immunitaire lors de chaque infection n'empêche pas le système en tant que tel d'évoluer. On peut même détecter des traces de cette évolution au niveau géographique. Plus on se rapproche des tropiques, plus la diversité des parasites est élevée, ce qui est peut-être lié au fait que c'est là que la biodiversité est la plus élevée et que l'écrasante majorité de nos pathogènes a une origine zoonotique. Lors de son post-doctorat en 2005, Franck Prugnolle, un des auteurs des travaux sur l'origine du paludisme humain, s'était livré à une comparaison entre la diversité de gènes du système immunitaire dans le complexe du *human leukocyte antigen* (HLA) et la diversité des parasites dans différents pays. Il a montré que les deux diversités sont positivement corrélées, ce qui correspond tout à fait à ce que prédit la théorie. En effet, les pathogènes sont des victimes de la mode : ils se spécialisent pour infecter les hôtes les plus fréquents.

1. Voir *Ni Dieu ni gène*, *op. cit.*

Du coup, les hôtes ayant des allèles rares dans la population sont avantagés car les parasites y sont moins adaptés. Ils peuvent donc devenir plus fréquents et être plus ciblés par les parasites. Au final, la présence des parasites permet de maintenir toute une diversité d'hôtes en affaiblissant les hôtes les plus fréquents. Comme dans le cas de la drépanocytose, les parasites exercent de la sélection balancée sur leurs hôtes en empêchant un génotype d'atteindre la fixation dans la population. Avec ce mécanisme, plus il y a de parasites, plus la pression de sélection est forte et diversifiée et plus on s'attend à ce que les hôtes puissent se diversifier.

Sans surprise, une grosse partie des financements en biomédecine est dédiée à la détection des bases génétiques de la susceptibilité aux maladies. L'approche classique consiste à collecter les données génétiques d'individus porteurs d'une maladie (infectieuse ou non infectieuse) et de déterminer dans quelle mesure ils sont porteurs de mutations spécifiques. La tâche est assez compliquée pour une raison statistique relativement simple : nous avons plusieurs dizaines de milliers de gènes au sein desquels peuvent se loger des mutations. Si vous ne faites que comparer les génomes de 1 000 individus infectés à ceux de 1 000 individus non infectés pour trouver des différences génétiques, vous êtes certains qu'il existera, par hasard, plusieurs mutations qui seront présentes dans un groupe et pas dans l'autre. Pour pallier ce problème et pouvoir affirmer que la mutation observée est liée à l'infection, on utilise un outil de statistique appelé correction de Bonferroni qui diminue les seuils de significativité des tests statistiques. Cette méthode appelée *genome wide association study* (GWAS), ou étude d'associations au travers du génome en français, ne peut détecter que des mutations ayant des effets majeurs. De plus, la méthode peut difficilement inclure l'épistasie, c'est-à-dire le fait qu'un effet fort est expliqué par la présence simultanée de deux mutations, chacune d'elle, seule, n'ayant aucun effet. Toutefois, les GWAS sont parvenues à trouver de telles mutations miracles. On a déjà parlé de la délétion CCR5-Δ32. Dans le cas de l'hépatite C, on a montré que des mutations dans le gène de l'interleukine 28 conféraient un effet protecteur et que ses porteurs avaient tendance à guérir beaucoup plus rapidement que le reste de la population. Pour le VIH, le professeur Jacques Fellay de l'École polytechnique de Lausanne et ses collègues ont montré que la présence ou non de trois mutations dans les gènes du complexe HLA permet d'expliquer 22 % de la variabilité en termes de charge virale observée dans la population.

Si l'on connaît une mutation ou un gène dont on sait qu'il a un effet direct sur le phénotype qui nous intéresse, on peut étudier la présence de pressions de sélection avec une approche dite de « gène candidat ». Pour cela, la génétique des populations a mis au point des techniques depuis le début du XXe siècle. Par exemple, on peut regarder si pour un gène il existe un déficit ou un excès d'hétérozygotes[1]. Un fait surprenant rapporté par une étude de 2010 : sur les 30 gènes candidats qui furent analysés à l'époque dans l'espoir de pouvoir affirmer que la sélection naturelle était en action aujourd'hui, seuls 11 d'entre eux se sont avérés être positifs (et encore, il n'existe que 2 de ces 11 gènes pour lesquels une autre étude ait confirmé le résultat).

Les progrès récents du séquençage et de la bioinformatique ont permis de s'affranchir des gènes candidats et d'aller à la « pêche » aux mutations. En effet, une portion du génome où la sélection naturelle agit ne ressemble pas à une portion qui évolue de façon neutre. Si la sélection est neutre, on s'attend à beaucoup de diversité dans le fragment au sein de la population. Au contraire, si

1. Si pour un gène on a deux allèles A et B de fréquence f_A et f_B, alors on s'attend à avoir une fréquence f_A^2 d'individus homozygotes AA, f_B^2 d'homozygotes BB et $(1 - f_A) \times (1 - f_B)$ d'hétérozygotes. Quand on s'éloigne de ce ratio dit de Hardy-Weinberg, il y a des chances que de la sélection naturelle soit en action sur ces allèles.

une mutation a été sélectionnée, la diversité est très faible car lors du processus sélectif, les descendants de ces rares individus « mutants » deviennent dominants et remplacent tous les autres individus. Finalement, l'invasion du mutant avantagé se traduit par une perte de diversité.

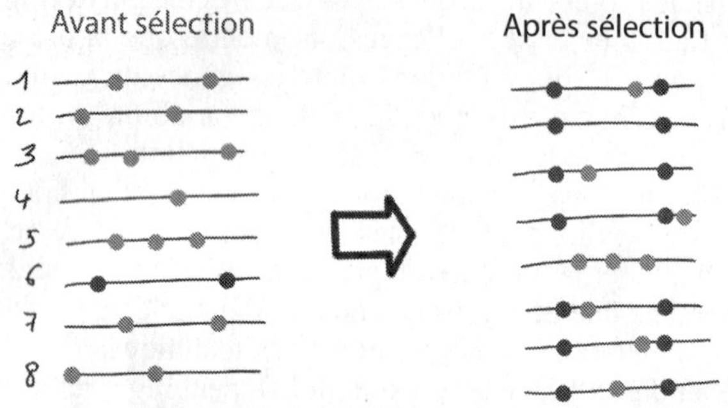

Figure 6.2 – Effets de la sélection sur la diversité des génomes d'une population

Les traits indiquent les génotypes et les points sont les mutations qui les différencient de la moyenne. Avant la sélection, il existe une grande diversité de mutations. Après l'épisode de sélection, qui favorise très fortement le génotype 6, la diversité diminue et les mutations caractéristiques du génotype 6 se retrouvent à peu près chez tous les individus. En détectant de telles mutations très fréquentes, on peut détecter des régions du génome soumises à des pressions de sélection récentes.

Ainsi, le généticien Rasmus Nielsen et ses collègues ont collecté des données génomiques de 1 500 individus provenant de 55 populations humaines réparties à travers le monde afin de développer des approches corrélatives poussées. Leur but était de voir si les populations humaines qui font face à plus de parasites ont des signatures génétiques particulières dans leur génome. Bien évidemment, les environnements humains ne diffèrent pas uniquement par les parasites, mais Nielsen et son équipe ont fait ce qu'ils ont pu pour contrôler cet effet en recueillant des informations sur le climat ou le régime alimentaire de chaque population. Leur méthode a permis de détecter une adaptation des hommes à leur environnement, qui se traduit par des mutations, en particulier des mutations non-synonymes (celles qui modifient l'acide aminé dans la protéine). De plus, cette adaptation locale comme on dit en évolution est en fait principalement expliquée par la richesse en parasites (les différences de climat engendrent moins de différences génétiques). En étudiant les allèles de gènes qui semblaient être particulièrement associés aux environnements riches en parasites, ils en ont trouvé plusieurs qui sont déjà connus pour être liés à des maladies auto-immunes comme le diabète de type 1 ou la sclérose en plaques. Ceci renforce l'hypothèse que certaines maladies liées à un dysfonctionnement du système immunitaire perdurent car elles sont aussi associées à une meilleure protection contre les parasites.

Nous ne sommes pas seuls

Les humains ne se déplacent jamais seuls, ils emportent toujours avec eux leurs parasites. Cette diffusion est facilitée par le fait qu'on peut être porteur sain et disséminer un parasite sans présenter de symptômes. Par exemple, un tiers des hommes véhiculent le bacille de Koch responsable de la tuberculose, mais dans 9 cas sur 10 il s'agit d'une infection tuberculeuse latente. De plus, la frontière entre bactérie commensale et bactérie pathogène est souvent ténue et varie selon les circonstances : il suffit qu'une bactérie acquière un gène pour devenir ultravirulente ou il suffit qu'une souche multi-résistante infecte un hôte immunodéprimé pour devenir mortelle. Le fait que de nombreuses maladies soient transmises par des vecteurs (par exemple la peste bubonique par les puces des rats) facilite aussi la dispersion des parasites.

Cette dispersion a eu des conséquences historiques majeures. Les êtres vivants sont adaptés à leurs parasites mais le plus souvent cette adaptation se fait à une échelle locale. Pour un parasite, se propager dans une population où il est connu est compliqué : les hôtes ont des adaptations génétiques ou sont parfois immunisés. En revanche, dans une population qui ne l'a jamais vu, la situation est idéale pour lui car tous les hôtes sont hypersusceptibles. C'est ainsi qu'une poignée d'Espagnols a mis à bas le puissant Empire aztèque, tous les habitants du continent amérindien ayant vécu des pressions de sélection différentes du reste du monde.

Sans recourir à des exemples aussi extrêmes, les décalages entre maladies et hôtes sont nombreux. Par exemple, lorsque des Européens vont en Afrique, ils sont beaucoup plus sensibles au paludisme. Toutefois, il est difficile de distinguer ce qui est dû à l'adaptation des hôtes de ce qui est dû à la mémoire immunitaire. En effet, dans le cas du paludisme, si les adultes des régions très touchées sont moins affectés, c'est aussi parce qu'ils ont survécu aux infections par le paludisme qu'ils ont contractées étant enfant. Après une infection, il reste une mémoire immunitaire qui protège contre les infections futures et n'est pas nécessairement génétique.

Cependant, la grande découverte de ces dix dernières années, en tout cas pour les médecins, a été l'importance de notre flore commensale, tant au niveau de sa diversité que de ses effets. Ce changement des biologistes moléculaires, qui se renomment maintenant écologistes ou biologistes de l'évolution, est lié au séquençage dit de nouvelle génération. Jusque dans les années 1990, si vous vouliez séquencer le génome d'un organisme, vous deviez préparer des amorces très spécifiques à ce génome. Autrement dit, on ne pouvait trouver que ce qu'on savait être déjà présent dans l'échantillon. Les nouvelles techniques, elles, séquencent tout ARN ou ADN présent dans l'échantillon. Les résultats sont évidemment complexes à interpréter et dans certains projets le coût des ordinateurs dépasse de loin celui des expériences en laboratoire. Le fait de pouvoir accéder à toute la diversité microbienne (virus, bactéries mais aussi champignons) a battu en brèche la vision d'alors du monde microbien, simple comme un western, avec de bons et de méchants microbes. Ainsi, sur la peau d'individus en bonne santé on peut trouver des virus considérés comme pathogéniques.

On savait depuis longtemps que la flore commensale était importante. Les souris de laboratoires dites nues, auxquelles on a supprimé toutes les bactéries depuis la naissance, ne survivent que peu de temps dans un environnement non stérile. Plus récemment, on a aussi découvert un rôle majeur des bactéries intestinales dans l'obésité. On savait que des souris nues doivent manger 30 % de plus que les souris ayant une flore bactérienne. La surprise a été de voir qu'en transférant la flore microbienne de souris non obèses à des souris obèses (et réciproquement) on fait maigrir ou grossir les souris. Ces expériences ont eu un énorme succès en raison de leur facilité de réalisation, étant donné que les souris sont coprophages et que l'on peut facilement réensemencer une souris avec les excréments d'une autre.

Pourtant, on commence à peine à appréhender cette diversité microbienne. En effet, bien des chercheurs (ou des agences de financements) concluent de ces effets des microbes commensaux qu'il doit exister une molécule ou une espèce bactérienne à fort potentiel. D'une certaine manière, ils veulent trouver le ou la responsable de l'obésité, selon la vision « un gène par fonction », qui a culminé avec des recherches aussi critiquables que celle d'un soi-disant « gène de l'homosexualité ». Il y a fort à parier que dans la majorité des cas on n'identifie pas une bactérie responsable d'un effet. Les solutions sont probablement plus à chercher dans la composition globale des communautés bactériennes et virales. Encore une fois, c'est une leçon que les écologistes et les évolutionnistes ont tirée il y a plus d'un siècle : vous ne pouvez pas expliquer les spécificités d'un écosystème en ne regardant qu'une seule espèce, il faut prendre en compte plusieurs des espèces présentes et leurs interactions pour comprendre les propriétés qui émergent au niveau supérieur de l'écosystème.

Parasites et reproduction sexuée

Dans des lacs de Nouvelle-Zélande, vit un escargot d'eau douce qui répond au doux nom de *Potamopyrgus antipodarum*. Peu connu en France, il l'est beaucoup plus en Amérique du Nord ou au Royaume-Uni où il a le statut d'espèce invasive. Sa particularité : il peut à la fois se reproduire de manière asexuée et de manière sexuée. En 1987, Curtis Lively, alors en séjour postdoctoral à Christ-church, publie une étude où il décrit les populations d'escargots qu'il a trouvées dans une centaine de lacs et de cours d'eau du pays. Pour chaque population, il mesure deux choses en particulier : la proportion de mâles, qui lui donne une indication de la fréquence de la reproduction asexuée (qui ne produit que des femelles), et la fréquence des escargots qui sont infectés par différents types de vers parasites du genre *Microphallus*. Le résultat est sans appel : l'absence de deux espèces de vers parasites est très fortement corrélée avec des proportions élevées de mâles. Il semblerait donc que la présence des parasites favorise les espèces qui ont recours à la reproduction sexuée.

L'existence des sexes est une des questions majeures posées aux biologistes de l'évolution. Dans la plupart des espèces, les femelles investissent énormément d'énergie et de ressources pour fabriquer un œuf non fécondé (l'ovule). Pourtant, au dernier moment, elles se débarrassent de la moitié de leur matériel génétique afin qu'un mâle puisse y mettre la moitié du sien. Comme le dit Pierre-Henri

Gouyon, professeur au Muséum d'histoire naturelle et expert de l'évolution du sexe, les mâles sont vraiment des parasites des femelles. Pour bien saisir l'étendue de l'arnaque, imaginons par exemple qu'apparaisse dans une population sexuée, par exemple des lapins, une femelle qui soit capable de ne pas avoir besoin de mâle pour féconder ses ovules. Cette lapine donnerait naissance pendant sa vie à autant de lapins que les autres lapines (mettons 10). Seule différence : au lieu d'avoir 5 lapins et 5 lapines, elle aurait 10 lapines. À la génération suivante, cette même lapine mutante aurait en moyenne 100 descendantes, chacune de ses 10 descendantes ayant eu 10 lapines. Au contraire, si l'on fait l'hypothèse que les descendants ne se reproduisent qu'entre eux, une lapine non mutante n'aurait que 50 descendants (25 lapins et 25 lapines). Si l'on continue, à la génération suivante on arrive à 1 000 dans un cas et 250 dans l'autre. On parle du coût d'ordre 2 de la reproduction sexuée. À chaque génération, produire des mâles engendre une perte sèche, qui est exactement de 50 % s'il naît autant de mâles que de femelles. Pour résumer, non seulement du point de vue d'une femelle il est compliqué d'expliquer pourquoi se faire parasiter par un mâle, mais en plus ce vice semble engendrer un gros désavantage en termes évolutifs car il réduit fortement le nombre de descendants.

Ceci peut ressembler à de la science-fiction mais cette dernière s'inspire le plus souvent de faits réels. Sans aller jusqu'aux bactéries et autres unicellulaires, il existe quelques espèces animales, telles que les pucerons ou certains lézards, chez lesquelles un ovule peut devenir un œuf sans « l'aide » d'un spermatozoïde. On appelle cette reproduction monoparentale la parthénogenèse thélytoque[1].

1. Il existe plusieurs types de parthénogenèses et elles se différencient selon que les œufs (non fécondés) des femelles ne donnent naissance qu'à des femelles (thélytoque) ou qu'à des mâles (arrhénotoque, le cas des abeilles). Pour être complet, si les œufs fécondés

La question qui brûle généralement les lèvres est évidemment : « Qu'en est-il de l'homme ? » Comme le rappelle l'épistémologue André Pichot dans un essai paru dans le journal *Le Monde* le 27 décembre 2002, cette question a agité le petit monde de la biologie au début du XXe siècle. Loeb parvient à réaliser une parthénogenèse chez l'oursin, puis Bataillon chez la grenouille (un Vertébré) et enfin en 1939 Pincus et Shapiro disent l'avoir obtenue chez la lapine. La parthénogenèse étant biologiquement possible chez un Mammifère, la ferveur médiatique se déclenche autour de la possibilité de « naissance virginale » chez l'homme. Passons sur les écrits des moralistes de l'époque sur la question (le lecteur pourra se référer à l'article d'André Pichot) et sur l'histoire de cette théorie dans les mythologies et les religions pour nous concentrer sur l'après-guerre. En 1950, suite à une conférence d'une scientifique sur la possibilité de la parthénogenèse chez l'homme, le *Sunday Pictorial*, supplément du dimanche du journal anglais le *Daily Mail*, lance un appel demandant à des femmes ayant engendré seules de participer à une étude avec leur fille[1]. Le docteur Stanley Balfour-Lynn du Queen Charlotte's Hospital à Londres ne disposait pas des marqueurs génétiques d'aujourd'hui et ses tests se limitèrent à des caractères tels que les groupes sanguins, à des réactions immunologiques et à des tests qui peuvent nous sembler aujourd'hui un peu rustiques tels que la détermination de la concentration minimale de phénylthiocarbamide, un composé amer présent entre autres dans les choux de Bruxelles et le brocoli, que les femmes pouvaient

---

peuvent donner des mâles et des femelles on parle de parthénogenèse deutérotoque (chez des crustacés ou des amphibiens).

1. Le deuxième concile de Constantinople en 553 se trouverait plus en phase avec les connaissances biologiques actuelles s'il avait tiré comme conclusion de la virginité perpétuelle de Marie que Jésus était probablement une femme. En effet, les parthénogenèses arrhénotoque ou deutérotoque semblent plus compliquées et plus délétères pour les Mammifères.

détecter dans de l'eau. En effet, la capacité à le détecter est connue pour être héréditaire. Seule une femme et sa fille de onze ans remplirent toutes les conditions, ce qui avait moins d'une chance sur cent de se produire si la fille était le résultat d'une reproduction sexuée. Le médecin fit alors un dernier test en faisant une greffe de peau de la mère sur la fille et réciproquement. La greffe de la mère sur la fille réussit plutôt bien mais celle de la fille sur la mère fut rejetée. Ceci fragilisa l'étude, qui parut en 1956 dans le journal médical *The Lancet*. Soit la fille était issue de la croissance d'une cellule somatique de sa mère et alors mère et fille étaient des clones et les greffes auraient dû être acceptées dans les deux sens. Soit la fille était le résultat d'une autofertilisation, auquel cas elle aurait pu avoir certains allèles en moins que sa mère (être homozygote là où sa mère était hétérozygote). Dans ce cas on s'attendrait à ce que la greffe de la mère soit rejetée mais c'est le contraire qui se produisit. Au final, le docteur Balfour-Lynn conclut que la question restait ouverte. Après avoir fait la une de tous les journaux quand la question était d'actualité, ces deux femmes ont été complètement oubliées et personne n'a songé depuis à aller vérifier si elles étaient la preuve que la parthénogenèse peut se produire naturellement dans l'espèce humaine.

Un des indices pour résoudre l'énigme que pose l'existence des mâles est que les espèces parthénogénétiques semblent toutes être très jeunes. Autrement dit, on ne fait pas de vieux os si l'on est asexué. Le scénario le plus probable est donc qu'à court terme ces espèces sont avantagées (elles ont rapidement deux fois plus de descendants) mais qu'à long terme, sur des échelles de temps très longues, les avantages disparaissent. L'une des raisons à cela est la pression exercée par les parasites (pas les mâles cette fois-ci). C'est là où le résultat de Curtis Lively et de ses escargots prend tout son sens. Les descendantes d'une femelle parthénogénétiques sont toutes génétiquement identiques à leur génitrice. Quelques rares mutations mises à part, toutes sont des clones. La reproduction sexuée, elle, génère un brassage énorme d'allèles. En allant mélanger ses allèles avec ceux d'un inconnu, une femelle ne fait donc pas un si mauvais calcul car sa descendance est variée. Le plus souvent, elle ne ressemble à rien de ce qui existait déjà, ce qui complique fortement la tâche des parasites. Car pour un parasite, rien de plus facile à infecter qu'une population de clones : il suffit d'une mutation qui permette une bonne adaptation à un individu de la population pour que toute la population soit facile à infecter. On le voit d'ailleurs lorsque des épidémies se déclarent au sein d'élevages d'animaux en batterie. Au contraire, si les individus de la population sont tous différents, la tâche du parasite est sisyphéenne : à peine est-il parvenu à évoluer et à s'adapter à un individu qu'il doit tout reprendre à zéro, car l'individu suivant dans la chaîne de transmission est différent. Le fait que le parasite de l'escargot ne se trouve pas partout pourrait expliquer pourquoi c'est une espèce invasive dans de nombreux pays (en l'absence de parasite, non seulement l'escargot prolifère mais en plus il le fait de manière asexuée donc encore plus rapide). En résumé, si le sexe se révèle une arme utile contre les parasites, c'est parce qu'il génère de la diversité[1].

Course aux armements et phénotype étendu

On l'a dit, l'homme n'évolue pas très vite biologiquement parlant, surtout comparé à des virus dont les générations durent 100 000 fois moins longtemps. Le système

1. Il existe d'autres avantages à la reproduction sexuée tels que la possibilité de se débarrasser des allèles délétères. Sur le sujet, on pourra visionner la conférence de Pierre-Henri Gouyon intitulée « Aux origines de la sexualité » à l'Agora des Savoirs de Montpellier.

immunitaire permet de compenser ce déséquilibre mais le souci est que les parasites ne restent pas inactifs face à la réponse de l'organisme. Une expérience réalisée en 2003 illustre bien ce potentiel à l'évolution intra-hôte des parasites. Douglas Richman et son groupe ont réalisé des prélèvements sanguins tous les 3 mois pendant 2 ans auprès de patients infectés par le VIH. Pour chacun de ces prélèvements, ils ont séparé les anticorps produits par la réponse immunitaire du virus lui-même. Ils ont ensuite mis en contact des virus prélevés à un moment donné avec des anticorps prélevés à un autre moment. Avec cette expérience, c'est un peu comme si on faisait voyager le virus dans le passé ou dans le futur. Les résultats ont été frappants. En mettant dans le même environnement un virus avec des anticorps plus anciens (auxquels le virus a déjà été confronté au cours de l'infection), on observe très peu de réactions. Le virus échappe aux anticorps. En revanche, en mettant en contact le virus avec des anticorps « du futur » (qu'il n'a donc pas encore rencontrés), on s'aperçoit que les anticorps se fixent très bien au virus et le neutralisent. On peut formaliser ce résultat en calculant la valeur sélective du virus en fonction du décalage dans le temps, c'est-à-dire en fonction de la distance temporelle entre le système immunitaire et les virions. Comme on le voit sur la figure produite par François Blanquart pendant sa thèse, s'il n'y a aucun décalage, la valeur sélective du virus est quand même supérieure à 1, ce qui traduit le fait que le virus a malheureusement un temps d'avance sur la réponse immunitaire. Un des enjeux du développement des vaccins est de parvenir à déclencher la production de ces anticorps tardifs qui sont efficaces contre toutes les souches.

Le terme de course aux armements a été utilisé pour décrire une période de la guerre froide entre les États-Unis et l'URSS pendant laquelle chacun des deux pays augmentait son arsenal militaire (et surtout nucléaire) alors que l'un et l'autre avaient déjà accumulé de quoi détruire la planète. L'exemple précédent illustre le fait que ce type de

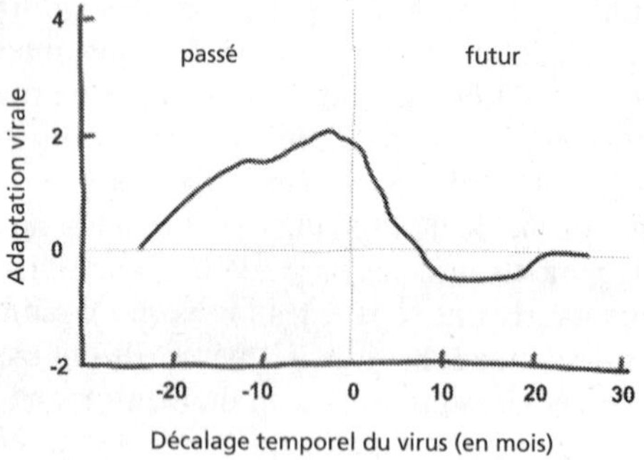

Figure 6.3 – Valeur sélective du virus du VIH en fonction de l'âge des cellules immunitaires auxquelles il est confronté

Lorsque le virus est ciblé par des cellules immunitaires du passé, qu'il a déjà rencontrées au cours de l'infection, sa valeur sélective est très élevée. Au contraire, si les cellules immunitaires viennent du futur, le virus a beaucoup plus de mal. En pratique, le virus a toujours un temps d'avance sur le système immunitaire, car sa valeur sélective est positive quand il rencontre des cellules immunitaires contemporaines (thèse de François Blanquart, « Adaptation des populations en environnement variable », Université de Montpellier, 2012, p. 24).

scénario s'observe aussi en évolution entre les hôtes et les parasites. Au cours de l'infection, la réponse immunitaire augmente en intensité et en précision pour cibler le virus. Le virus, quant à lui, évolue et échappe à cette réponse immunitaire. De plus, des résultats suggèrent aussi que la vitesse de réplication du virus augmente pendant l'infection. Autrement dit, le virus deviendrait de plus en plus pathogénique pour son hôte au cours de la course coévolutive. De même que les États-Unis et l'URSS accumulaient les missiles, le VIH et la réponse immunitaire prolifèrent en détériorant leur environnement.

Il ne faudrait pas croire que la course aux armements se limite au système immunitaire. Comme le montrait en 1998 Minus Van Baalen dans un modèle mathématique, la coévolution entre les mécanismes de défense des hôtes et la virulence des parasites a deux débouchés possibles. Dans le premier, on évolue vers des hôtes qui tolèrent les infections très longtemps et des parasites qui sont quasiment avirulents. Dans le second, les hôtes guérissent très vite grâce à leur niveau de défense élevé mais les parasites sont extrêmement virulents. C'est la course aux armements. Si l'on perturbe ces équilibres, par exemple si des hôtes initialement peu ou pas résistants développent de nouveaux mécanismes de défense, l'évolution ramènera le plus souvent les populations vers l'état initial (car les débouchés sont des équilibres stables). De même, dans un scénario de course aux armements, un hôte qui baisserait sa garde ou un parasite qui diminuerait sa virulence seraient contre-sélectionnés. Toutefois, une forte perturbation peut faire basculer le système vers l'autre équilibre et un retour aux conditions initiales peut s'avérer difficile.

Certes l'homme évolue lentement mais son comportement, lui, peut changer rapidement. Prenons le cas des antibiotiques, par exemple. On l'a vu, ceux-ci induisent une réponse évolutive forte et rapide des bactéries, qui développent non seulement des mécanismes pour y résister mais aussi des mécanismes additionnels pour compenser les coûts éventuels à cette résistance. Certes, ce n'est pas l'organisme qui synthétise les antibiotiques mais cela fait-il une différence pour les bactéries ? Si tous les hôtes qu'infecte un parasite sont traités par le même médicament, on observera la même dynamique évolutive que si tous les hôtes de la population produisaient la molécule. On peut même aller encore plus loin en disant que si certains des hôtes infectés sont traités par une nouvelle molécule, on est tout à fait dans le cas où des hôtes « mutants » auraient développé la capacité à produire une nouvelle molécule. Le terme consacré pour désigner ce type de scénario est celui de phénotype étendu. Le génotype correspond à ce qui est inscrit dans nos gènes. Classiquement, notre phénotype est l'expression de notre génotype, c'est-à-dire de ce qui est inscrit dans nos gènes. En fait, tout ce qui n'est pas notre génome appartient à notre phénotype (notre taille, nos membres, nos organes, mais aussi nos cellules et leur contenu). Les médicaments que nous prenons ne sont certes pas inscrits dans nos gènes, mais ils font bel et bien partie de notre phénotype.

Pour pousser l'analyse plus loin, on peut voir la réponse immunitaire, et surtout la mémoire immunitaire, comme faisant partie de notre phénotype étendu. Après avoir été infecté par la grippe, vous développez une mémoire immunitaire contre ce variant et les variants suivants. Et le plus souvent, vous n'êtes pas le seul dans votre entourage à avoir été infecté. Du point de vue d'un virus de grippe qui revient l'année suivante, il y a donc toute une partie de la population de la ville dont le système immunitaire est dans les starting-blocks, prêt à le découper en morceaux. Cette modification des organismes n'est pas inscrite dans leur génome. Rien ne prédisposait ces individus à être infectés par cette souche de grippe-là. Et pourtant, pour le virus le résultat est le même et sa réponse évolutive est tout à fait identique à celle qui serait observée dans des contextes de course aux armements. Finalement, ce qui compte pour l'homme n'est plus le temps de génération (environ vingt ans) mais la durée de la mémoire immunitaire. On le voit pour certaines maladies telles que la syphilis, pour laquelle il y a des oscillations de prévalence aux États-Unis qui semblent être dues au fait que la guérison de l'infection conduit à une immunité pendant 8 à 11 ans[1]. Dernier exemple en date qui montre à quel point nos politiques de santé publique modifient notre phénotype étendu, une équipe canadienne a montré en 2014 que la prise d'antipyrétiques[2] semble entraîner une augmentation du R_0 de la grippe de 1 à 5 % aux États-Unis. L'effet est logique car si

1. Alors que pour la gonorrhée, qui est aussi une IST bactérienne mais contre laquelle il n'existe pas de mémoire immunitaire, on n'observe pas de telles oscillations de prévalence.
2. Médicaments coupant la fièvre.

vous ne ressentez plus les effets de la fièvre, vous êtes plus susceptibles d'avoir une activité normale et donc d'infecter des nouveaux hôtes.

Sommes-nous mal-adaptés ?

Nos premiers ancêtres du genre *Homo* sont apparus en Afrique il y a environ 2,5 millions d'années. C'est le point de départ du Paléolithique. Si l'on fait le compte, 150 000 générations se sont écoulées depuis, ce qui laisse du temps à la sélection naturelle pour agir. On date la naissance de l'homme moderne vers – 50 000 mais l'agriculture n'apparaît que vers – 10 000, soit il y a 600 générations. On a donc 149 500 générations de sélection en tant que chasseurs-cueilleurs et 500 générations en tant que sédentaires. Et pendant ces 500 générations, les parasites rencontrés par l'homme ont radicalement changé. Beaucoup considèrent donc qu'il existe un décalage entre le milieu pour lequel l'homme a été sélectionné et le monde actuel.

Toutefois, il faut aussi se garder d'une vision européanocentrique. À l'échelle mondiale, la mortalité des enfants de moins de 5 ans était encore de 5 % en 2012. Et, sans surprise, la première cause de mortalité est liée aux parasites puisqu'il s'agit des pneumonies. La capacité de notre système immunitaire à évoluer au cours d'une infection le rend-il tellement robuste qu'il peut faire face à de tels changements de nature des parasites qu'il combat ? Ou au contraire, l'utilisation intensive de la branche du système immunitaire qui lutte contre les virus a-t-elle introduit une perturbation qui expliquerait la prévalence de maladies auto-immunes ou de cancers ? La plupart de ces questions restent ouvertes.

Pour aller plus loin

Ytzhak L. B., Pigenet Y., « Microbiote : des bactéries qui nous veulent du bien », 2014 (https://lejournal.cnrs.fr/articles/microbiote-des-bacteries-qui-nous-veulent-du-bien). [Article sur les bactéries commensales de l'homme.]

Gouyon P. H., « Aux origines de la sexualité », 2009 (http://msh-m.tv/spip.php?article197). [Une vidéo d'une conférence détaillant l'évolution du sexe.]

Gualde N., *Comprendre les épidémies : la coévolution des microbes et des hommes*, Les Empêcheurs de penser en rond, 2006. [Un livre sur les liens entre nos modes de vie et les épidémies.]

Pichot A., « Qui se souvient de M. J. ? », 2002 (http://www.lemonde.fr/societe/article/2002/12/27/qui-se-souvient-de-m-j-par-andre-pichot_303569_3224.html). [Article de journal sur l'histoire de l'étude de la parthénogenèse chez l'homme.]

Thomas F., Raymond M., « Quand les pathogènes façonnent l'évolution… de l'Homme ! », *Sciences au Sud*, 63, 2012 (https://www.ird.fr/content/download/43226/331876/version/3/file/tribune+SAS_63.pdf). [Une tribune sur le rôle des parasites dans l'évolution humaine.]

Autres références citées dans le chapitre (en anglais)

Blanquart F., Gandon S., « Time-shift experiments and patterns of adaptation across time and space », *Ecol. Lett.*, 16, 2013, p. 31-38. [Une analyse des expériences où des hôtes sont confrontés à des parasites du passé et du futur.]

McLaren P. J., Carrington M., « The impact of host genetic variation on infection with HIV-1 », *Nat. Immunol.*, 16, 2015, p. 577-583. [Une revue récente sur le rôle de la génétique humaine dans l'infection par le VIH.]

Feschotte C., Gilbert C., « Endogenous viruses : Insights into viral evolution and impact on host biology », *Nat. Rev. Genet.*, 13, 2012, p. 283-296. [La revue de référence sur les virus endogènes, donc intégrés durablement dans les génomes des hôtes.]

Fumagalli M. *et al.*, « Signatures of environmental genetic adaptation pinpoint pathogens as the main selective pressure through human evolution », *PLoS Genet.*, 7, 2011, e1002355. [Un article démontrant que les parasites sont une pression de sélection majeure en évolution humaine.]

Haldane J. B. S., « Disease and evolution », *La Ricerca Scientifica*, 19, 1949, p. 68-75. [Un article fondateur sur les parasites et l'évolution humaine.]

Hooper L. V., Gordon J. I., « Commensal host-bacterial relationships in the gut », *Science*, 292, 2001, p. 1115-1118. [Une revue sur le rôle des bactéries commensales dans notre intestin.]

Hütter G. *et al.*, « Long-term control of HIV by CCR5 Δ32/Δ32 stemcell transplantation », *N. Engl. J. Med.*, 360, 2009, p. 692-698. [L'article médical décrivant le succès du traitement du « patient de Berlin ».]

Novembre J., Galvani A. P., Slatkin M., « The geographic spread of the CCR5 Δ32 HIV-resistance allele », *PLoS Biol.*, 3, 2005, e339. [Un des deux articles débattant l'origine de la sélection de l'allèle de résistance au VIH.]

Prugnolle F. *et al.*, « Pathogen-driven selection and worldwide HLA class I diversity », *Curr. Biol.*, 15, 2005, p. 1022-1027. [Étude montrant un lien entre la diversité des parasites dans une population et la diversité des gènes du système immunitaire.]

Sabeti P. C. *et al.*, « The case for selection at CCR5-Δ32 », *PLoS Biol.*, 3, 2005, e378. [Second article débattant l'origine de la sélection de l'allèle de résistance au VIH.]

Van Baalen M., « Coevolution of recovery ability and virulence », *Proc. R. Soc. Lond. B*, 265, 1998, p. 317-325. [Un modèle mathématique de coévolution entre les hôtes et leurs parasites.]

CHAPITRE 7

Vers des traitements *evolution-proof*

Du fait de la grande taille de leurs populations et de leurs temps de génération courts, les parasites évoluent rapidement et s'adaptent ainsi aux défenses de leurs hôtes et, plus généralement, aux variations de leur environnement. Campagnes de vaccination, diffusion large de traitements… les politiques de santé contribuent à définir cet environnement et donc à façonner les parasites auxquels nous sommes exposés : elles participent ainsi de la course aux armements dans laquelle hôtes et parasites sont engagés. Or le cas des antibiotiques, par exemple, illustre les risques d'une telle stratégie. Par ailleurs, il n'est pas raisonnable de penser que les découvertes de nouvelles molécules peuvent suivre le rythme de l'évolution microbienne : rien ne vient réduire la vitesse évolutive des parasites, leur budget de recherche n'est jamais compromis par le poids des budgets de communication et des dividendes à verser aux actionnaires[1]… Et tandis que nous parvenons à éradiquer certains parasites, comme le poxvirus de la variole, d'autres émergent, comme le VIH.

Mais ce constat ne doit pas nous amener à nous résigner à subir nos parasites !

De nouvelles pistes sont aujourd'hui explorées pour s'attaquer aux effets délétères des parasites plutôt qu'aux parasites eux-mêmes. Les disciplines scientifiques que sont

1. Encore une fois, pour plus de détails on pourra se référer au livre de Philippe Pignarre *Le Grand Secret de l'industrie pharmaceutique*, *op. cit.*

la biologie de l'évolution et l'écologie apportent des éclairages sur les ressources et les risques de ces approches.

Phagothérapie

En prendre un pour taper sur l'autre ?

Les bactéries qui nous parasitent sont elles-mêmes exploitées par un type de virus particulier, les bactériophages, aussi appelés phages. Ces virus ressemblent à une sorte de fusée : une enveloppe protéique appelée capside, qui contient le génome sous forme d'ARN ou plus souvent d'ADN, est montée sur un appendice qui peut faire penser au tube d'une seringue, le tout s'agrippant à la bactérie par des sortes de pattes. Toutefois, les phages sont assez tatillons et il faut que la bactérie exprime sur sa paroi des récepteurs permettant à ce type de phage de se lier. Une fois la liaison effectuée, le virus injecte son matériel génétique (ARN ou ADN) dans la bactérie. À ce stade, deux choix de vie s'offrent au phage. Le premier consiste à détourner la machinerie cellulaire et à faire produire ses protéines, codées dans le génome viral, par la bactérie. En une demi-heure, la bactérie est lysée (c'est-à-dire détruite) et plus d'une centaine de phages sont libérés. C'est le cycle lytique. L'autre option pour le phage est d'intégrer son génome dans celui de la bactérie. Chaque fois que la bactérie se divise, elle copie le génome du phage lorsqu'elle duplique son propre génome. On parle de cycle lysogénique. Notez que l'on retrouve ici le dilemme d'Achille, central en évolution de la virulence, puisque le phage peut choisir entre une infection courte mais extrêmement productive et une infection longue mais quasi latente.

À première vue, cette dernière stratégie peut sembler très peu intéressante en termes de production de nouveaux virus car dans ce cas une centaine est produite en quelques heures, alors que dans l'autre sa reproduction dépend

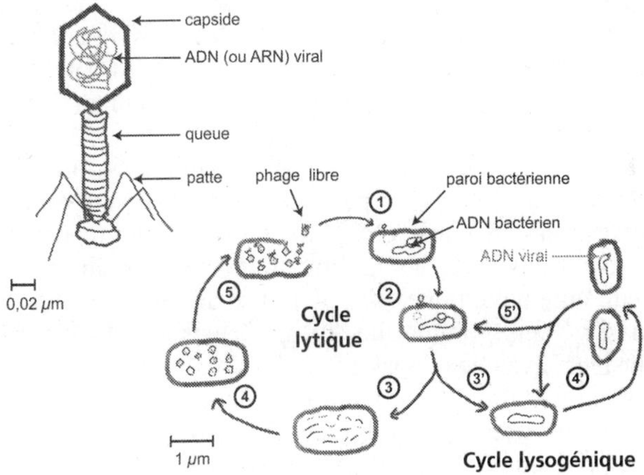

Figure 7.1 – Schéma et cycle de vie du bactériophage

Lorsqu'un phage libre entre en contact avec une bactérie il y insère son matériel génétique, en gris (1). Une fois l'ARN ou l'ADN viral dans la cellule, il y a deux débouchés possibles. Celui-ci peut s'intégrer au génome bactérien (3') et ainsi commencer un cycle lysogénique. À chaque division, l'ADN du phage est copié en même temps que l'ADN bactérien (4'). Un phage peut toutefois reprendre un cycle lytique (5'). Dans ce cas, l'ADN bactérien est rapidement détruit (3) et celui du phage est copié et traduit en protéines de capside. L'ADN ou ARN viral et les capsides sont assemblés (4). La cellule est alors lysée, libérant une centaine de nouveaux phages (5).

uniquement de la division de la bactérie qui l'héberge. Mais la lysogénie offre une sécurité au phage pour traverser des temps difficiles. Les virus sont en effet des entités très fragiles, qui résistent beaucoup mieux à l'abri dans leur cellule parasitée – le VIH survit moins d'une heure lorsqu'il se retrouve en dehors d'une cellule dans le sang alors qu'il peut persister des mois dans certaines cellules. Cette infection persistante par les phages n'est pas non plus sans intérêt pour la bactérie car, même si lors de sa division elle doit copier le génome du virus en plus du sien, elle se trouve protégée des autres infections par des phages similaires. Il semblerait donc que dans la nature les phages sont le plus souvent sous forme lysogénique et que la phase lytique ne s'active que dans des conditions assez inhabituelles (par exemple lorsqu'il y a un gros amas de bactéries).

Les phages, qui apparaissent comme des antidotes naturels aux infections par les bactéries, suscitent donc des espoirs en matière de traitements, notamment pour affronter des bactéries multirésistantes aux antibiotiques. Cette lutte biologique, où l'on utilise des êtres vivants (ou quasi vivants[1]) plutôt que des molécules inertes, présente plusieurs avantages : par exemple, alors qu'il faut prendre des antibiotiques sur un temps assez long pour maintenir une concentration élevée dans le corps, pour les phages une prise unique peut suffire, puisqu'ils proliféreront tant qu'ils trouveront des bactéries à infecter. Autre avantage, tel un prédateur qui traque sa proie, les phages suivent les bactéries à la trace, alors que la diffusion d'antibiotiques jusqu'aux recoins de l'organisme peut s'avérer difficile. De plus, les phages peuvent contourner des mécanismes de résistance tels que les biofilms, une sorte de paroi synthétisée par des bactéries qui les protège les antibiotiques.

1. Définir le vivant est une question centrale en épistémologie. Les virus sont à la frontière du vivant. Le fait qu'ils puissent avoir des stades de vie libre et qu'ils aient un génome les range parmi les organismes vivants. Toutefois, ils ne peuvent rien sans la machinerie de leur hôte, ce qui crée un débat dans la communauté. D'aucuns comme Patrick Forterre et Jean-Michel Claverie considèrent que les virus sont bien vivants lorsqu'ils prennent le contrôle du noyau de la cellule hôte et que se concentrer sur les virions (les stades de vie libre) c'est un peu comme étudier un gamète (spermatozoïde ou ovule) pour comprendre l'homme. Enfin, la découverte de nombreux « virus géants » ces dernières années par l'équipe de Jean-Michel Claverie à Marseille vient battre un peu plus en brèche la vision des virus comme êtres inanimés. D'autant plus que ces virus géants peuvent eux-mêmes être parasités par d'autres virus lorsqu'ils infectent une cellule hôte !

Alors que les antibiotiques se heurtent de front au biofilm, les phages le détruisent couche après couche. Concernant les effets secondaires, on pourrait craindre des interactions des phages avec le système immunitaire, mais à ce jour aucun cas grave n'a été relevé. C'est plutôt dans la production des phages que réside le principal risque, car lors de la purification des virus il faut faire attention à éliminer les toxines potentiellement libérées à leur mort par les bactéries utilisées pour cultiver les phages.

Les phages sont aussi intéressants sur le plan de la recherche et du développement, car ils sont peu onéreux à tous points de vue. On peut en obtenir en grande quantité à partir d'une culture bactérienne et une gamme très variée est disponible à la sortie des égouts. Et surtout, même s'il faut rechercher parmi une immense diversité de phages ceux qui peuvent infecter chaque espèce de bactérie, le criblage est simple : il suffit de mettre les bactéries ciblées en culture avec un cocktail de phages, les plus efficaces pour détruire la bactérie verront leur densité de population augmenter.

Un remède d'arrière-grand-mère

Plusieurs initiatives ont médiatisé les phages ces dernières années, notamment l'autorisation en 2006 par la FDA, agence du médicament des États-Unis, d'une préparation à base de phages pour protéger des yaourts contre la listériose. Dans le domaine médical, la phagothérapie a été à l'origine de quelques cas de guérisons spectaculaires d'infections osseuses à staphylocoque doré par exemple. Mais la phagothérapie n'est pas une idée neuve. Dès le début du XXe siècle, Félix d'Hérelle, codécouvreur du bactériophage, en avait proposé le principe. Il avait même entrepris avec son collègue George Eliava d'y consacrer un institut à Tbilissi en Géorgie dès le début des années 1930. Le projet avait été soutenu au début par un natif du pays, Joseph Dougatchvili dit Staline, mais souvent dictateur varie et Eliava fut exécuté sommairement en 1937 par la police secrète de Béria. Toujours est-il que l'institut Eliava sur les bactériophages reste l'un des deux centres mondiaux d'où provient l'essentiel des connaissances sur la phagothérapie[1].

Si les travaux sur les phages ont continué après l'exécution d'Eliava, la plupart ne furent pas publiés en raison des enjeux en matière de défense. C'est que l'un des plus gros consommateurs de phages était l'Armée rouge, qui les distribuait sous forme de comprimés et de solutions contre les diarrhées ou la gangrène. Quelques études ont quand même été diffusées. Ainsi, dans les années 1960, 30 769 enfants (rien que ça !) de moins de sept ans reçurent soit un cocktail de phages ciblant les bactéries responsables de la dysenterie, soit un placebo, selon qu'ils habitaient du côté pair ou impair de la rue. Ils furent suivis pendant trois mois et les cas de dysenterie furent quatre fois plus rares chez les enfants qui avaient reçu le cocktail. À noter que les médecins observèrent aussi une diminution des diarrhées en général chez les enfants traités. Il y eut aussi des essais cliniques en Inde contre le choléra. Les effets furent tellement positifs que l'essai fut arrêté afin que tous les participants puissent recevoir le cocktail.

En Géorgie, la thérapie par les phages est encore couramment utilisée dans les hôpitaux. L'institut Eliava a en stock toute une série de cocktails, qui sont utilisés en fonction du type d'infection. Car il existe une immense diversité de phages et tous ne sont pas capables d'infecter toutes les espèces de bactéries. C'est un peu d'ailleurs comme les différents antibiotiques qui sont plus ou moins efficaces selon les bactéries ciblées. Et comme pour les antibiotiques, les bactéries évoluent en réponse aux traitements. Tous les six mois, chaque cocktail doit être testé contre les bactéries qu'il cible et, si les résultats sont peu

1. Le second centre est l'institut Hirszfeld d'immunologie et de thérapie expérimentale à Wrocław en Pologne.

satisfaisants, être mis à jour en rajoutant de nouveaux phages.

Un problème idéologique ?

Félix d'Hérelle ayant découvert le bactériophage à l'Institut Pasteur (où il a travaillé de 1917 jusqu'à sa mise à la porte en 1925), on pourrait penser que la France fût en pointe sur la phagothérapie. D'ailleurs, dans son livre sur la phagothérapie, Alain Dublanchet raconte que jusque dans les années 1990, les instituts Pasteur de Paris et de Lyon fournissaient des cocktails de phages à la demande. Pourquoi la phagothérapie est-elle tombée en désuétude en France et dans la plupart des pays ?

Ceci est probablement dû à une combinaison de facteurs. Si l'on se cantonne aux aspects médicaux, les antibiotiques peuvent sembler plus rassurants pour celui qui les prescrit car il s'agit d'une molécule inerte alors que le phage est bien vivant. Mais ceci n'est pas non plus inhabituel et sans remonter jusqu'aux injections de paludisme pour soigner la syphilis, de nombreux vaccins tels que le ROR (rougeole, oreillons, rubéole) consistent à injecter des virus, certes atténués, mais bien vivants.

Qu'en est-il des raisons non médicales ? Il est possible que les réserves à l'égard de la phagothérapie soient une conséquence de la guerre froide. La phagothérapie était vue comme une pratique soviétique et les antibiotiques comme la médecine de l'Ouest. Pratiquer la phagothérapie aurait dès lors pu apparaître comme une prise de position politique. Le fait que la phagothérapie ne soit couramment utilisée que dans des pays de l'ex-URSS vient illustrer ce point.

Plus pragmatiquement, les antibiotiques sont infiniment plus rentables pour l'industrie pharmaceutique que les phages. Dans un cas on a une molécule bien définie donc facilement brevetable que l'on peut vendre au poids. Dans l'autre cas, il faut le plus souvent utiliser un cocktail d'organismes vivants et, ces cocktails devant être adaptés à chaque infection, on ne peut les produire en masse. Pour couronner le tout, les phages évoluent rapidement, ce qui rend tout brevet impossible. Le poids de l'industrie pharmaceutique n'est sans doute pas étranger à ce choix de société[1].

La panacée ?

Ce qui suit n'est pas sponsorisé par l'industrie pharmaceutique, mais il se trouve que la biologie de l'évolution fournit des raisons objectives de prendre des précautions avant de généraliser des approches de phagothérapie.

Bactéries et phages n'ont pas attendu l'homme pour être mis en contact. La question de savoir si les virus ont précédé les bactéries est toujours un peu débattue mais il est certain que les deux ont coévolué sur des centaines de millions d'années et qu'une des traces de cette coévolution est la présence de gènes de phages dans les génomes bactériens. Or ces gènes sont souvent responsables de la virulence causée par l'infection bactérienne. Prenons le cas de la bactérie *Corynebacterium diphtheriae*, à l'origine de la diphtérie. Celle-ci se manifeste comme une angine et elle est due à la formation de membranes par les bactéries à l'entrée des voies respiratoires. La virulence de l'infection provient de la production d'une toxine par la bactérie. Néanmoins, toutes les *Corynebacterium diphtheriae* ne produisent pas la toxine. En fait, celle-ci est codée par un phage, qui peut s'intégrer dans le génome bactérien. La diphtérie n'est pas un cas isolé. Le choléra, le botulisme, le syndrome de choc toxique causé par les staphylocoques… toutes ces maladies ont en commun d'être causées par des toxines dont la synthèse est permise par des gènes de phages intégrés aux génomes bactériens. En phagothérapie, le génome des virus doit donc être passé au crible pour

1. Voir *Le Grand Secret de l'industrie pharmaceutique*, *op. cit.*

s'assurer qu'aucun de leurs gènes ne code une protéine potentiellement toxique.

Le processus de lysogénie, par lequel le phage lie (au moins temporairement) son destin à celui de son hôte en intégrant son ADN dans le génome bactérien, pose aussi un certain nombre de problèmes. L'un d'eux est que la bactérie lysogénisée est de fait immunisée contre les phages semblables à celui qui l'infecte. En phagothérapie, on veut donc n'utiliser que des phages lytiques et, s'il est vrai que certains types de phages sont très rarement lysogènes, on ne peut exclure le risque qu'une poignée ne passe d'un cycle lytique à un cycle lysogénique. En effet, vu les tailles de populations mises en jeu (des milliards), les événements rarissimes deviennent rares et les événements rares deviennent communs.

Plus généralement, comme pour les antibiotiques, se pose le problème de l'évolution de la résistance des bactéries aux phages. Celle-ci peut se faire via la lysogénie ou via d'autres mécanismes, par exemple en mutant le récepteur membranaire auquel le phage se lie avant d'insérer son matériel génétique dans la cellule (on parle de résistance d'enveloppe). De plus, les bactéries ont aussi des systèmes de défense intracellulaires, que l'on découvre être de plus en plus complexes. Ces dernières années, on a ainsi mis en évidence un système appelé *clustered regularly interspaced short palindromic repeats* (CRISPR), qui ressemble énormément à un système immunitaire adaptatif : les bactéries intègrent dans leur génome des morceaux d'ADN de parasites qui ont tenté de les infecter, ce qui leur permet de générer une réponse immunitaire contre ces mêmes motifs. Typiquement, si un motif déjà présent dans la « mémoire » CRISPR d'une bactérie se trouve faire partie du génome d'un phage, l'ADN de celui-ci sera détruit dès son injection dans la cellule. Toutefois, contrairement aux antibiotiques, les phages évoluent eux aussi et souvent plus rapidement que les bactéries. On a même trouvé un phage possédant dans son génome un système CRISPR lui permettant d'inhiber les mécanismes de défense de la bactérie responsable du choléra. On pourrait donc envisager des expériences d'évolution afin d'obtenir *in vitro* des bactériophages infectant des bactéries résistantes. Enfin, il faut se souvenir que rien n'est gratuit en évolution et que la résistance a souvent un coût. Qu'une population de bactéries pathogènes devienne résistante à un phage pourrait en soi être une bonne chose si cela s'accompagne d'une baisse de sa compétitivité vis-à-vis des souches de bactéries commensales.

Autre problème posé par la lysogénie, le risque de transfert d'ADN d'une bactérie à l'autre. Les phages ont certes cette capacité d'insérer leur génome dans le génome de la bactérie, puis de s'en extirper. Mais le processus n'est pas aussi fiable qu'un couper/coller sur ordinateur et le virus emporte parfois avec lui des fragments de génome bactérien, qu'il pourra insérer dans le génome de la prochaine bactérie qu'il parasitera. Cela produit un transfert de gènes horizontal (par opposition au transfert vertical qui consiste en la transmission du génome par une cellule à ses descendantes). Même si le plus souvent ce transfert aboutit à la disparition de la bactérie, dans certains cas la recomposition du génome bactérien pourrait donner naissance à des bactéries super-résistantes, ou supervirulentes. Là encore, la probabilité est faible, mais au sein de populations de milliards d'individus elle mérite d'être prise en compte.

Encore un point qui invite à la prudence, le risque que les phages ne s'attaquent, en même temps qu'aux bactéries pathogènes, à certaines bactéries commensales qui en sont proches, ce qui affaiblirait notre flore bactérienne utile. En effet, certaines bactéries pathogènes ne se différencient des bactéries commensales que par quelques gènes. Ce problème se pose avec les antibiotiques également[1], mais se résout lorsqu'on arrête la prise d'antibiotiques… alors

1. Aujourd'hui, les recherches portent moins sur le développement d'antibiotiques disposant d'une gamme d'action très large. L'idée

qu'une fois lâché, le phage reste actif tant qu'il trouve des ressources, c'est-à-dire des bactéries à infecter.

Virus aujourd'hui, médicaments demain ?

En conclusion, les virus sont peut-être domesticables. On tente même maintenant de les enrôler dans la lutte contre le cancer. On parle de virus oncolytiques. La stratégie consiste à atténuer un virus en lui enlevant des éléments essentiels pour se répliquer dans des cellules saines mais facultatifs pour infecter des cellules cancéreuses (soit parce que la cellule prend la fonction en charge, soit parce que l'élément n'est pas nécessaire pour infecter ce type de cellule). C'est le cas pour l'Herpes simplex virus (HSV-1) où une délétion du gène codant la protéine ICP34.5 permet de rendre le virus inoffensif dans des cellules saines mais capable de se répliquer dans une cellule cancéreuse, car dans celles-ci le mécanisme de défense antiviral est compromis. Comme pour les bactériophages, il serait trompeur de ne considérer ces virus oncolytiques que comme de banals médicaments. Le succès de la thérapie va mettre en jeu des processus de dynamique des populations car, contrairement aux molécules, les virus se reproduisent. Dans le cas des virus oncolytiques, se superposent aussi des aspects spatiaux. Les modèles et les expériences réalisées en laboratoire sur des phages infectant des bactéries par l'équipe de Sylvain Gandon à Montpellier montrent que la structure de la population d'hôtes détermine le succès du virus. Plus le milieu est visqueux, pour reprendre le terme consacré dans le domaine, plus on aura des amas d'hôtes homogènes et plus la tâche du virus sera facilitée. Ceci suggérerait donc que le succès de l'utilisation des virus oncolytiques serait très lié à la répartition des cellules cancéreuses qu'ils ciblent. Enfin,

---

est plutôt d'avoir des médicaments plus ciblés afin de préserver la flore résidente.

se poseront toujours des questions d'évolution : évolution de la résistance des cellules cancéreuses aux virus oncolytiques et, plus inquiétant, évolution des virus oncolytiques pour parvenir à infecter toutes les cellules et pas seulement les cellules cancéreuses.

Infecter des moustiques pour les protéger d'autres parasites ?

La méthode classique

En 2007, un *outbreak* de Chikungunya a eu lieu en Émilie-Romagne en Italie et a causé 205 infections. En septembre 2010, des cas de dengue et de Chikungunya autochtones ont été détectés dans le sud de la France. Depuis le début de l'année 2014, une épidémie de Chikungunya se propage dans les Antilles. On pensait en avoir fini avec les maladies à vecteur en France en 1973 avec le dernier cas de paludisme autochtone en Corse, il n'en est rien. Les moustiques sont redevenus une préoccupation majeure, en particulier suite à l'invasion du moustique tigre, *Aedes albopictus* de son nom latin. Cette espèce a conquis le monde car elle est extrêmement bien adaptée aux conditions de vie urbaines. Les larves pondues par les adultes peuvent se développer dans des pneus abandonnés, dans les soucoupes pleines d'eau qu'on laisse sous les plantes, dans les récipients en plastique des décharges. Les prélèvements effectués au Cameroun ont d'ailleurs montré qu'*A. albopictus* est en train de remplacer le moustique traditionnel *Aedes aegypti* dans les milieux urbains et périurbains (mais pas dans les campagnes). Le moustique tigre est maintenant endémique dans le sud de la France et on le retrouve de plus en plus au nord.

Classiquement, la lutte antivectorielle est basée sur les insecticides. On peut les répandre dans les gîtes larvaires ou en imprégner des moustiquaires. Le problème, le lecteur s'en doute à ce stade de l'ouvrage, est que les moustiques deviennent rapidement résistants. Comme la résistance des bactéries aux antibiotiques, celle des insectes aux insecticides est connue depuis longtemps mais les travaux sur ces résistances ont commencé plus tôt. Probablement parce que, contrairement aux maladies humaines, il y a un facteur éthique en moins. En effet, s'il faut faire un choix entre guérir peut-être quelqu'un, quitte à disséminer des résistances, ou ne rien faire, le choix penchera du côté de la guérison. En revanche, s'il s'agit d'éliminer une population locale de moustiques ou d'éviter de rendre toute la population de moustiques d'une région résistante, le choix est plus compliqué. Constatant l'inefficacité de l'épandage massif d'insecticides, des études ont tenté de développer des solutions alternatives.

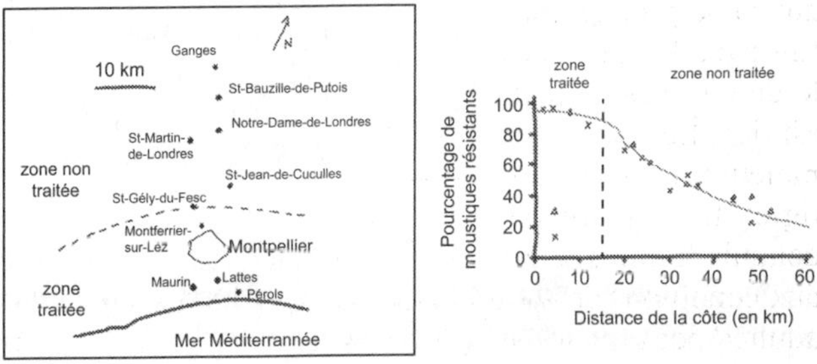

Figure 7.2 – Résistance des moustiques *Culex pipiens* dans la région de Montpellier

La résistance est maximale près de la mer et minimale dans les terres. Il existe un cline, c'est-à-dire une transition, entre les deux extrêmes (dessin de l'auteur d'après Lenormand *et al.*, « Tracking the evolution of insecticide resistance in the mosquito *Culex pipiens* », *Nature*, 400, 1999, p. 861-864).

Dans le sud de la France, les traitements aux insecticides organophosphates ont commencé en 1969. Quatre années plus tard, Nicole Pasteur à Montpellier décrivait une première occurrence d'un facteur de résistance dans les populations naturelles de moustiques *Culex pipiens*. Dans les années qui suivirent, d'autres mécanismes de résistance furent décrits. Un résultat particulièrement frappant fut mis à jour par Thomas Lenormand pendant sa thèse dans le même laboratoire. Dans la région de Montpellier, les insecticides ne sont utilisés que dans une bande de 20 km qui part de la mer et s'étend 10 km au nord de la ville. Le but est avant tout que les touristes ne soient pas incommodés par les moustiques. De manière très nette, l'ex-doctorant et ses collègues ont démontré l'existence d'un cline très prononcé, de telle sorte que plus on s'éloigne de la mer, plus la proportion de moustiques résistants diminue. Autrement dit, près de la mer, la majorité des moustiques sont résistants, loin dans les terres, la majorité est susceptible et entre les deux la proportion varie en fonction d'un équilibre entre la sélection et la migration des moustiques. Ce résultat a fait beaucoup de bruit dans la communauté des généticiens des populations car de tels clines sont difficiles à observer dans la nature. Plus de quinze ans après, les mêmes chercheurs travaillent encore sur la question.

Moustiques OGM

Sous l'impulsion du secteur privé, les efforts se sont tournés vers les organismes génétiquement modifiés, qui sont avant toute chose un moyen de breveter le vivant. La piste la plus suivie a consisté à produire des moustiques mâles dont la descendance soit stérile. L'espoir étant qu'avec des mâles aussi (voire plus) compétitifs que les mâles non modifiés, le nombre de moustiques à la génération suivante diminue. En répétant les lâchers régulièrement, on pourrait ainsi contrôler les populations de moustiques. Bien sûr, cela nécessitait de pouvoir produire des mâles stériles en énorme quantité, mais si l'on se place du point de vue de la firme facturant l'élevage des mâles, c'est une bonne chose. Du point de vue des populations humaines, ces lâchers n'auraient a priori que peu d'effets car ce sont les femelles qui piquent.

Ces recherches sont peu médiatisées mais les premiers lâchers massifs de mâles génétiquement modifiés stériles sont en train d'être réalisés dans des endroits du monde un peu reculés, en Australie notamment[1]. Certes, c'est toujours mieux que de mettre de l'insecticide partout. Toutefois, sur le long terme, on pourrait envisager des réponses évolutives de la part des moustiques. Par exemple, les femelles s'accouplant préférentiellement avec des mâles non issus des élevages (et donc non stériles) seraient très fortement favorisées car auraient une descendance. Mais le risque majeur se situe au niveau écosystémique : en éradiquant une espèce de moustique, on peut à la fois déstabiliser tout un écosystème (les moustiques sont mangés par d'autres animaux) et aussi libérer une niche pour une espèce encore plus nuisible. Ainsi, un remplacement des moustiques *Aedes aegypti* par leurs compétiteurs *Aedes albopictus* n'est peut-être pas une bonne chose…

Cibler les vieux (moustiques)

Comme le font remarquer deux collègues, François Renaud et Yannis Michalakis, exterminer les moustiques sans discrimination c'est un peu comme vouloir exterminer tous les chiens sous prétexte que certains ont la rage. Car quand on fait des captures sur le terrain, on trouve de l'ordre d'un pour cent de moustiques infectés. De plus, seules les femelles prennent des repas sanguins. Les mâles se contentent de nectar et d'eau fraîche et n'embêtent pas les hommes. De plus, une femelle qui se nourrit sur un

1. À la décharge des expérimentateurs, il faut avouer qu'il ne sert à rien de relâcher les moustiques dans les régions où ils sont rares. De plus, l'utilisation d'insectes génétiquement modifiés pour être stériles a été testée aux États-Unis pour lutter contre le ver rose du cotonnier (un ravageur des cultures de coton) avec des lâchers de millions de chenilles stériles par semaine.

individu infecté par le paludisme ne devient pas infectieuse dans l'instant. Il faut environ deux semaines pour que le parasite effectue son cycle de vie, allant de l'intestin de la femelle jusqu'à ses glandes salivaires, rendant ainsi les piqûres infectieuses. Et deux semaines dans la vie d'un moustique, c'est long. La majeure partie d'entre eux seront morts, soit mangés par un prédateur, soit victimes d'autres facteurs environnementaux. Du coup, comme le résument les collègues sus-cités, il suffirait donc de faire vieillir les femelles moustiques plus rapidement, de telle sorte que leur espérance de vie au stade adulte soit de l'ordre de deux semaines. La différence avec les traitements actuels serait énorme du point de vue de la sélection naturelle. Pour un traitement qui tue tous les moustiques, la pression de sélection est immense car les non-résistants n'ont pas de descendance. Avec le traitement vieillissant, les moustiques résistants au traitement n'ont pas vraiment d'avantage par rapport aux autres. Certes ils vivent plus longtemps que les non-résistants mais ils n'ont pas vraiment plus de descendants et, du point de vue de la sélection naturelle, c'est la seule chose qui compte.

Quelle substance, semblable au tabac ou à l'alcool chez l'homme, permettrait de tuer les moustiques à petit feu ? Surtout qu'il ne suffit pas de trouver une toxine, il faut aussi pouvoir la propager dans les populations. Les parasites semblent la meilleure option. Plusieurs pourraient faire l'affaire mais celui qui a sans conteste le plus le vent en poupe, c'est la bactérie *Wolbachia*, qui parasite de nombreuses espèces d'insectes. *Wolbachia* est un parasite endocellulaire, ce qui veut dire que la bactérie vit à l'intérieur même des cellules de son hôte. Elle ne peut pas être transmise horizontalement d'un individu à un autre et son succès reproducteur dépend donc entièrement de celui de son hôte. Et c'est là que la bactérie rencontre son principal problème : seules les femelles infectées transmettent le contenu cellulaire (ou cytosol). Comme on l'a vu dans le chapitre précédent, les mâles « parasitent » les gros gamètes produits par les femelles pour y mettre leurs chromosomes. Des *Wolbachia* qui infectent un mâle sont donc dans un cul-de-sac épidémiologique. Face à cela, elles ont trouvé plusieurs parades, certaines consistant à détruire les gamètes mâles ou à féminiser les mâles. Une troisième parade porte le nom d'incompatibilité cytoplasmique et a été mise en évidence chez des *Wolbachia* infectant le moustique *Culex pipiens*. De manière surprenante, plus de cinquante ans après sa découverte, les mécanismes exacts de cette incompatibilité restent inconnus. On sait que la bactérie modifie les spermatozoïdes des mâles infectés (la manipulation s'appelle « mod »), de telle sorte que s'ils s'accouplent avec une femelle non infectée, la majorité des embryons meurent. En revanche, la femelle infectée par la bactérie peut s'accoupler à la fois avec des mâles sains et avec des mâles infectés car elle est capable de sauver les spermatozoïdes modifiés via un mécanisme appelé « resc » (pour *rescue*, ou sauvetage en anglais). En conséquence, les femelles infectées par la bactérie ont plus de descendants. Les mâles infectés ont quant à eux moins de descendants que les mâles non infectés (ils perdent la descendance provenant d'un accouplement avec une femelle non infectée), mais du point de vue de la bactérie cela importe peu étant donné que seules les femelles la transmettent.

Beaucoup de chercheurs, notamment le groupe de Scott O'Neill en Australie, se sont donc attelés à développer des souches de *Wolbachia* les plus virulentes possible. En 2009, ils publient dans la revue *Science* un résultat qui fait beaucoup de bruit : ils sont parvenus à infecter de manière stable des moustiques *Aedes aegypti* par une souche de *Wolbachia* appelée *w*MelPop et issue de mouches drosophiles. L'infection divise par deux la durée de vie des moustiques adultes et l'incompatibilité cytoplasmique est très forte. On a donc à la fois un parasite qui peut faire vieillir les femelles et se propager rapidement dans la population.

Toutefois, l'enthousiasme a été tempéré quand les chercheurs ont réalisé que la souche *w*MelPop évoluait rapidement vers des virulences plus faibles. Cela est assez prévisible car pour les parasites les changements d'espèce, ici de la drosophile au moustique, conduisent souvent à des virulences élevées non adaptatives. Plus le parasite s'adapte à son hôte, plus il peut évoluer vers une virulence optimale comme pour la myxomatose infectant les lapins en Australie.

Infecter pour protéger

Le projet allait être abandonné, mais plusieurs articles publiés coup sur coup dans les revues les plus prestigieuses (sur le prestige desquelles on reviendra dans le prochain paragraphe) sont venus sauver la mise en montrant que l'infection par la souche de *Wolbachia w*MelPop protégeait *Aedes aegypti* de la dengue, du virus du Chikungunya et même de *Plasmodium* ! Avec une rapidité surprenante, ceux-là mêmes qui travaillaient à utiliser les *Wolbachia* pour affaiblir les moustiques ont changé leurs axes de recherche et utilisent aujourd'hui des souches un peu différentes de *Wolbachia* (*w*Mel) pour rendre les moustiques résistants aux infections.

Au passage, un mot sur l'une des « prestigieuses » revues : *Nature*. L'une des clés du succès de l'utilisation des moustiques infectés par *Wolbachia* est que ceux-ci puissent faire mieux que les moustiques sauvages et les remplacer. Avant de procéder au lâcher massif de moustiques, il fallait tester la chose expérimentalement. Le 25 août 2011, fait rarissime, *Nature* publie simultanément deux articles de Scott O'Neill et ses collaborateurs. Le premier article montre que la souche de *Wolbachia* qu'ils ont introduite chez *Aedes aegypti* protège bien les moustiques de la dengue et le second montre que les moustiques ainsi transformés parviennent à envahir des populations en cage dans des conditions semi-naturelles.

Attardons-nous sur ce second article. Le protocole expérimental était le suivant : deux cages remplies de moustiques (1 680 par cage exactement) dont 65 % étaient infectés par la souche de *Wolbachia* ont été placées dans des conditions semblables aux régions du nord de l'Australie. Les chercheurs ont suivi l'expérience pendant 90 jours pour voir si la proportion de moustiques infectés augmentait et si oui, à quelle vitesse. Résultat des courses : les moustiques infectés représentaient entre 90 et 95 % de la population dans les deux cages. Ouf ! C'était bien le résultat qu'espéraient les chercheurs. Pourquoi ce ton cynique ? D'une part, n'utiliser que 2 cages pour tester la présence d'un effet environnemental est très peu. Il y a beau avoir un millier de moustiques par cage, si les cages subissent des conditions un peu différentes, on a en tout et pour tout deux points pour faire nos comparaisons (un par cage). Mais, encore plus cocasse pour un article publié dans une des revues les plus convoitées des chercheurs, on nous apprend au milieu de la deuxième page qu'il y avait moins de moustiques dans la deuxième cage à la fin de l'expérience, probablement du fait de la présence de deux geckos. Certes les cages étaient censées refléter des conditions semi-naturelles, mais avoir uniquement deux cages dont l'une contient deux prédateurs relève plus de la farce et aurait probablement été sévèrement critiqué dans des revues de sociétés savantes. En résumé, comme pour les banques et les compagnies d'assurances, l'adage « *too big to fall*[1] » s'applique aussi en science.

Des recherches moins médiatisées ont d'ailleurs relativisé cet enthousiasme. Si les souches de *Wolbachia* utilisées par Scott O'Neill pour infecter ses moustiques proviennent à l'origine de mouches drosophiles, on trouve aussi des populations de moustiques naturellement infectées par *Wolbachia*. Au cours de sa thèse à Montpellier, Flore Zélé a ainsi montré que lorsque l'on étudie des infections par

1. Trop gros pour sombrer.

Plasmodium relictum (un paludisme des oiseaux) dans des moustiques infectés ou non par une souche de *Wolbachia* avec laquelle ils ont coévolué, les résultats diffèrent : les moustiques infectés ne sont plus protégés et, au contraire, ils sont plus susceptibles d'être infectés par le paludisme. L'effet détecté par Scott O'Neill pourrait donc être dû au fait que, le moustique n'ayant pas coévolué avec la souche de *Wolbachia* utilisée, ils y réagissent comme à une infection classique et ont donc un système immunitaire activé. Cela rend l'infection par d'autres parasites plus compliquée. À noter que les articles de Scott O'Neill détectent tous une activation forte du système immunitaire chez les moustiques protégés.

Pour conclure sur ce point, un mot de biologie évolutive. Certes, utiliser des parasites pour protéger les moustiques de parasites humains semble une bonne idée. Mais quelles conséquences à long terme de telles politiques de santé publique ? Une des prédictions classiques des modèles épidémiologiques est que la résistance des hôtes favorise des souches plus virulentes. Autrement dit, en protégeant les moustiques, on risque d'enclencher une « course aux armements » et des virus transmis par les moustiques protégés pourraient évoluer vers une virulence accrue. Du côté du moustique, cela aurait peu d'effet (on en reviendrait à la situation précédente avec des moustiques non résistants et un virus moins virulent) mais que se passerait-il pour les autres hôtes des virus (dont l'homme) ? Des souches plus virulentes pour le moustique ne risquent-elles pas de l'être aussi pour l'homme ? C'est peut-être à cette question que les chercheurs devraient s'attaquer en priorité.

Parasites et sénescence

Pourquoi vieillissons-nous ? Après tout, la sélection naturelle a quand même eu beaucoup de temps pour façonner un surhomme capable de régénérer toutes ses cellules.

Une première réponse porte le nom de pléiotropie. Plus vulgairement : on ne peut pas avoir le beurre et l'argent du beurre. Par exemple, notre système immunitaire, si efficace pour nous défendre contre les parasites, est coûteux à entretenir et peut dysfonctionner. La théorie du rôle de la pléiotropie dans la sénescence se fonde sur le fait que du point de vue de la sélection naturelle, les effets survenant tôt dans la vie d'un individu sont prépondérants. *A contrario*, une fois que les individus se sont reproduits et ont transmis leurs gènes à la génération suivante, ils deviennent des quantités quasiment négligeables pour la propagation des gènes. La sélection naturelle a donc une fâcheuse tendance à sélectionner tout trait qui confère un avantage quand on est jeune, quitte à ce que ce même trait ait des effets délétères plus tard. Parmi les traits ainsi sélectionnés, se trouvent ceux qui confèrent une résistance aux parasites. Afin de pouvoir protéger les individus le temps d'arriver à l'âge de maturité sexuelle, la sélection favorise des mécanismes de défense prompts à conduire avec l'âge à des maladies telles que les cancers ou les maladies auto-immunes.

La seconde raison que l'on pense être un frein à nos rêves d'immortalité est le cancer. Dans notre corps, la majorité de nos cellules ont une espérance de vie courte. Seules certaines cellules sont immortelles. Ce don est à double tranchant, un peu comme les ailes d'Icare, qui lui permettaient de voler mais pas de s'approcher trop du Soleil. Les cellules immortelles sont celles qui peuvent devenir des cellules cancéreuses. Ces dernières sont aussi immortelles mais tout comme Icare elles poussent leur avantage trop loin et prolifèrent à un rythme bien supérieur aux cellules souches pour ensuite souvent coloniser le reste du corps de leur hôte et conduire à sa mort.

L'analyse de la progression des cancers dans un individu par le prisme de la biologie évolutive est relativement ancienne puisque dès 1976 la revue *Science* publiait un article portant sur l'évolution clonale du cancer. En effet, un cancer est avant tout une population de cellules, qui détourne les ressources des autres cellules avec lesquelles elle est en compétition. Les cellules cancéreuses doivent aussi faire face à la réponse immunitaire. On retrouve là tous les ingrédients de la dynamique des populations (exploitation des ressources, interactions prédateur-proie). À cela, il faut ajouter que les cellules cancéreuses mutent rapidement et subissent des modifications génétiques majeures. La combinaison des deux processus, dynamique des populations et génération de diversité génétique, conduit de fait à de l'évolution. Une des utilités des modèles d'évolution est de comprendre l'évolution de la résistance des populations de cellules aux traitements afin de les minimiser. D'autres modèles tentent aussi de décrire les étapes de la progression d'un cancer, c'est-à-dire comment des cellules saines acquièrent les caractéristiques qui font d'elles des cellules tumorales (immortalité, évasion de la réponse immunitaire, croissance des tissus). Toutefois, pour cette dernière partie au moins, les modèles restent extrêmement simplistes. Plus généralement, les contributions de l'écologie et de l'évolution au traitement des cancers semblent pour le moment très limitées. D'une certaine façon, tout le monde s'accorde à dire que ces disciplines pourraient ou même devraient avoir un apport important pour lutter contre les cancers mais à ce jour il existe nettement plus d'articles exprimant des opinions que d'articles présentant des résultats.

Certaines régions de l'Australie peuvent faire penser à l'enfer vu la température qui y règne et le gigantesque trou dans la couche d'ozone qui surplombe le pays. Ce qui est sûr, c'est que le diable y vit. Il est grand et carnivore. Ce n'est pas un ange déchu mais un marsupial menacé d'extinction suite à une maladie infectieuse, qui cause des tumeurs faciales empêchant les pauvres diables de se nourrir. Dans l'île de Tasmanie d'où les diables sont originaires, plus de la moitié des individus sont infectés. En 2006, des chercheurs ont analysé le génome des cellules tumorales prélevées sur une douzaine d'individus. Ils s'attendaient à trouver un certain désordre chromosomique car une des marques des cellules cancéreuses est que leur génome subit de nombreux réarrangements. Mais ils ont trouvé bien plus que cela. Les cellules tumorales issues de différents individus étaient identiques génétiquement. Si beaucoup de cancers sont dus à des infections virales, là c'est le cancer lui-même qui est infectieux. La propagation de la maladie se fait par contact. En effet, plus la tumeur progresse, plus elle devient friable et la transmission se fait par morsure lors des fréquents combats entre diables. L'analyse du génome a révélé que l'individu ancestral chez qui cette tumeur s'est développée initialement était une femelle de Tasmanie vivant il y a une trentaine d'années. Au bout du compte, ce sont les cellules, certes dégénérées, d'un individu qui menacent son espèce d'extinction.

Bien que frappant visuellement, le cancer facial du diable de Tasmanie n'est pas le seul cancer transmissible. Les chiens aussi ont un sarcome transmissible sexuellement, qui est identifié depuis le XIXe siècle. Cependant, il cause rarement des métastases et il peut être traité, c'est pourquoi il est moins médiatisé. Là encore, les études génétiques ont permis d'estimer l'âge de l'origine de ce cancer à environ 10 000 ans. Détail intéressant, la génétique des chiens est extrêmement bien connue et on a pu dresser un portrait-robot du chien ancestral. Il devait ressembler à un loup gris dont sont issus les chiens domestiques.

Pour conclure, il est difficile de généraliser à partir de deux cas, mais la comparaison de la virulence des deux cancers pourrait nous conduire à penser que, tels des parasites ayant franchi une barrière d'espèce, ils évoluent vers des virulences moins faibles au fur et à mesure qu'ils s'adaptent à leur nouvel hôte, pour finalement se stabiliser vers une virulence intermédiaire.

Enfin, les cancers ont peut-être plus de liens qu'on ne le pense avec les maladies infectieuses. L'ensemble des cancers du col de l'utérus est associé à une infection persistante par des types de papillomavirus humain (HPV). C'est pour cela que des vaccins ont été récemment développés qui ciblent notamment les types HPV-16 et 18 responsables de la grande majorité de ces cancers. Les papillomavirus peuvent aussi causer d'autres types de cancers tels que les cancers anaux ou oro-pharyngés. Bien d'autres virus sont aussi oncogènes. Les virus des hépatites par exemple tirent leur nom du fait qu'ils peuvent parfois conduire à des cancers du foie. Ces cancers d'origine infectieuse sont très étudiés car à ce jour il est souvent plus facile de traiter une infection virale qu'un cancer. L'idée n'est d'ailleurs pas nouvelle et on a longtemps pensé que les endorétrovirus étaient impliqués dans les cancers. L'hypothèse était séduisante : les cancers seraient dus au réveil d'anciens virus enfouis dans notre génome et revenus nous hanter. À ce jour, cette hypothèse n'a jamais pu être démontrée chez l'homme. Il n'existe que des endorétrovirus animaux qui peuvent causer des cancers mais tous ont la particularité de ne pas être complètement intégrés dans le génome de leur hôte et de pouvoir encore se transmettre horizontalement. Au final et pour conclure cette section sur les virus oncogènes, un des défis pour la biologie de l'évolution reste de comprendre l'origine évolutive de ces cancers. Sont-ils adaptatifs pour les virus ou au contraire coûteux ? Pourquoi certains types de papillomavirus sont-ils beaucoup plus prompts que d'autres à générer des cancers alors qu'ils semblent infecter le même type de cellules ? Ces questions restent pour le moment très ouvertes.

En sera-t-il des vaccins comme il en est aujourd'hui des antibiotiques ?

Vaccination des poulets de batterie

Il faut bien l'avouer, à court terme les recherches en biologie de l'évolution dégagent moins de profit que celles sur les nanotechnologies. Pourtant, il existe des exceptions et l'industrie de la volaille peut remercier notre discipline. Pendant des années (voire des siècles), les éleveurs ont sélectionné les poules qui pondaient le plus d'œufs. Cette méthode de sélection artificielle était très efficace mais avait un gros inconvénient car tout en sélectionnant ces superpondeuses, on sélectionnait aussi des poules agressives. Tant et si bien que les éleveurs devaient leur couper le bec afin d'endiguer la mortalité massive dans les usines suite aux combats. Les biologistes de l'évolution proposèrent une alternative issue des travaux sur l'évolution de la coopération. Au lieu de sélectionner les individus les plus performants, ils suggérèrent de les élever en groupes d'une dizaine de poules et de sélectionner les *groupes* les plus performants. Le résultat fut frappant. Certes, au niveau individuel les poules sélectionnées étaient de moins bonnes pondeuses, mais au niveau de l'élevage dans son ensemble les rendements étaient bien plus élevés. En déplaçant le niveau de sélection depuis le niveau individuel vers le niveau populationnel, les sélectionneurs avaient en fait choisi les individus les mieux adaptés à pondre des œufs en condition d'élevage intensif. Cette idée a permis à l'industrie de faire des bénéfices énormes. Une application que n'auraient pas prévue les premiers chercheurs tels que Bill Hamilton qui ont posé les équations des premiers modèles théoriques inspirés des colonies de fourmis.

L'industrie a entendu les conseils des biologistes de l'évolution sur certains points mais pas sur tous. En particulier, les poulets en batteries sont le plus souvent des clones. Au fur et à mesure des années, les individus les plus performants ont été sélectionnés et une fois un génotype optimal atteint, les sélectionneurs le vendent en masse aux éleveurs. La faible diversité génétique des individus fait des populations d'élevage une proie facile pour les parasites de toutes sortes. C'est l'une des raisons qui ont poussé les éleveurs intensifs à user et abuser d'antibiotiques[1], une pratique interdite en Europe aujourd'hui mais tout ce qu'il y a de plus légale aux États-Unis. On vaccine aussi les poulets pour les protéger et le virus de la maladie de Marek nous fournit un des exemples les plus frappants de réponse évolutive. Ce virus est connu depuis le début du XXe siècle et avait jusque dans les années 1960 des effets quasiment bénins sur les volailles infectées, avec de légères paralysies. En 1959, apparaît une forme plus virulente. En réponse à cela, une campagne de vaccination massive est mise en place dans les années 1970 aux États-Unis en utilisant le HTV, un vaccin mis au point contre les herpesvirus de dindes. Peu de temps après, apparaît un nouveau variant très virulent du virus. Au début des années 1980, la réponse des agro-industriels est de mettre au point un vaccin bivalent en couplant le HTV à un second vaccin. Apparaît alors un variant hypervirulent. Il conduit au développement d'un nouveau vaccin dans les années 1990 (le CVI988). Aucun nouveau vaccin n'a été développé depuis et le CVI988 est aujourd'hui le dernier rempart de l'industrie face à un virus devenu extrêmement virulent. De facultatif, le vaccin est devenu une nécessité absolue, car les souches qui circulent maintenant ne causent plus de légères paralysies mais une mort rapide des volailles infectées.

1. L'autre raison est que les antibiotiques modifient la flore commensale des animaux conduisant à une augmentation spectaculaire de leur masse musculaire. Ceci pourrait être lié au fait que les individus n'ont plus à « nourrir » leur flore bactérienne. En contrepartie, l'absence de cette flore les rend aussi plus vulnérables aux infections.

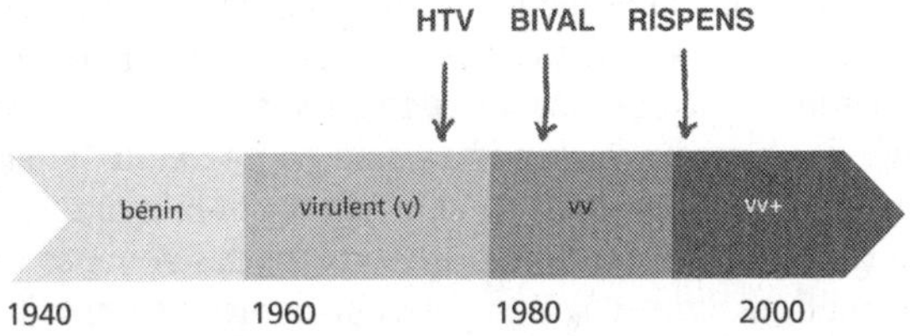

Figure 7.3 – Évolution de la virulence des infections causées par le virus de la maladie de Marek (MDV)

Avant les vaccins et l'élevage intensif, les souches qui circulaient étaient bénignes (en gris clair). Vers 1960 apparaît une souche virulente (v), vraisemblablement du fait des nouvelles conditions d'élevage. Suite au premier vaccin ciblant les herpesvirus de dindes (HVT), apparaît une souche très virulente (vv). Le vaccin bivalent (BIVAL) conduit au même effet avec l'émergence d'une souche hypervirulente (vv +).

Existe-t-il un lien entre la généralisation des vaccins contre le virus de la maladie de Marek (MDV) et l'évolution de la virulence de ce virus ? Une des raisons qui font que cette hypothèse est assez probable est que ces vaccins sont « imparfaits » : ils n'empêchent pas l'infection des poulets par le virus mais ils les protègent des effets néfastes. On se retrouve donc avec une sorte de découplage entre la virulence intrinsèque du virus et sa virulence exprimée, la seconde dépendant fortement du type d'hôte. Dans le jargon, on dit que la virulence est un trait partagé entre l'hôte et son parasite[1]. En vaccinant les hôtes avec un vaccin imparfait, on résout les problèmes à court terme en gommant les effets néfastes de l'infection mais on génère aussi une forte pression de sélection pour plus de virulence. En effet, comme on l'a vu dans le second chapitre, une

1. Pour compliquer le tout, la virulence dépend aussi de l'environnement de l'hôte. Pour prendre un exemple caricatural, certains parasites seront plus virulents s'il fait chaud tandis que d'autres seront plus virulents s'il fait froid.

des raisons qui font que les parasites évoluent pour exploiter leurs hôtes de manière prudente est qu'il leur faut les maintenir en vie suffisamment longtemps pour pouvoir être transmis. Avec un vaccin imparfait, on découple la relation entre taux de transmission et virulence. On s'attend donc à ce que la sélection naturelle favorise des souches qui se transmettent mieux (elles peuvent exploiter leur hôte de manière plus intensive sans en subir les conséquences en termes de mortalité plus élevée). Si on laisse le système évoluer assez longtemps, la virulence exprimée après la campagne de vaccination devrait être plus ou moins identique à celle exprimée avant vaccination. La différence est qu'entre les deux la virulence intrinsèque du virus ainsi que son taux de transmission auront tous les deux augmenté. Au final, l'effet de l'évolution du virus sera principalement ressenti par les individus non vaccinés.

Les lecteurs pointilleux auront noté que la première augmentation de la virulence du MDV a eu lieu avant la vaccination. Difficile d'y voir une réponse à un vaccin imparfait. L'élevage intensif pourrait ne pas être complètement étranger à cette hausse car en regroupant beaucoup plus d'individus dans de petits espaces, on facilite grandement la transmission du virus. D'une certaine manière, cela diminue aussi les coûts à être virulent : nul besoin de maintenir son hôte en vie le temps qu'il rencontre de nouveaux hôtes sains à infecter, l'éleveur se charge de les amener. Rajoutez à cela l'uniformisation des poulets, qui a conduit à une diminution de la diversité génétique. Ceci a toutes les chances d'avoir affaibli les volailles.

Les modèles épidémiologiques basés sur la théorie du compromis entre virulence et transmission (décrite au chapitre 2) prédisent des effets différents en réponse aux différents types de vaccins. Par exemple, un vaccin qui bloque uniquement la virulence des parasites, transformant ainsi les individus vaccinés en « porteurs sains » a plus de chance de sélectionner des souches virulentes. Au contraire, un vaccin qui bloquerait la transmission depuis un hôte vacciné (une sorte de vaccin altruiste puisque la personne vaccinée n'aurait pas de bénéfice direct) pourrait sélectionner des souches moins virulentes. Certes, il s'agit de modèles très généraux qui ne captureront jamais la biologie dans ses moindres détails. Ce n'est d'ailleurs pas leur but : ils sont là pour nous servir de guide afin de déterminer des questions intéressantes à étudier.

Vérification expérimentale

Si l'exemple de la maladie de Marek chez les poulets est particulièrement frappant, il existe de nombreux exemples montrant que les campagnes de vaccination ont des effets sur les parasites. Pour les streptocoques par exemple, le vaccin mis en place en France cible sept types et les relevés indiquent qu'un remplacement est en marche car les types ciblés par le vaccin diminuent au profit des autres. Dans le cas du virus de l'hépatite B on observe aussi la propagation d'une souche mutante plus résistante au vaccin. Ces remplacements d'une souche par une autre ont peu d'intérêt en tant que tel pour traiter les infections. Ce qui importe, c'est de savoir si ces nouvelles souches ont des propriétés différentes des anciennes ciblées par le vaccin. Sont-elles plus virulentes ? Sont-elles mieux transmises ? Pour les streptocoques, causent-elles plus de méningites (puisque c'est pour cela que ces infections sont ciblées) ? C'est cette différence qui détermine les conséquences évolutives du vaccin. Et là, force est de dire que les données manquent. Dans le cas des infections par les streptocoques, ceci est en grande partie lié à la difficulté de déterminer l'origine de la virulence. La plupart des infectés sont des porteurs sains et seule une très petite minorité développent des méningites. En cas de méningite, est-ce parce que l'individu était plus sensible (soit qu'il était affaibli, soit qu'il avait des prédispositions génétiques) ? Est-ce un processus stochastique, ce qui revient à dire que pour une raison que l'on ne comprend pas les bactéries ont infecté le système nerveux ? Ou est-ce lié à la bactérie elle-même, certaines souches (ou certains mutants) étant plus enclines à être virulentes ? Ceci illustre les limites de l'analyse de données épidémiologiques.

Un des moyens d'aller plus loin consiste à utiliser des modèles animaux. Récemment, le groupe d'Andrew Read dont on a déjà parlé a testé l'idée, en utilisant le paludisme des rongeurs, que les parasites évoluent en réponse aux vaccins. Son groupe a mis au point un protocole qui mime une vaccination de souris en leur injectant un antigène purifié de *Plasmodium chabaudi* (l'antigène AMA-1), suivant ainsi le même protocole qui est à l'étude pour la mise au point de vaccins contre le paludisme humain. Ils ont ensuite fait de l'évolution expérimentale en comparant deux scénarios. Dans le premier, le parasite était transmis de souris vaccinée en souris vaccinée. Dans le second, il était transmis de souris naïve en souris naïve. Après évolution, ils n'ont détecté aucun effet dans le gène *ama-1* dont était issu l'antigène du vaccin. Autrement dit, les parasites n'ont pas évolué pour échapper à la réponse immunitaire. En revanche, ils ont détecté une nette augmentation de la virulence des parasites transmis dans les souris vaccinées. Ceci suggère que les vaccins ne favorisent pas nécessairement des souches qui échappent à la détection mais aussi des souches qui affrontent directement la réponse immunitaire en augmentant l'intensité avec laquelle elles exploitent l'hôte.

Finalement, la vaccination soulève beaucoup de paradoxes. Le paradoxe classique est purement épidémiologique : toute vaccination ayant potentiellement des effets délétères (même extrêmement faibles), la stratégie « optimale » serait de laisser tout votre entourage se faire vacciner afin de bénéficier de leur protection. On parle d'immunité grégaire ou aussi d'immunité « de troupeau » pour désigner le phénomène par lequel si une fraction suffisante de la population est vaccinée, cela suffit pour diminuer le R_0 du parasite sous la valeur seuil de 1 et ainsi protéger toute la population. Le second paradoxe est évolutif.

L'intérêt d'un individu est d'être vacciné afin d'être mieux protégé. En revanche, du point de vue de la population, cette vaccination peut favoriser des souches plus virulentes, ce qui pourrait avoir des effets désastreux en termes de santé publique, les individus non vaccinés étant doublement punis (non seulement ils sont toujours susceptibles, mais en plus les souches sont devenues virulentes). Pour résumer ce risque, on pourrait dire que si le but est d'éradiquer une maladie, il faut être sûr de ne pas rater son coup. Car plus la vaccination amène le parasite près de l'extinction, plus la pression de sélection est forte et plus les risques d'évolution de souches supervirulentes augmentent.

On pourrait se dire que ces derniers paragraphes ne sont que de pures spéculations étayées uniquement par des exemples non seulement issus du monde animal, mais en plus de conditions non naturelles (que ce soit les poulets d'élevage en batterie ou les souris de laboratoire). En sommes-nous si sûrs ? Le cas des antibiotiques devrait nous alerter car, bien qu'il soit plus facile pour une bactérie de devenir résistante, le processus n'en reste pas moins similaire : des politiques de santé publique modifient les pressions de sélection. Le fait que le processus soit moins probable ne le rend pas impossible. Dans le cas du virus de la maladie de Marek, il a fallu plusieurs dizaines d'années avant de voir la virulence augmenter. Si nous n'avons pas encore observé de réponse évolutive en termes de virulence, ce n'est donc malheureusement pas une garantie qu'elle est impossible.

Pour aller plus loin

Braly J. P., « La modification de l'ADN à la portée de tous », *La Recherche*, 495, 2015, p. 60. [Pour des détails sur le système bactérien CRISPR et ses applications en biotechnologie.]

Cailloce L., « Une approche darwinienne du cancer », 2014 (https://lejournal.cnrs.fr/articles/une-approche-darwinienne-du-cancer).

[Article sur le renouveau des approches d'évolution pour étudier les cancers.]
Claverie J. M., Abergel C., « Les virus sont-ils vraiment des virus ? », *Virologie*, 17, 2013, p. 217-228. [Une discussion sur les récentes découvertes chez les virus.]
Dublanchet A., *Des virus pour combattre les infections. La phagothérapie : renouveau d'un traitement au secours des antibiotiques*, Favre, 2009. [Un livre sur la thérapie par les phages.]
Forterre P., d'Hendecourt L., Malaterre C., Maurel M. C., Huet S., *De l'inerte au vivant. Une enquête scientifique et philosophique*, La ville brûle, coll. « 360 », 2009. [Une réflexion sur la notion de vie.]

Autres références citées dans le chapitre (en anglais)

Barclay V. C. *et al.*, « The evolutionary consequences of blood-stage vaccination on the rodent malaria plasmodium chabaudi », *PLoS Biol.*, 10, 2012, e1001368. [Expérience démontrant que la virulence du paludisme des rongeurs augmente si les hôtes sont vaccinés.]
Berngruber T. W., Lion S., Gandon S., « Evolution of suicide as a defence strategy against pathogens in a spatially structured environment », *Ecol. Lett.*, 16, 2013, p. 446-453. [Comment le suicide des hôtes infectés peut être sélectionné chez les bactéries.]
Gandon S., Mackinnon M. J., Nee S., Read A. F., « Imperfect vaccines and the evolution of pathogen virulence », *Nature*, 414, 2001, p. 751-756. [Comment les vaccins peuvent affecter l'évolution des parasites.]
Kurth R., Bannert N., « Beneficial and detrimental effects of human endogenous retroviruses », *Int. J. Cancer*, 126, 2010, p. 306-314. [Quels sont les effets des endovirus humains.]
Kutter E. *et al.*, « Phage therapy in clinical practice : Treatment of human infections », *Curr. Pharm. Biotechnol.*, 11, 2010, p. 69-86. [Revue de référence sur la phagothérapie.]

Lenormand T., Bourguet D., Guillemaud T., Raymond M., « Tracking the evolution of insecticide resistance in the mosquito *Culex pipiens* », *Nature*, 400, 1999, p. 861-864. [Étude montrant un cline dans la résistance des moustiques aux insecticides.]

McMeniman C. J. *et al.*, « Stable introduction of a life-shortening *Wolbachia* infection into the mosquito *Aedes aegypti* », *Science*, 323, 2009, p. 141-144. [Introduction réussie de moustiques infectés par la bactérie *Wolbachia*.]

Merlo L. M. F., Pepper J. W., Reid B. J., Maley C. C., « Cancer as an evolutionary and ecological process », *Nat. Rev. Cancer*, 6, 2006, p. 924-935. [Revue sur le cancer vu comme un processus d'écologie et d'évolution.]

Michalakis Y., Renaud F., « Malaria : Evolution in vector control », *Nature*, 462, 2009, p. 298-300. [Comment utiliser la biologie de l'évolution pour lutter contre les maladies à vecteurs.]

Moore P. S., Chang Y., « Why do viruses cause cancer ? Highlights of the first century of human tumour virology », *Nat. Rev. Cancer*, 10, 2010, p. 878-889. [Pourquoi certains virus causent-ils des cancers au cours de leur infection.]

Moreira L. A. *et al.*, « A *Wolbachia* symbiont in *Aedes aegypti* limits infection with dengue, Chikungunya, and *Plasmodium* », *Cell*, 139, 2009, p. 1268-1278. [Comment la bactérie *Wolbachia* protège les moustiques contre plusieurs parasites de l'homme.]

Nowell P. C., « The clonal evolution of tumor cell populations », *Science*, 194, 1976, p. 23-28. [L'un des premiers articles à mettre en avant le rôle de l'évolution dans les cancers.]

Van Valen L., « A new evolutionary law », *Evolutionary Theory*, 1, 1973, p. 1-30. [Article fondateur pour l'étude de la coévolution entre populations.]

Walker T. *et al.*, « The *w*mel *Wolbachia* strain blocks dengue and invades caged *Aedes aegypti* populations », *Nature*, 476, 2011, p. 450-453. [Article qui vaut surtout pour son protocole expérimental bancal.]

Westra E. R., Buckling A., Fineran P. C., « CRISPR-Cas systems : Beyond adaptive immunity », *Nat. Rev. Microbiol.*, 12, 2014, p. 317-326. [Revue de référence sur le système CRISPR qui s'apparente à une immunité bactérienne.]

Zélé F., Nicot A., Duron O., Rivero A., « Infection with *Wolbachia* protects mosquitoes against Plasmodium-induced mortality in a natural system », *J. Evol. Biol.*, 25, 2012, p. 1243-1252. [Étude montrant que la bactérie *Wolbachia* ne protège pas toujours les moustiques si elle a coévolué avec eux.]

Conclusion

Dans le récit *De l'autre côté du miroir* de Lewis Carroll, Alice affronte la Reine Rouge à la course. Alors qu'elle est déjà essoufflée, Alice s'étonne que le paysage ne défile pas. La reine lui explique : « Vous voyez, *ici*, il faut courir le plus vite possible pour rester à la même place[1] ». Alice et la Reine Rouge sont comme l'hôte et son parasite. Tous deux évoluent, le plus souvent en réponse à une adaptation de l'autre, mais globalement, d'un point de vue extérieur, leurs changements peuvent s'annuler et n'avoir aucune importance pour d'autres hôtes ou parasites qui ne seraient pas dans la course. Par exemple, le virus du SIDA évolue énormément au cours d'une infection et échappe à la réponse immunitaire de son hôte, qui, elle, se modifie pour suivre cette évolution. Quand le virus est transmis à un nouvel hôte, l'infection qu'il cause n'est pas fondamentalement différente. Bien qu'il se soit produit des milliers de générations virales au sein de la première infection, le plus souvent on ne peut pas dire que le virus est « plus évolué » que le virus initial. Dans cette dynamique de Reine Rouge, la course coévolutive entre le VIH et le système immunitaire n'a de sens qu'au sein d'un hôte, et si le virus change d'hôte (donc de référentiel) tout repart de zéro.

Toutes les interactions de type Reine Rouge ne sont pas neutres et certaines peuvent engendrer des phénomènes

1. En anglais : « *Now,* here*, you see, it takes all the running you can do, to keep in the same place* » (traduction de l'auteur).

de course aux armements. Dans ce cas, l'hôte acquiert des mécanismes de défense et le parasite, en retour, développe des processus pour contourner ou contrer ces défenses. L'hôte répond à son tour, et ainsi de suite. Mais là, pour un hôte extérieur, être infecté par une souche en début ou en fin de course aux armements ne sera pas identique : l'infection par la seconde aura toutes les chances d'être plus virulente. Ainsi, un poulet d'une filière d'agriculture extensive dans un endroit reculé du monde subirait de plein fouet l'infection par les virus actuels de la maladie de Marek ayant coévolué avec les poulets de batterie. Même pour des individus extérieurs au système, la course aux armements laisse des traces.

Les parasites, qu'ils soient viraux, bactériens, ou eucaryotiques, ne sont pas des cailloux inertes. Leur évolution et les dynamiques de type Reine Rouge qu'ils engendrent devraient être au centre des politiques de santé publique à moyen ou long terme. Elles ne le sont pas. C'est le cas en France, mais aussi dans la plupart des pays. La solution préconisée par des évolutionnistes tels que Stephen Stearns ou des médecins tels que Randolphe Nesse est d'enseigner la biologie de l'évolution dans tous les cursus médicaux. Bien qu'intéressant pour l'ouverture d'esprit, cela ne me semble pas essentiel ; de même qu'il ne me semble pas de première urgence d'imposer des cours d'anatomie humaine dans des cursus d'écologie et d'évolution. Car médecin et scientifique ont des buts bien différents. Le scientifique veut comprendre le monde qui l'entoure, ce qui pour un malade est assez secondaire. Le but d'un médecin est de soigner son patient, peu importe s'il ne comprend pas pourquoi le traitement est efficace. Si le scientifique a un rôle à jouer, il se situe en amont pour trouver de nouveaux traitements et aider à orienter les politiques de soin.

En tant que patient, on attend de son médecin traitant qu'il se consacre entièrement à nous. Il faut donc qu'une tierce partie définisse où s'arrête la liberté du patient et où commence celle des autres. De nos jours cette question est plutôt abordée d'un point de vue comptable mais ce que la biologie de l'évolution nous révèle, c'est qu'il existe une composante bien plus délicate à trancher. Ainsi, en prescrivant un antibiotique très peu utilisé, on maximise les chances de guérison d'un patient souffrant d'une infection bactérienne mais on diminue indirectement les chances de survie des prochains patients infectés, car toute utilisation d'antibiotique favorise l'évolution de résistances. Où placer le curseur entre l'intérêt de l'individu et celui de la population ? Pour répondre à des questions d'évolution qui touchent de près ou de loin à l'homme, on fait généralement appel à des médecins. Pourtant, leur formation ne les prépare pas à expliquer pourquoi notre main a cinq doigts et pas huit. C'est pourquoi je pense qu'il est urgent de laisser les évolutionnistes contribuer aux débats mettant en jeu leur expertise, même si les sujets impliquent des maladies humaines.

Pendant l'été 2014, le professeur de microbiologie Andrew Read a quitté quelques mois son département de biologie de l'université de Pennsylvanie pour aller travailler avec un de ses anciens étudiants exerçant dans un hôpital d'Ann Harbor au Michigan. Il voulait mettre ses connaissances sur l'évolution de la résistance au service des praticiens hospitaliers. Très marqué par son expérience, voici comment il nous raconta en substance une partie de son séjour : « Une patiente avait une infection bactérienne chronique, que nous n'arrivions pas à éliminer. Les médecins qui la traitaient utilisaient les antibiotiques les uns après les autres. Dès qu'une résistance évoluait, ils en changeaient. Jusqu'à ce qu'il n'en reste plus que deux qui soient un peu efficaces. Les médecins m'ont alors demandé s'il valait mieux administrer ces deux antibiotiques en même temps ou successivement pour retarder l'évolution des résistances et garder la patiente en vie le plus longtemps possible. » Qui aimerait avoir à donner son avis quand les enjeux sont tels ? En cela, prendre en compte l'évolution des maladies infectieuses dans la mise en place de nouvelles thérapies et dans les prises de décisions en santé publique ne m'apparaît pas comme une faveur pour notre champ, car il est bien plus confortable de déléguer ces décisions.

Enfin, s'il y a un message à ce livre, c'est que ceux qui prétendent que dans le futur nous serons en mesure d'éradiquer tous les parasites sont des charlatans. Il se trouvera toujours un variant pour se situer hors de la course coévolutive précédente ou il se trouvera toujours un mutant qui contrecarrera nos politiques de santé publique. La lutte est plus que déséquilibrée. Nous sommes des milliards, ils sont des milliards de milliards. Nos générations durent des dizaines d'années, les leurs peuvent durer des dizaines d'heures. Notre seul avantage est que nous sommes conscients de leur évolution et que nous pouvons l'anticiper.

POSTFACE

Il est temps de rouvrir le livre des maladies infectieuses

Prévoir l'imprévisible ?

2009 : un nouveau variant de grippe H1N1 apparaît qui remplace celui circulant depuis le début du XXe siècle. 2014 : trois pays d'Afrique sont ravagés par l'émergence d'un virus Ebola. 2016 : le virus Zika, qui avait déjà sévi en Polynésie, frappe le continent sud-américain. Le rythme d'apparition des épidémies mondiales s'est accéléré alors que notre capacité à les prévoir, voire à les contrôler, semble toujours aussi limitée.

Comment pourrions-nous anticiper les menaces épidémiques alors que nous ignorons encore comment a débuté celle de la Covid-19, causée par le virus SARS-CoV-2 ? Certes, les analyses génomiques ont rapidement montré que non seulement il s'agissait d'un betacoronavirus, mais que ses plus proches cousins n'étaient pas le virus ayant causé l'épidémie de SRAS en 2003 en Asie (le SARS-CoV), encore moins celui ayant causé l'épidémie de syndrome respiratoire au Moyen-Orient en 2012 (le MERS-CoV), mais RaTG13, un virus de chauve-souris sur lequel nous reviendrons. Ces mêmes analyses ont révélé des propriétés frappantes, par exemple une insertion génétique créant un site de clivage au sein de sa protéine « Spike », dont on soupçonne qu'il est impliqué dans l'entrée du virus dans la cellule humaine. L'originalité de ce site de clivage va conduire à nombre de théories plus ou moins farfelues jusqu'en mai 2020 et la découverte, encore chez une chauve-souris, d'un virus appelé RmYN02, qui possède lui aussi la fameuse insertion génétique. Quelques mois ont donc suffi pour trouver un coronavirus avec un site de clivage jamais décrit. Plus récemment, une analyse a daté la divergence entre le SARS-Cov-2 et les autres coronavirus de chauve-souris connus entre 1948 et 2009. Si cela s'avère exact, cela pourrait donc faire des dizaines d'années que ce virus circule parmi les animaux. Cette quête des origines illustre notre manque de connaissances quant à l'histoire naturelle des virus dans leur environnement. Si de telles approches de santé globale avaient été conduites plus tôt, dans la lignée des disciples de Pasteur tels que Charles Nicolle ou Theobald Smith, nous aurions pu en savoir déjà beaucoup plus concernant les mécanismes de transmission et de pathogénicité du virus.

Mais revenons à l'origine de la pandémie. Autant les génomes viraux ont pu nous renseigner sur l'origine lointaine du virus, autant ils ont été d'une utilité limitée dans le passé proche, car les virus issus des premiers patients dépistés se ressemblaient beaucoup. Ce faible degré de variation génétique indique toutefois qu'il n'y a probablement eu qu'une seule introduction du virus dans la population humaine. Quant au début de l'épidémie, plusieurs hypothèses concurrentes coexistent. Une possibilité est que ce virus ait été échantillonné dans la faune sauvage lors de collectes de terrain par les scientifiques et qu'une contamination se soit ensuite produite pendant l'étude du virus. Les éléments en faveur de cette hypothèse sont qu'il existe des précédents de personnels de laboratoire accidentellement infectés par des betacoronavirus et qu'un certain nombre de laboratoires de biologie de haut niveau de sécurité travaillant sur le SARS-CoV sont implantés dans la ville de Wuhan, épicentre de l'épidémie. Les éléments qui vont à l'encontre de cette théorie sont le fait que ce virus n'ait pas été présent (officiellement) dans les laboratoires et que beaucoup de premiers cas aient été liés à un grand marché de fruits de mer et non à un laboratoire. Une seconde hypothèse est que le virus est passé dans les populations humaines à la suite de contacts avec la faune sauvage. Plusieurs faits soutiennent cette hypothèse. D'une part, il y a l'intense activité de déforestation dans la région. D'autre part, des études sérologiques montrent que des hommes et des femmes qui vivent aux abords des zones sauvages ont été exposés à des alphacoronavirus et betacoronavirus *a priori* inconnus. Enfin, la consommation et surtout l'élevage d'animaux sauvages tels que les chauve-souris, réservoir putatif du SARS-Cov-2, constituent un facteur favorisant l'émergence de cette zoonose.

L'émergence d'une nouvelle pandémie est un événement rare, qui par définition n'obéit pas à la loi des grands nombres. Aucun modèle déterministe ne pouvait donc prédire la date d'un tel événement. En revanche, un raisonnement probabiliste invitait clairement à envisager le risque d'une émergence de ce type. Les facteurs de risque sont connus : urbanisation, intensification de l'élevage, explosion du trafic international… Même l'agent biologique n'est finalement pas une surprise. Comme je le mentionnais il y a plus de cinq ans dans cet ouvrage (p. 145), les coronavirus et la grippe aviaire étaient sous surveillance. En 2007, Vincent Cheng et ses collègues de l'Université de Hong Kong écrivaient en conclusion de leur article dans le journal *Clinical Microbiology Reviews* :

> Les coronavirus sont connus pour subir des recombinaisons génétiques, ce qui peut conduire à de nouveaux génotypes et à des épidémies. La présence d'un important réservoir de virus de type SARS-CoV chez les chauves-souris rhinolophes, ainsi que les pratiques culturelles consistant à manger des mammifères exotiques en Chine du Sud, est une bombe à retardement. La possibilité d'une réémergence du SRAS et d'autres nouveaux virus issus d'animaux ou de laboratoires ainsi que la nécessité de se préparer ne doivent donc pas être ignorées.

La fiction s'est d'ailleurs saisie de ces alertes : dans le scénario du film *Contagion*, sorti en 2011, c'est un virus de chauve-souris qui a été choisi comme agent infectieux (avec toutefois une virulence bien plus élevée que la Covid-19). Or la multiplication des émergences virales a paradoxalement conduit à mettre un peu de côté les coronavirus, surtout en France. Il faut dire que les coronavirus saisonniers, qui causent chaque hiver des infections respiratoires, sont peu virulents. Quant aux deux épidémies de SRAS en 2003 et de MERS en 2012, elles ont rapidement pu être circonscrites. Le risque présenté par cette famille de virus a ainsi paru moins inquiétant. Malheureusement, comme nous allons le voir, il est particulièrement trompeur de raisonner par analogie et d'analyser le SARS-CoV-2 avec les grilles de lecture des autres coronavirus humains.

Modéliser l'inconnu ?

Ce que peut la modélisation

Les premiers cas de Covid-19 sont recensés fin décembre 2019 en Chine et le 23 janvier 2020 le pays entier se confine. Pourtant, hors d'Asie, ce n'est que début mars que tout bascule avec la tragédie italienne. Nos voisins sont les premiers à subir la vague épidémique. De 6 décès par jour environ le 29 février, on passe à plus d'une vingtaine par jour le 3 mars et à environ une quarantaine le 6 mars. Le 9 mars, l'Italie dépasse la centaine de décès par jour. 6, 20, 40, 100… Tous les trois jours, l'épidémie double en taille. On retrouve là toutes les caractéristiques d'une croissance exponentielle, que le cerveau humain peine à se représenter, à l'image du roi indien auquel le sage de la légende avait demandé en paiement d'un service qu'on place un grain de riz sur la première case de l'échiquier et qu'on double le nombre de grains à chaque case : le roi accepte, sans réaliser qu'on lui demande en fait des milliards de milliards de grains, soit mille années de la production de riz mondiale actuelle. Il est difficile de concevoir une telle courbe, et de réaliser que le contenu de la dernière case équivaut à la somme du contenu de toutes les autres ou, dans le cas de l'épidémie, que les nouveaux cas des trois derniers jours étaient aussi nombreux que tous les cas recensés depuis le début de l'épidémie…

C'est pour cette raison que la modélisation mathématique a un rôle central en épidémiologie. Prenons le cas de la France. Au 9 mars, on recense 9 nouveaux décès. Combien y a-t-il alors de personnes infectées dans le pays ? Si 9 personnes décèdent des suites de leur infection, cela signifie qu'en moyenne 900 ont été infectées environ quatre semaines auparavant. En effet, on estime qu'en France environ une personne contaminée sur cent décède et que le temps qui s'écoule entre l'infection et le décès est d'environ un mois. Mais pendant ces quatre semaines, ces 900 personnes ont engendré beaucoup d'infections secondaires. Le temps de doublement de l'épidémie étant d'environ trois jours, il y a dix doublements en quatre semaines. 900 multiplié par 2^{10}, qui est égal à 1 024, soit au final, près de 920 000 personnes infectées (avec des modèles plus réalistes, on trouve un chiffre deux à cinq fois plus faible). Le confinement sera mis en place une semaine plus tard, il faudra donc compter avec encore deux doublements.

Ce raisonnement, très simpliste, était cependant plus difficile à faire en situation de crise au mois de mars. En Europe, à part en Italie, il fut impossible de se baser sur le nombre de décès. Toutefois, en France, en prenant les 17 cas dépistés le 27 février et les 716 cas dépistés le 7 mars, on obtenait un temps de doublement de 2,98 jours. Or il faut en parallèle se méfier des hausses du nombre de tests positifs, qui peuvent ne traduire qu'une augmentation du nombre de tests effectués. Concernant la proportion de létalité, c'est-à-dire le pourcentage de personnes infectées qui décèdent, les deux premières analyses publiées en ligne (sans processus de revue) datent du 9 et du 13 mars.

Les données qu'elles utilisent seront réemployées tout au long de la première vague épidémique. Elles proviennent d'un navire de croisière, le *Diamond Princess*, sur lequel une épidémie de Covid-19 a sévi. Lors de son retour à Yokohama au Japon le 3 février, le navire est mis en quarantaine et les 3 711 passagers et membres d'équipage sont testés pour le SARS-CoV-2 et suivis. Ceci représente un cas exceptionnel en début d'épidémie où toute une population isolée est testée, qu'elle présente ou non des symptômes. En effet, la plupart du temps, on ne peut voir que la partie émergée de l'iceberg, c'est-à-dire les personnes ayant des symptômes prononcés, ce qui biaise énormément nos intuitions sur une infection telle que la Covid-19, où la grande majorité des malades n'a pas besoin de consulter un médecin. Au final, 705 passagers sont positifs et 13 décèdent. Les victimes ont toutes plus de 60 ans. En combinant ces données de mortalité par âge avec la démographie des pays, on peut calculer une proportion de létalité moyenne qui varie fortement en fonction des régions. Si, en France, cette moyenne est de l'ordre de 1 %, en Côte-d'Ivoire, où la moitié de la population a moins de 20 ans, ce chiffre tombe à 0,2 %. Bref, il était possible de lier le nombre de décès à une date donnée au nombre de cas actifs un certain nombre de jours auparavant. Mais ce délai entre l'infection et le décès était alors très délicat à estimer. Début mars, les données étaient très parcellaires. Il était clair qu'il fallait compter plus de deux semaines mais la grande hétérogénéité entre les cas rendait les calculs difficiles. Le souci est que, selon que le délai est de deux ou de quatre semaines entre l'infection et le signalement du décès, votre estimation du nombre de cas actifs lorsque vous détectez 9 décès par jour varie d'un facteur 30 entre 3 000 et 900 000. Toujours cette croissance exponentielle.

En résumé, avoir une idée exacte de l'ampleur d'une épidémie de Covid-19 dans un pays début mars n'était pas chose aisée. Toutefois, le temps de doublement exponentiel observé dans tous les pays indiquait clairement que la situation pouvait dégénérer rapidement. Mais il a fallu attendre les alarmes des services de réanimation dans les hôpitaux pour que la gravité de la situation soit perçue.

Virulence

La virulence de la Covid-19 est une clé essentielle pour comprendre non seulement la propagation mais aussi la catastrophe sanitaire engendrée par l'épidémie. Avec une proportion de létalité d'environ 1 %, l'infection est bien plus virulente que celles causées par les alphacoronavirus humains saisonniers, qui sont quasiment bénins, mais aussi bien moins virulente que le SRAS, dont la proportion de létalité est de 10 %, ou que le MERS, qui lui culmine à 30 %. À première vue, ceci semblait rassurant, car imaginez les ravages d'une pandémie où plus d'une personne sur cinq décède ! Mais il faut justement prendre en compte que l'ampleur d'une épidémie ne s'évalue pas uniquement à l'aune de la virulence d'une infection isolée mais bien dans sa dimension populationnelle. C'est pourquoi la plus faible virulence de la Covid-19 se révèle au final si meurtrière. Contrairement au SRAS, les infections peu symptomatiques ont rendu le contrôle délicat. En santé publique, le nombre de jours entre le début de la contagiosité et l'apparition des symptômes est crucial. Si les symptômes apparaissent avant la contagiosité, la situation est relativement aisée à contrôler. Quand les deux coïncident, comme c'était le cas pour le SRAS, il faut déjà faire preuve de plus de réactivité. Pour la Covid-19, dès mars 2020, on savait que la contagion pouvait commencer plus de deux jours avant l'apparition des symptômes, ce qui a certainement conduit à la propagation du virus à l'échelle planétaire.

Là où la pandémie se transforme en crise sanitaire, c'est que cette virulence demeure élevée. Car le pourcentage d'infections nécessitant une hospitalisation était en France d'environ 5 % selon les estimations de Mircea T. Sofonea, maître de conférences dans mon équipe. Le délai entre l'infection et une éventuelle hospitalisation est lui estimé entre dix et dix-huit jours. Pour donner un ordre de grandeur, si vous aviez environ 20 000 personnes infectées à la date du 3 mars, alors vous vous attendez à avoir 1 000 hospitalisations entre le 12 et le 20 mars. Et les effets ne se limitent pas à la mortalité directe causée par le virus : le grand nombre d'hospitalisations fragilise aussi la prise en charge d'autres pathologies, sans parler des effets délétères d'un confinement national. Cette virulence indirecte augmente avec l'ampleur de l'épidémie et illustre l'importance d'une vision populationnelle : 1 000 hospitalisations Covid-19 ne passent pas inaperçues. D'autant que les chiffres nationaux masquent une forte hétérogénéité entre les régions avec un départ plus rapide de la vague épidémique dans certains endroits.

Face à l'inconnu, le saut dans l'irrationnel

Nombre d'observateurs ont sous-estimé l'impact sanitaire de l'épidémie, en particulier dans les régions les moins touchées. Cette hétérogénéité de l'épidémie en fonction des régions explique que, le 27 février, le professeur Éric Caumes, responsable du service de maladies infectieuses et tropicales à l'hôpital de la Pitié-Salpêtrière, soit parmi les premiers à tirer la sonnette d'alarme : « Le coronavirus circule déjà parmi les Français » et « probablement qu'il se transmet beaucoup mieux que ce qu'on pensait » (*Médiapart*, les 11 avril et 14 mai 2020). Ces deux points se révéleront tout à fait exacts. Il faut dire que, quatre jours avant, un enseignant de l'Oise est décédé de la Covid-19 alors qu'il n'avait aucun lien évident avec l'Asie. À l'inverse, le 17 février, un médecin, directeur d'institut marseillais, continue de nier la gravité de l'épidémie, expliquant qu'il s'agissait de « beaucoup de bruit pour pas grand-chose », avant de changer de stratégie médiatique en mars prétendant avoir trouvé le remède miracle.

Plus que tout, c'est peut-être l'absence de vaccin ou de traitement qui a désarçonné le système de santé. Évidemment, très tôt on essaye des stratégies de « repositionnement », qui consistent à utiliser une molécule déjà prescrite et dont le dosage optimal et la toxicité sont connus. Comme on l'a vu dans cet ouvrage, en pratique, on est loin d'une médecine de précision et la recherche de traitements consiste plutôt à tester systématiquement *in vitro* tout ce qu'on peut trouver, en s'appuyant autant que possible sur les savoirs ancestraux. Une équipe chinoise va rapidement exhumer d'anciens essais réalisés sur des cultures cellulaires avec le SARS-CoV, qui montraient une efficacité partielle *in vitro* de la chloroquine, molécule utilisée pour lutter contre le paludisme mais relativement toxique. Difficile de ne pas y voir une annonce politique, le gouvernement chinois ne pouvant se résoudre à paraître inactif et le pays ayant des stocks de ce médicament. Malheureusement les espoirs ne se concrétisent pas et d'autres études de Chine montrent une absence d'effet chez les patients atteints de Covid-19. Cette déconnexion entre les études en laboratoire et l'efficacité clinique est de fait peu surprenante, car on s'aperçoit vite que la toxicité de l'infection, comme c'était déjà le cas du SRAS de 2003, vient d'un emballement du système immunitaire plutôt que d'une action directe du virus. On va beaucoup critiquer la Chine au cours de cette crise, peut-être parfois à juste titre : car il est troublant de constater qu'en 2012 six mineurs ont été hospitalisés suite à une infection par un agent qui a toutes les caractéristiques d'un coronavirus, et ce suite au nettoyage de fèces de chauve-souris dans une mine du Yunnan (au sud de la Chine), là où sera trouvé quelques mois plus tard l'échantillon dont est issu RaTG13, le coronavirus le plus ressemblant au SARS-Cov-2. Autre point troublant, les analyses seront réalisées à Wuhan (loin de la mine mais près de l'origine de l'épidémie) à partir de 2017-2018. Mais il est frappant de voir l'universalité de la démagogie. Ainsi, le président de la

République française se déplacera en personne à Marseille, alors que l'ensemble du pays est confiné, pour s'entretenir avec le médecin susmentionné, connu pour son entregent politique et son autoritarisme, qui choisit de faire valider son traitement à la chloroquine par les réseaux sociaux plutôt que par les scientifiques. Mêmes gesticulations à la tête des États-Unis d'Amérique ou du Brésil dont les présidents, tout aussi médiatiques et despotiques l'un que l'autre, vantent le même traitement tout en promouvant un même relativisme scientifique. M. Trump préfère toutefois jouer sur tous les tableaux et commande finalement des stocks faramineux d'un médicament antiviral alors qu'à l'époque son effet est toujours débattu.

L'action à tout prix, telle est manifestement la figure imposée en temps de crise.

Tous les modèles sont faux… mais certains sont utiles

La réponse rapide et efficace à l'épidémie aurait pu être bien plus indépendante des lobbys pharmaceutiques et financiers que celle de la chloroquine. Elle a pour nom « stratégies non pharmaceutiques », terme qui regroupe tout ce qui peut bloquer la propagation du virus de manière à la fois collective et individuelle, donc le port du masque, la distanciation physique, l'isolement des cas positifs et de leurs contacts, l'interdiction des grands rassemblements, la quarantaine ou, intervention ultime, le confinement. Bref, il s'agit de l'ensemble des leviers comportementaux. En France, pays qui, on le sait, s'illustre par sa consommation élevée de médicaments, avec une préférence pour les antibiotiques et les anxiolytiques, le choc est rude. Comme le constate très lucidement encore le Pr Éric Caumes, le 22 avril, dans les colonnes de *Médiapart* « […] En France, on sait soigner les gens. Faire de la santé publique pour éviter qu'ils tombent malades, on ne sait pas faire. Il va falloir apprendre très vite ». Un exemple parmi d'autres, pour illustrer ce propos : les rangs limites aux ECNi (les « Épreuves classantes nationales » qui ont remplacé le concours de l'internat) pour choisir la spécialité « Santé publique » attestent de sa faible attractivité. Et, au sein de la santé publique française, contrairement à ce qui se fait outre-Manche, la modélisation mathématique et statistique est elle-même marginale. Toujours ce contraste entre Pasteur et Darwin.

D'un point de vue épistémologique, le rejet « des modèles » dans leur ensemble est absurde, car on ne peut comprendre un phénomène ou, *a fortiori,* anticiper une situation, sans un modèle sous-jacent. Celui-ci peut être mathématique ou statistique ; il peut aussi être verbal ou basé sur l'expérience. Les modèles verbaux sont d'ailleurs encore une composante importante en biologie théorique, par exemple en philosophie de la biologie. Toutefois, dans un contexte de crise, modèles verbaux et d'expérience sont limités. D'une part, l'expérience de la situation fait défaut et il est particulièrement risqué d'analyser une nouvelle maladie telle que la Covid-19 avec la grille de lecture des infections respiratoires connues. Par exemple, l'effet saisonnier de la pandémie semble bien moins important que pour la grippe, ce qui a pris de court ceux, relativement nombreux, qui s'attendaient à une disparition du virus avec le printemps. D'autre part, la confrontation des prévisions se révèle difficile et repose, au final, rapidement sur des arguments d'autorité ou sur l'expérience, dont on vient de pointer les limites.

Un modèle mathématique simplifie toujours la réalité et est donc par essence faux. C'est pourquoi il faut le manier avec précaution et ne jamais exploiter un modèle dans l'intention de répondre à une question pour laquelle il n'a pas été conçu. Pourtant les modèles n'en restent pas moins essentiels. Ils nous aident d'abord à comprendre, car notre cerveau a énormément de mal à appréhender les très grands ou très petits ordres de grandeur, ainsi que les interactions entre différents processus ou les phénomènes non-linéaires. Sans parler de tous les biais cognitifs exploités par certains illusionnistes. Les modèles sont aussi essentiels pour décrire. Que ce soit pour les essais cliniques ou les études *in vitro*, il y a toujours un modèle statistique quelque part. Enfin, et c'est leur facette la plus séduisante et controversée, les modèles servent à prévoir. Plus la prévision concerne le long terme, plus elle est incertaine. Plus elle doit être faite dans l'urgence, plus elle nécessite un savoir-faire pour bien appréhender les inconnues. Dans le cas de l'épidémie de la Covid-19, les modèles ont permis d'estimer le temps de doublement de l'épidémie dans les différentes régions du monde et, à partir de là, leur nombre de reproduction. Comme on l'a vu, dans cet ouvrage, ce nombre correspond au nombre moyen de personnes infectées par une personne porteuse au cours de son infection. Par définition, un pic épidémique est atteint lorsque ce nombre passe sous le seuil de l'unité. On l'a vu aussi, l'inversion de la courbe peut être obtenue en vaccinant une proportion suffisamment élevée de la population. Cela peut aussi advenir en réduisant les contacts infectieux, que ce soit par une diminution des contacts, soit par une diminution de la probabilité de transmission. L'épidémiologiste Adam Kucharski énumère les facteurs sur lesquels on peut agir sous l'acronyme DOTS pour « Durée, opportunité, probabilité de transmission et susceptibilité ».

Pour illustrer la difficulté à réaliser ces analyses en temps réel, il suffit de se tourner vers un des plus influents départements universitaires d'épidémiologie au monde : celui de l'Imperial College à Londres dirigé par Neil Ferguson. Si l'Angleterre est historiquement le pays de la modélisation mathématique en épidémiologie, ce département en est la capitale. Depuis l'épidémie d'Ebola en Afrique de l'Ouest, il est le centre partenaire de l'Organisation mondiale de la santé (OMS). Dès le 22 janvier, ses chercheurs publient un rapport qui répertorie le nombre de dépistages positifs sur les vols de rapatriement depuis Wuhan pour estimer l'ampleur de l'épidémie dans la ville chinoise. Le raisonnement est simple : si vous connaissez la proportion des passagers infectés, en faisant l'hypothèse que cette proportion reflète celle de la population générale, vous disposez d'une idée du nombre de cas actifs. Au final, ce rapport conclura que, à la date du 18 janvier, il devait y avoir eu au moins entre 1 000 et 9 700 infections en Chine. Le nombre de cas recensés le 21 janvier étant de 440, le rapport conclura déjà que près d'une infection sur dix n'est alors pas détectée. Le 16 mars 2020, ce même département publie un modèle prévisionnel qui porte sur le nombre potentiel de décès causés par la Covid-19 au Royaume-Uni et aux États-Unis selon trois scénarios : *primo*, laisser passer la vague épidémique sans la contrôler, *secundo*, l'atténuer en diminuant sa vitesse de propagation et son ampleur ou *tertio*, la supprimer complètement avec un confinement. Deux résultats vont frapper les esprits : 400 000 décès dans l'hypothèse d'absence de toute action et le fait que l'option d'une maîtrise semble plus appropriée que celle de l'atténuation, du fait de la virulence élevée de la pandémie. Si ce modèle aura un écho international, il sera mis en question en raison de son simplisme et son opacité. De nombreuses critiques porteront sur le simple fait de présenter un scénario où aucune mesure ne serait mise en place. Effectivement, il aurait été préférable que Neil Ferguson et son équipe s'appuient sur un programme de simulation ouvert et transparent. Il est d'ailleurs surprenant qu'un tel département n'ait eu dans ses cartons aucun programme de simulation plus pointu pour un tel scénario. D'un autre côté, le retard de l'épidémiologie mathématique en France illustré par le fait que même l'État s'en soit remis à ce modèle conçu hors du pays et calibré pour les cas du Royaume-Uni et des États-Unis invite aussi à relativiser les critiques.

Cette méfiance envers la modélisation n'est pas surprenante, car un modèle, même bien effectué, se base toujours sur les connaissances disponibles à un moment donné.

Quand l'OMS table sur des centaines de milliers de morts de la grippe dite « porcine » de 2009, on ignore encore que l'immunité préexiste dans les populations. Quand le centre de contrôle des maladies des États-Unis prévoit que l'épidémie d'Ebola peut engendrer un million de morts en Afrique de l'Ouest, il ne peut pas anticiper que les mesures de santé publique vont parvenir à grandement arrêter la transmission. Dans un contexte de crise épidémique, si les prévisions à long terme d'un modèle fondées sur la situation actuelle se réalisent, c'est mauvais signe, car cela indique que les autorités ne sont pas parvenues à inverser la tendance. C'est ce qui a, de fait, nourri les théories complotistes, niant que les interventions non pharmaceutiques aient eu un effet réel et soutenant que l'épidémie aurait reflué « toute seule ». On peut d'ailleurs se demander si les attitudes des présidents états-unien et brésilien n'auront pas, au final, renforcé le poids des modèles, faisant la démonstration tragique que le « laisser faire » épidémiologique conduirait effectivement à des milliers de décès supplémentaires. Cette position délicate fait de Simon Cauchemez, l'un des meilleurs experts en France pour modéliser en temps réel des épidémies, l'un des plus mesurés quant au potentiel des modèles. Il pointera plus volontiers du doigt les inconnues que les promesses. Enfin, comme toutes les sciences, la connaissance des épidémies progresse aussi au cours du temps et, malheureusement, de leur survenue. Ainsi, les outils qui nous ont servi à mesurer les variations du nombre de reproduction des épidémies au cours du temps, indicateur au final repris par le gouvernement, proviennent de techniques mises au point en 2003 pendant l'épidémie de SRAS et affinées pendant l'épidémie d'Ebola. De même, bien des aspects tels que l'utilisation des réseaux sociaux ou des données de téléphonie mobile n'en sont qu'à leurs balbutiements en épidémiologie. Une épidémie est toujours différente de la précédente. La meilleure préparation sur le long terme est d'investir dans une recherche fondamentale.

La santé publique, entre science et politique

Une politique de santé publique ne s'improvise pas

Mon collègue épidémiologiste Marc Choisy, actuellement basé à Hô-Chi-Minh-Ville au Vietnam, a beaucoup travaillé avec des médecins de villages isolés du Laos ou du Cambodge. En l'absence de matériel informatique, le recueil des cas est effectué sur des cahiers d'écolier. Ces informations sont très précieuses, car elles constituent un suivi quasi journalier des symptômes associés aux maladies infectieuses et des traitements utilisés (quand ils sont disponibles). Toutefois, y accéder s'est révélé être extrêmement compliqué. Non pas du fait d'un manque de volonté des médecins locaux, mais en raison de leur gêne devant ce dénuement. Pour pallier ce manque de moyens, mon collègue a donc pris l'habitude de commencer par leur expliquer comment se fait le recueil de données épidémiologiques en France. Apparemment, cela suffit à mettre les médecins de village très à l'aise !

Le Vietnam, justement, s'est distingué au cours de l'épidémie de Covid-19. Avec 100 millions d'habitants et une frontière commune avec la Chine, sa situation était peu enviable. Pourtant, en juillet 2020, le pays recensait toujours moins de 500 infections de SARS-Cov-2 et aucun décès. Il serait simpliste de mettre ce succès uniquement sur le compte d'une politique autoritaire. Si en 1979 il y avait un suivi sur papier de 12 maladies, depuis 2009 le suivi est informatisé avec maintenant 39 maladies rapportées quasiment en temps réel. Depuis 2017, il existe aussi un registre national de vaccination électronique listant tous les individus nés après 2017 avec les dates de tous les vaccins, le sexe, la date de naissance et un lieu de résidence. À titre de comparaison, en France, jusque récemment, on n'était pas très loin du papier et du crayon et, par exemple, pour les centres de dépistage des infections sexuellement transmissibles (IST), ce n'est que depuis 2019 qu'a été mis en place un suivi informatique en temps réel centralisé au niveau régional. Quant aux vaccins, on peut s'estimer heureux quand ils sont inscrits dans un carnet de santé papier. Dans le cas de l'épidémie de Covid-19, dès fin janvier 2020, alors même que la plupart des pays européens doutent des informations provenant de Chine, le Vietnam organise le dépistage systématique avec prise de température des nouveaux arrivants et annule les vols en provenance des zones à risque. Avec la découverte de l'importance du portage asymptomatique, une quarantaine pour les nouveaux arrivants sera mise en place à partir du 15 mars. Mais surtout, lors de la détection d'un cas, la personne en question est hospitalisée, les contacts de cette personne sont hébergés aux frais de l'État (dans le pire des cas dans des camps militaires) pendant quatorze jours et les contacts de ces contacts ainsi que leurs contacts sont invités à s'autoconfiner. Les autorités tentent donc de remonter à un degré de voisinage de niveau 4. Une communication nationale à grande échelle est mise en place expliquant la nécessité des gestes barrières, de la distanciation physique et du port du masque. Au passage, l'équivalent de l'application numérique de traçage StopCovid est inauguré en quelques jours dès mars. Il faut aussi mentionner que, en l'état actuel des connaissances, d'autres éléments pourraient expliquer la faible circulation du virus au Vietnam, par exemple la circulation avérée de coronavirus dans le Sud-Est asiatique qui aurait en théorie pu immuniser les populations. Mais il n'en reste pas moins que cet exemple vietnamien prend encore plus de sens quand on l'analyse en regard des épidémies aux États-Unis et au Brésil, dont les présidents se sont posés en défenseurs des « libertés individuelles », niant quasiment toutes les mesures implémentées de façon extrêmement stricte il est vrai, au Vietnam. On voit donc qu'une épidémie est un processus qui, pour être contrôlé, nécessite une vision populationnelle et que le niveau individuel ne suffit pas. De plus, la santé publique ne s'improvise pas : elle requiert des infrastructures et une véritable volonté politique. Enfin, les prévisions des modèles épidémiologiques ne sont pas si farfelues que cela.

Le déficit de la dimension populationnelle et préventive de la santé publique dans nombre de pays s'est révélé au grand public avec la pandémie. D'habitude, pour les autorités, peu importe finalement comment se propage le virus. Les questions qui se posent sont plutôt d'ordre logistique et économique : a-t-on les moyens de vacciner ou traiter tout le monde ? Mais si votre but est d'empêcher les infections, il vous faut connaître les modes de transmission du virus, le plus ou moins grand degré de contagiosité des enfants, savoir quel est le rôle des événements de superpropagation. Il vous faut aussi connaître l'état de propagation de l'épidémie, ce qui est moins trivial qu'il n'y paraît, car on est forcément en retard. Vous ne détecterez jamais l'infection en train de se transmettre mais toujours ses manifestations plus tardives, que ce soit la présence du virus dans les jours qui suivent l'infection, l'hospitalisation qui a lieu deux semaines plus tard, ou le décès encore ultérieurement. En fait, de manière relativement contre-intuitive, pour faire la différence en début d'épidémie, les efforts ne doivent pas se concentrer sur les individus malades, qui sont initialement peu nombreux, mais sur l'identification des contacts des personnes infectées. Tout ceci nécessite un énorme travail de terrain, qui a été réalisé très tôt en Asie notamment. C'est logiquement de là que proviennent la majorité des données utilisées pour mesurer l'intervalle sériel, le temps entre la date d'apparition des symptômes chez un cas et le contact qu'il infecte. Ceci n'est pas un détail, car cette durée qui sépare deux infections est l'une des données du calcul empirique du nombre de reproduction de base (R_0). C'est le D dans l'acronyme DOTS d'Adam Kucharski mentionné plus haut. Pour simplifier, son écart avec la valeur seuil 1 est égal au produit entre le taux de croissance exponentielle et la durée moyenne de contagiosité. Encore une fois, beaucoup de gouvernements pointeront du doigt la Chine avec d'autant plus d'empressement qu'ils auront failli à gérer la crise. Mais, pour ce qui est du partage des données épidémiologiques, bien des pays ne pourront pas se prévaloir d'une telle transparence.

En l'absence de structuration de la santé publique et de remontée de l'information, de nombreux gouvernements ont improvisé, se décidant en désespoir de cause, et tardivement, à un confinement généralisé de la population. Cette mesure archaïque, qui nous ramène aux temps de la peste et du choléra, aurait semblé impensable il y a un an en Europe, mais on oublie qu'elle était implémentée il n'y a pas si longtemps en Afrique ou en Asie. La Covid-19 a, d'une certaine manière, rappelé que les épidémies ont tendance à niveler les différences entre les pays, même si les plus pauvres ont clairement davantage souffert de l'épidémie comme des mesures de contrôle mises en place.

Implications sociales et politiques d'un engagement pour la santé publique

L'une des interprétations de l'ampleur de l'épidémie d'Ebola d'Afrique de l'Ouest établit un lien de causalité avec la fragilité des systèmes de santé des pays concernés et la défiance envers les autorités. Difficile, toutes proportions gardées, de ne pas dresser le parallèle avec la France. Comment le passage au stade 2 de l'épidémie, avec la mise en place des gestes barrières le 29 février, aurait-il pu être considéré comme un événement important, quand le conseil des ministres convoqué sur cette question a été accaparé par l'annonce du recours à l'article 49-3 pour imposer dans l'urgence le projet de réforme des retraites, contesté massivement depuis des mois ? Sans retracer ici l'historique des turpitudes politico-médiatiques et des revirements gouvernementaux (sur le masque, la fermeture des écoles puis leur réouverture…), le moins qu'on puisse dire est que l'information sur l'épidémie a eu du mal à faire son chemin et que le discours des autorités a manqué de crédit.

La crise a, par ailleurs, achevé de mettre en lumière la situation de l'hôpital public suite aux plans d'économies décidés par les gouvernements successifs et réalisés localement par les autorités régionales de santé (ARS) avec le concours de cabinets privés comme Capgemini. Les logiques à l'œuvre sont claires : les interventions sont tarifiées à l'acte, des lits ferment pour favoriser l'hospitalisation à domicile, les personnels sont pressurés du haut en bas de la chaîne. Pour résumer, on met l'hôpital public en crise pour pouvoir plus facilement privatiser la santé et pleinement exploiter la manne de rentabilité qu'elle constitue. Qui se souvient que, le 27 janvier 2020, des centaines de chefs de service hospitalier démissionnaient de leurs fonctions à travers tout le pays ? Que, le 5 mars 2020, la recherche publique s'arrêtait pour protester contre la précarisation du secteur et son pilotage avec une vision court-termiste ? Quelques semaines plus tard, les spécialistes des coronavirus expliquaient comment le basculement vers une recherche avec des « financements sur projets », par opposition aux financements récurrents sur le long terme, avait conduit à accumuler une dizaine d'années de retard sur le sujet, l'expertise de l'Agence nationale de la recherche (ANR) en France jugeant ces recherches moyennement utiles. Comme dans tous les secteurs, l'obsession de la rentabilité à court terme se paye au prix fort. Précisons que cette obsession de rentabilité est assortie d'une vision idéologique selon laquelle certains acteurs doivent faire des bénéfices. Car, comme le résume William Dab dans *Le Monde* du 11 avril à propos des politiques sanitaires en France : « Cette situation illustre jusqu'à la caricature la faiblesse de la santé publique française. On mise tout sur les soins sans réaliser que la prévention est un investissement très rentable. Chaque fois que l'on dépense 100 euros dans le domaine de la santé, 96 % vont aux soins et 4 % à la prévention organisée. »

Le plus cynique dans cette situation est que ces mêmes actrices et acteurs du service public, dont les missions ont été dénigrées et les conditions de travail sabotées, vont se retrouver en première ligne face à la Covid-19. Sans moyens adaptés, les services hospitaliers travaillent jour et nuit pour absorber le choc de la vague épidémique et multiplier par trois les capacités d'accueil en réanimation. Du côté de la recherche, que ce soit de manière très concrète en fabriquant des masques ou du gel hydroalcoolique, en développant des modèles et analyses pour mieux comprendre la propagation de l'épidémie, en analysant le virus *in vitro* ou la réponse immunitaire associée, on travaille aussi d'arrache-pied. Au passage, les laboratoires se saisiront de ces problématiques de recherche. À l'inverse, la direction du Centre national de la recherche scientifique (CNRS) mettra sur pied un comité COVID composé avant tout d'administratifs et de juristes, mais sans aucune expertise scientifique issue de ses unités. Quant à l'Agence nationale de la recherche, elle attendra fin avril pour financer des travaux. Au passage, je ne peux résister à l'envie de mentionner que, fin 2019, deux jeunes chercheurs de l'équipe avaient soumis à l'ANR des projets de modélisation des maladies infectieuses, dont l'un portait sur l'épidémiologie digitale et l'hésitation vaccinale. Inutile de préciser qu'aucun des projets n'a passé le premier tour de sélection. Et que dire des projets de recherche du Dr Canard sur les coronavirus, non financés pendant des années par l'ANR et soudainement jugés scientifiquement brillantissimes par cette même agence ? Il faut dire que, avec environ un projet sur huit financé, les élus sont rares. Tout ceci illustre l'importance bien connue d'une recherche fondamentale autonome vis-à-vis de l'exigence d'applications à court terme.

Cela aurait-il fait une différence ? Très certainement. Au niveau scientifique, il suffit de voir la masse des découvertes faites en quelques mois. Que ce soit au niveau de la réponse immunitaire associée aux coronavirus, ou de la présence du fameux site de clivage dans le génome. Sans parler de la capacité à prévoir la propagation du virus. Malheureusement, des décennies de désengagement des services publics font que nous courrons toujours derrière l'épidémie.

La science malmenée

Il serait trompeur de croire que la pandémie servira de leçon et que la science s'en trouvera renforcée. Elle pourrait, au contraire, en être une des principales victimes collatérales. Car, tout comme ses personnels, la science aussi a souffert pendant la crise.

Commençons par nettoyer devant notre porte en mentionnant les écarts déontologiques au sein de la communauté scientifique. Les manuscrits non relus et évalués par les pairs ont déferlé sur les plateformes dédiées et même dans les journaux scientifiques. Ce besoin de rapidement partager les connaissances était légitime au vu de la situation. En revanche, il appelait aussi des standards de recherche élevés. Malheureusement, que ce soit par méconnaissance d'un nouveau champ, par incompétence, ou par fraude, des travaux ont été diffusés qui ont fait perdre du temps et de l'énergie à la lutte contre l'épidémie. On passera sur l'étude complotiste criant à la présence d'éléments de VIH au sein du SARS-CoV-2, qui, bien que retirée en quelques jours de la plateforme, a nécessité un travail de réponse non négligeable selon la récente loi dite de Brandolini qui indique que l'énergie dépensée pour corriger des bêtises est supérieure à celle nécessaire pour en produire. On pourrait aussi parler des études d'épidémiologie estimant des paramètres clés tels que le R_0 sans fournir d'intervalle de confiance à leurs estimations, rendant impossible tout travail de validation. Et comment ne pas mentionner l'emballement autour de la chloroquine, que ce soit avec l'article paru dans l'*International Journal of Antimicrobial Agents* en mars ou celui paru dans le *Lancet* en mai. Ces articles illustrent deux types de « malscience ». Dans le premier, on trouve une absence revendiquée d'évaluation par les pairs (l'article est soumis le 16 mars et accepté le lendemain), un conflit d'intérêts (un des auteurs étant éditeur en chef de la revue) et une méthodologie qui relèvent soit de la fraude, soit de l'incompétence en épidémiologie. Dans le second, on constate une fraude caractérisée, car la base de données utilisée est soit inexistante soit illégale, mais aussi une absence probable d'évaluation par les pairs. Une différence toutefois, le second article a été retiré et la carrière de ses auteurs fortement compromise. Et, dans les deux cas, l'agitation médiatique a remplacé la revue par les pairs. Malheureusement, il ne suffit pas d'être seul contre tout le monde pour être Galilée. Le plus souvent, on a simplement tort. De plus, cet empressement à créer des controverses de toutes pièces est un des travers de la science moderne. Car, le plus souvent, les connaissances avancent par consensus, ce qui est bien moins vendeur.

La seconde défaillance du monde scientifique est liée à celui de l'édition. Depuis l'essor d'internet, les journaux scientifiques tremblent. Car il suffit d'un simple courriel à l'auteur d'un article pour en recevoir une copie le plus légalement du monde. Sans parler des solutions moins légales. Le risque est donc grand de voir les bibliothèques refuser de payer des prix d'abonnement faramineux et que toute cette industrie florissante s'effondre. Contre toute attente, c'est l'inverse qui s'est produit grâce à une récupération du mouvement pour le libre accès. Ce dernier, issu du logiciel libre, milite pour que les contenus des journaux scientifiques soient accessibles à tout le monde ; demande plus que légitime. L'habileté des mastodontes de l'édition scientifique a été de parvenir à convaincre, à grand renfort de lobbying, que cet accès libre était possible à condition que les auteurs payent d'avance. Tragiquement, leurs efforts ont réussi et aujourd'hui l'Union européenne comme l'ANR imposent que toutes les publications soient mises immédiatement en accès libre, générant ainsi une manne providentielle puisqu'il faut compter environ 2 000 euros par article sur la biologie. Ceci engendre un problème éthique majeur, car il y a maintenant un alignement d'intérêts complet entre les auteurs, qui veulent une liste de publication plus longue, et les éditeurs, pour qui refuser un article est une absurdité commerciale. Il en résulte une véritable bulle spéculative des publications scientifiques, en particulier dans les domaines bio-médicaux : au final, pour publier, il suffit d'avoir un financement de recherche, car vous trouverez toujours un journal scientifique « respectable » pour accepter votre manuscrit (et votre argent). Comme toutes les autres fragilités des systèmes hospitaliers ou scientifiques, celle-ci s'est transformée en faille béante pendant la crise. Parmi les journaux les plus prisés, les délais entre la soumission d'un article et sa publication sont tombés à moins d'un mois contre six habituellement. Ces journaux en sont venus à suivre les mêmes raisonnements que toute personne cherchant de l'information dans l'océan des prépublications : faire confiance aux personnes déjà établies, en particulier si elles recyclent des méthodes déjà éprouvées, ou alors aux jeux de données impressionnants avec des résultats dans l'air du temps. Bref, une catastrophe pour l'originalité ou le sérieux de la méthode scientifique.

Enfin, le tableau serait incomplet si l'on omettait sa dimension politique. En France, le rechignement à mettre en place un conseil « scientifique » (mais qui donc conseillait le gouvernement avant le 10 mars ?) a fortement contrasté avec l'empressement à accuser les « scientifiques ». Ce sera le cas, par exemple, pour justifier le maintien des élections municipales. Ce sera encore plus choquant quand le Premier ministre tentera de dissimuler la pénurie de masques de protection, en accusant encore ces mêmes « scientifiques » d'avoir pensé au début qu'ils étaient inutiles ; diffamation d'autant plus pitoyable que le conseil scientifique avait écrit le contraire noir sur blanc dans son premier rapport en mars. Plus classique, on notera aussi la confusion entretenue entre scientifiques et médecins, car si l'exercice illégal de la médecine est puni par la loi, la diffusion d'avis pseudoscientifiques semble, au contraire, encouragée par les médias, voire les institutions. Ainsi, il aurait été probablement plus précis d'appeler le conseil scientifique « conseil scientifique et médical », car, bien qu'experts, un certain nombre de ses membres n'étaient pas des chercheurs scientifiques.

La recherche fondamentale n'a probablement pas fini de subir les contrecoups de la pandémie. L'empressement à agir rapidement, de manière visible, a conduit à financer des projets de recherche avec peu ou pas de revue sur des durées très limitées (souvent sur moins de douze mois). Malheureusement, les crédits de recherche en France faisaient déjà pâle figure par rapport à la moyenne des pays européens. Si l'on ajoute le fait que le gouvernement a ressorti de ses cartons une loi de programmation pluriannuelle pour la recherche à peu près telle qu'elle avait été rédigée en 2019 avant la pandémie, on peut craindre que le décrochage amorcé de la recherche française ne s'amplifie au cours des prochaines années. Que ce soit en santé publique comme en recherche, les leçons de la première vague de l'épidémie semblent loin d'avoir été tirées par les politiques publiques.

Tinbergen pour réconcilier Pasteur et Darwin

L'épidémie d'Ebola en Afrique de l'Ouest de 2013-2016 a marqué un véritable tournant quant au rôle de la biologie de l'évolution en santé publique. Jamais encore des virus issus de patients infectés n'avaient été séquencés et partagés aussi rapidement. Les premiers cas sont signalés en mars 2014 et la première phylogénie de 78 infections sera publiée au mois d'août, permettant de dater le passage du virus depuis la Guinée vers la Sierra Leone entre le 2 avril et le 13 mai. Au final, plus de 1 500 génomes viraux seront publiés et partagés au cours de l'épidémie.

Ces chiffres ont été pulvérisés par la Covid-19. Tout comme l'épidémie, la base de données GISAID, qui a permis de partager les données génétiques de SARS-Cov-2, a connu une croissance exponentielle : 10 génomes le 18 janvier, 100 le 14 février, 1 000 le 22 mars, 10 000 le 18 avril ! La croissance s'est ensuite ralentie pour passer les 80 000 génomes le 8 août. Outre la prouesse technologique, il faut souligner la dimension altruiste de ce partage par des laboratoires de virologie. Ceci a permis des analyses rapides de la propagation du virus à l'échelle planétaire, popularisées par la plateforme en ligne Nextstrain.org.

En France, dès le 6 avril, notre équipe a ainsi pu analyser près de 200 séquences issues en majorité des centres nationaux de référence des infections respiratoires. Nous avons ainsi pu obtenir la première estimation de la date d'origine de la vague épidémique, malheureusement assez imprécise (entre la mi-janvier et début février) du fait d'un échantillonnage incomplet ; beaucoup de régions françaises n'étant pas représentées. La phylogénie a aussi révélé des introductions multiples de l'épidémie en France. Avec des techniques plus pointues, nous avons pu mesurer le nombre de reproduction de l'épidémie et montré un potentiel ralentissement en mars par rapport à février. Enfin, nous avons obtenu une estimation de l'intervalle sériel, c'est-à-dire du nombre de jours entre une infection et la suivante, de l'ordre de cinq jours (plus ou moins deux jours), donc particulièrement cohérent avec des estimations réalisées à partir des chaînes de transmission en Asie. Ceci illustre ce que la phylodynamique aurait pu apporter à la lutte contre l'épidémie en France.

Malheureusement, cet élan de partage s'est rapidement tari, surtout en France. Si fin février la moitié des séquences de SARS-CoV-2 d'Europe provenaient de France, fin juin la proportion était tombée sous la barre symbolique du pourcent.

Fin juillet, on comptait 400 génomes issus de patients français partagés sur GISAID contre plus de 34 000 provenant du Royaume-Uni. S'il est clair que plusieurs centaines de séquences n'ont pas été partagées par plusieurs laboratoires et que tous les génomes britanniques ne sont pas d'excellente qualité, seul un désintérêt de la France pour ces approches permet d'expliquer une telle différence. Outre-Manche, l'agence de santé Public Health England compte dans ses rangs des experts en génomique virale, qui analysent déjà les mutations dans le génome de virus tels que le VIH pour mieux comprendre la structure géographique de l'épidémie ou sa vitesse de propagation. En France, le mur entre les « deux biologies » fait qu'une approche qui s'appuie à la fois sur des modèles statistiques et sur la biologie de l'évolution a pour le moment peu de chances de voir le jour. Au final, ce véritable gâchis de la génomique virale illustre la nécessité d'une santé publique interdisciplinaire.

La pandémie sera-t-elle l'occasion de réunifier différentes approches en biologie ? Une telle vision intégrée nécessite peut-être de préciser ces différences, car la dichotomie de Mayr entre biologie fonctionnelle et biologie évolutionniste ne rend pas compte de la diversité des approches actuelles. Comme le théorise mon collègue Nacho Bravo, expert des virus qui causent des cancers, aussi appelés virus oncogènes, une piste pourrait être de s'appuyer sur les quatre questionnements formulés initialement par un des fondateurs de l'éthologie, prix Nobel de médecine ou physiologie, Nikolaas Tinbergen. Ces questionnements se distinguent par l'explication qui est donnée au phénomène observé, proximale ou ultime, et par la perspective adoptée, contemporaine ou historique. Prenons le cas de la virulence causée par certains des papillomavirus humains (HPV), qui sont les virus les plus oncogènes connus. L'approche fonctionnelle se caractérisera par une perspective contemporaine et une explication proximale. Par exemple, on cherchera à comprendre comment les oncoprotéines virales interagissent avec les protéines humaines, dérégulant ainsi le cycle cellulaire. L'approche ontogénique aura elle aussi une explication proximale mais adoptera une perspective historique. Dans le cas des HPV, cela correspondra à la description du déroulement de l'infection, à son histoire naturelle. On peut aussi rechercher une explication ultime en adoptant une perspective contemporaine. Ainsi, on pourra étudier comment la synthèse d'oncoprotéines virales permet au virus d'échapper à la clairance par la réponse immunitaire. Enfin, l'approche évolutive offrira elle une explication ultime mais dans une perspective historique. On se demandera ainsi pourquoi les HPV sont demeurés virulents au cours des siècles. Concernant cette dernière question, je ne résiste pas au plaisir de mentionner une réponse apportée par Nacho Bravo et ses collègues selon qui les souches les plus virulentes d'HPV seraient en fait des souches qui auraient divergé chez l'homme de Néandertal pour ensuite revenir au sein de notre espèce *Homo sapiens* au cours des croisements interspécifiques. Bref, une IST provenant d'une autre espèce et mal adaptée à la nôtre.

	Perspective contemporaine	**Perspective historique**
Explication proximale	Structure et mécanisme *(exemple : interactions biochimiques entre un virus et les cellules de son hôte)*	Développement *(exemple : déroulement d'une infection virale avec une phase aiguë et une phase chronique)*
Explication ultime	Adaptation et fonction *(exemple : comment la synthèse d'une protéine virale permet au virus de contourner les défenses de l'hôte)*	Évolution *(exemple : comment la virulence d'un virus change au cours des années)*

Tableau P.1 – Réconcilier la biologie fonctionnelle et la biologie évolutionniste : les quatre questionnements de Nikolaas Tinbergen

En toute logique, la pandémie de Covid-19 devrait marquer la fin d'une réponse aux maladies infectieuses que l'on pourrait qualifier d'utilitariste et dont l'objectif consiste à épingler les fléaux microbiens à un tableau de chasse. À ce jour, la variole demeure la seule maladie humaine éradiquée, ce qui interroge déjà sur la pertinence de cette stratégie. Mais surtout, comme l'ont démontré à nouveau récemment la grippe « porcine », Ebola et Zika, le monde microbien est en perpétuelle évolution. Tout comme la lutte contre une épidémie nécessite de se placer à un niveau populationnel, le contrôle des maladies infectieuses nécessite une vision évolutive, donc dynamique. Malheureusement, la réponse utilitariste demeure la première vers laquelle se tournent nos dirigeants. L'industrie pharmaceutique, aux abonnés absents pendant la première vague épidémique, engrange déjà des bénéfices pour un vaccin, ou une « balle magique » pour reprendre la terminologie consacrée, qu'elle est loin de posséder. En France, Sanofi a réussi le tour de force de récolter plus de financement que la recherche publique tout en annonçant des licenciements massifs. Pourtant, l'exemple très récent de l'échec à mettre au point un vaccin contre le virus de la dengue devrait appeler à plus de prudence. Sans parler du VIH pour lequel l'énorme essai clinique HVTN 702, portant sur plus de 5 000 personnes en Afrique du Sud, a dû être arrêté cette année faute de résultats probants. En outre, même si le vaccin semble le moyen le plus sûr de sortir de la crise, il ne faut pas négliger d'autres pistes, en particulier les interventions non pharmaceutiques. Enfin, il faut aussi penser déjà à un potentiel « après-vaccin ». D'une part, les virus à ARN, tels les coronavirus, peuvent évoluer rapidement et rendre des vaccins inefficaces, empirant la situation des populations non vaccinées. D'autre part, il existe encore toute une biodiversité microbienne inconnue et en évolution. Sans une compréhension globale des écosystèmes, de leur écologie et leur évolution, et sans des réponses politiques adéquates se plaçant au-delà des logiques de rentabilité à court terme, il sera impossible de contrôler durablement les maladies infectieuses.

Pour aller plus loin

Chevassus-au-Louis N., *Malscience. De la fraude dans les labos*, Seuil, 2017 [Un essai très documenté sur certaines dérives frauduleuses dans la recherche scientifique.]

Elie B. et Alizon S., « Analyses génomiques et phylodynamiques du SARS-CoV-2 », *Revue francophone des laboratoires*, n° 526, 2020 [Pour plus de détails sur l'inférence de la propagation du virus à partir de son génome ARN.]

Juven P.-A., Pierru F. et Vincent F., *Le Casse du siècle. À propos des réformes de l'hôpital public*, Éditions Raisons d'agir, 2019 [Une analyse de l'état du système de santé français juste avant la crise.]

Ségalat L., *La Science à bout de souffle ?*, Seuil, 2009 [Un essai sur les dérives notamment autour du système de publication.]

Sur la Covid-19, voir les rapports du groupe de modélisation de mon équipe : http://covid-ete.ouvaton.org.

Autres références citées dans le chapitre (en anglais)

Fraser C., Riley S., Anderson R. M., Ferguson N. M., « Factors that make an infectious disease outbreak controllable », *Proceedings of the National Academy of Sciences USA*, 101 (16), p. 6146–6151, 2004, https://doi.org/10.1073/pnas.0307506101.

Kucharski, A., *The Rules of Contagion. Why Things spread – and why they stop*, Londres, Wellcome Books, 2020.

Tinbergen N., « On aims and methods of ethology », *Zeitschrift für Tierpsychologie*, 1963, n° 20, p. 410-433, https://doi.org/10.1111/j.1439-0310.1963.tb01161.x.

Glossaire

Allèle : terme de génétique des populations désignant l'une des versions différentes d'un gène. Pour chaque gène, un individu peut avoir deux allèles (l'un provenant de la mère, l'autre du père), 173.

Antibiotique : molécule produite par des bactéries ou des champignons et qui a pour effet de tuer ou d'inhiber la croissance des bactéries cibles. Les antibiotiques sont inefficaces contre les virus, 29.

Antimicrobien : composé qui tue ou inhibe la croissance des microbes (virus et bactéries), 60.

Bactérie : organisme unicellulaire ne comportant pas de noyau. Les bactéries forment l'une des trois familles du vivant avec les eucaryotes (qui possèdent un vrai noyau) et les archées, 36.

Chromosome : molécule d'ADN. Les bactéries en ont un seul. Les humains en ont 23 paires, 176.

Commensal : organisme qui tire parti d'un autre organisme sans pour autant lui nuire. *Voir aussi* Parasite, 35.

Communauté : terme d'écologie désignant l'ensemble des individus d'espèces différentes vivant au même endroit au même moment et susceptibles d'interagir, 46, 115.

Coopération : en évolution, action consistant pour un individu à augmenter la valeur sélective d'un individu aux dépens de la sienne, 91.

Délétère : se dit de mutations qui diminuent la valeur sélective d'un individu (attention, ceci peut dépendre de l'environnement dans lequel évolue l'individu), 177.

Dérive : processus génétique selon lequel, dans une population de taille finie, un allèle peut se fixer par hasard. Elle agit le plus souvent quand la sélection naturelle est faible, 129.

Écologie : l'écologie scientifique concerne l'étude des organismes, de leur environnement et de leurs interactions, 35.

Épidémiologie : étude de l'incidence d'une maladie et de sa propagation, 53.

Épigénétique : support d'information autre que la séquence génétique (ADN ou ARN). Cette information peut être transmise ou non à la descendance, 97.

Évolution : processus dynamique décrivant la modification d'individus constituant des populations. Elle se fonde le plus souvent sur des modifications génétiques mais peut aussi avoir des bases épigénétiques, 12.

Gène : en génétique des populations, un gène correspond à une portion du génome qui est associée à un trait. C'est l'unité de base de l'hérédité, 44.

Génome : l'ensemble du matériel génétique (ADN ou ARN) d'un individu, 34.

Génotype : valeur de trait idéale telle qu'elle est déterminée par le génome de l'organisme. *Voir aussi* Phénotype, 41.

Héritabilité : terme de génétique des populations qui désigne l'importance de la génétique pour expliquer la variation d'un trait (l'autre cause de variation étant l'environnement, c'est-à-dire tout ce qui est non génétique), 74.

Méta-analyse : analyse statistique consistant à compiler les données obtenues par des études indépendantes afin de dégager des résultats plus robustes, 65.

Microbe : terme générique désignant l'ensemble des organismes microscopiques, 75.

Microbiote : l'ensemble des microbes vivant dans un environnement donné. Par exemple, le microbiote intestinal humain, 35.

Migration : l'une des forces générant de la diversité en génétique des populations. *Voir aussi* Mutation, 36.

Mutation : l'une des forces générant de la diversité en génétique des populations. Elle correspond à la modification d'une base par une autre dans une séquence d'ARN ou d'ADN, 35.

Mutation compensatoire : mutation qui permet de diminuer les coûts en valeur sélective engendrés par une autre mutation (typiquement une mutation de résistance), 37.

Nosocomiale : se dit d'une infection contractée dans un hôpital, 31.

Nucléotide : composant élémentaire des molécules d'ADN et d'ARN. Une mutation correspond au remplacement d'un nucléotide d'un type par un autre type, 44.

Parasite : individu qui a besoin d'un ou de plusieurs hôtes afin de se reproduire. Ce terme générique inclut les microparasites (tels que les virus et les bactéries) et les macroparasites (tels que les vers), 11.

Phénotype : valeur de trait exprimée par un organisme et pouvant être observée et mesurée, 41.

Phylogénie : objet reflétant le degré de parenté entre des individus ou des groupes d'individus. Les phylogénies étaient classiquement fondées sur des traits phénotypiques des individus mais sont de plus en plus issues de données génétiques, 134.

Population : ensemble d'individus d'une même espèce vivant au même endroit au même moment, 34.

Prévalence : nombre d'individus dans un état particulier (par exemple infecté) à un moment donné, 47.

Protéine : molécule produite par les êtres vivants et constituée d'une suite d'acides aminés, 39.

Protozoaires : animaux unicellulaires. Ils se différencient des bactéries car ils ont un noyau, 83.

R_0 : nombre d'infections secondaires engendrées par un individu infecté, tout au long de son infection. C'est une mesure de la valeur sélective d'une infection, 113.

Rétrovirus : virus dont l'information génétique est codée sous forme d'ARN et qui doit rétrotranscrire cette information en ADN pour exploiter sa cellule hôte. Ceci engendre un taux de mutation très élevé, 138.

Sélection naturelle : processus génétique décrivant la dynamique d'un trait héritable, qui affecte la valeur sélective des individus qui le portent, 34.

Séquencer : action consistant à déterminer une séquence génétique d'ADN ou d'ARN, 41.

Transmission : en épidémiologie, c'est le processus selon lequel un parasite est passé depuis un hôte donneur à un hôte receveur. On distingue plusieurs routes de transmission (directe *vs.* indirecte, horizontale *vs.* verticale, via un vecteur), 48.

Vecteur : organisme assurant la dispersion d'un parasite d'un hôte à un autre. Par exemple, les moustiques anophèles sont les vecteurs de *Plasmodium*, l'agent du paludisme. Pour les parasites infectant plusieurs espèces d'hôtes au cours de leur cycle de vie, l'espèce hôte (par opposition au vecteur) est celle dans laquelle le parasite se reproduit, 79.

Virulence : désigne les effets délétères d'un parasite sur son hôte et peut être mesurée par la baisse de valeur sélective due à l'infection. Dans certains champs, la définition varie et peut par exemple désigner la capacité d'un parasite à causer une infection, 38.

Virus : organisme constitué d'ARN et d'ADN formé d'une enveloppe protéique (la capside) qui contient les composés nécessaires à sa réplication. Il est souvent considéré à la limite du vivant, car il a besoin d'une cellule hôte pour son métabolisme, 12.

Acronymes

MSM (*men having sex with men*), 140.

NDM-1 (New Delhi metallo-betalactamase 1), 57.

OMS (Organisation mondiale de la santé), 12.

PAM (peptide antimicrobien), 60.

SARM (*Staphylococcus aureus* résistants à la méticilline), 31.

SRAS (syndrome respiratoire aigu sévère), 101.

SHCS (cohorte suisse pour l'étude du VIH), 140.

SIDA (syndrome d'immunodéficience acquise), 12.

VHC (virus de l'hépatite C), 90.

VIH (virus de l'immunodéficience humaine), 12.

VIS (virus de l'immunodéficience simienne), 107.

Index

Table des figures

Table

RÉALISATION : NORD COMPO À VILLENEUVE-D'ASCQ
IMPRESSION : NORMANDIE ROTO IMPRESSION S.A.S À LONRAI
DÉPÔT LÉGAL : NOVEMBRE 2020. N° 146688 (2003340)
IMPRIMÉ EN FRANCE

Éditions Points

Collection Points Sciences

dirigée par Jean-Marc Lévy-Leblond

S1. La Recherche en biologie moléculaire, *ouvrage collectif*
S2. Des astres, de la vie et des hommes *par Robert Jastrow (épuisé)*
S3. (Auto)critique de la science *par Alain Jaubert et Jean-Marc Lévy-Leblond*
S4. Le Dossier électronucléaire *par le syndicat CFDT de l'Énergie atomique*
S5. Une révolution dans les sciences de la Terre *par Anthony Hallam*
S6. Jeux avec l'infini, *par Rózsa Péter*
S7. La Recherche en astrophysique, *ouvrage collectif*
S8. La Recherche en neurobiologie, *ouvrage collectif (épuisé)* (voir nouvelle édition, S 57)
S9. La Science chinoise et l'Occident, *par Joseph Needham*
S10. Les Origines de la vie, *par Joël de Rosnay*
S11. Échec et maths, *par Stella Baruk*
S12. L'Oreille et le Langage, *par Alfred Tomatis*
S13. Les Énergies du Soleil, *par Pierre Audibert en collaboration avec Danielle Rouard*
S14. Cosmic Connection ou l'Appel des étoiles, *par Carl Sagan*
S15. Les Ingénieurs de la Renaissance, *par Bertrand Gille*
S16. La Vie de la cellule à l'homme, *par Max de Ceccatty*
S17. La Recherche en éthologie, *ouvrage collectif*
S18. Le Darwinisme aujourd'hui, *ouvrage collectif*
S19. Einstein, créateur et rebelle, *par Banesh Hoffmann*
S20. Les Trois Premières Minutes de l'Univers *par Steven Weinberg*
S21. Les Nombres et leurs mystères, *par André Warusfel*
S22. La Recherche sur les énergies nouvelles, *ouvrage collectif*
S23. La Nature de la physique, *par Richard Feynman*
S24. La Matière aujourd'hui, *par Émile Noël* et al.
S25. La Recherche sur les grandes maladies, *ouvrage collectif*
S26. L'Étrange Histoire des quanta *par Banesh Hoffmann et Michel Paty*
S27. Éloge de la différence, *par Albert Jacquard*
S28. La Lumière, *par Bernard Maitte*
S29. Penser les mathématiques, *ouvrage collectif*
S30. La Recherche sur le cancer, *ouvrage collectif*
S31. L'Énergie verte, *par Laurent Piermont*

S32. Naissance de l'homme, *par Robert Clarke*
S33. Recherche et technologie, *Actes du Colloque national*
S34. La Recherche en physique nucléaire, *ouvrage collectif*
S35. Marie Curie, *par Robert Reid*
S36. L'Espace et le Temps aujourd'hui, *ouvrage collectif*
S37. La Recherche en histoire des sciences, *ouvrage collectif*
S38. Petite Logique des forces, *par Paul Sandori*
S39. L'Esprit de sel, *par Jean-Marc Lévy-Leblond*
S40. Le Dossier de l'Énergie
par le Groupe confédéral Énergie (CFDT)
S41. Comprendre notre cerveau, *par Jacques-Michel Robert*
S42. La Radioactivité artificielle
par Monique Bordry et Pierre Radvanyi
S43. Darwin et les grandes énigmes de la vie
par Stephen Jay Gould
S44. Au péril de la science ?, *par Albert Jacquard*
S45. La Recherche sur la génétique et l'hérédité, *ouvrage collectif*
S46. Le Monde quantique, *ouvrage collectif*
S47. Une histoire de la physique et de la chimie
par Jean Rosmorduc
S48. Le Fil du temps, *par André Leroi-Gourhan*
S49. Une histoire des mathématiques
par Amy Dahan-Dalmedico et Jeanne Peiffer
S50. Les Structures du hasard, *par Jean-Louis Boursin*
S51. Entre le cristal et la fumée, *par Henri Atlan*
S52. La Recherche en intelligence artificielle, *ouvrage collectif*
S53. Le Calcul, l'Imprévu, *par Ivar Ekeland*
S54. Le Sexe et l'Innovation, *par André Langaney*
S55. Patience dans l'azur, *par Hubert Reeves*
S56. Contre la méthode, *par Paul Feyerabend*
S57. La Recherche en neurobiologie, *ouvrage collectif*
S58. La Recherche en paléontologie, *ouvrage collectif*
S59. La Symétrie aujourd'hui, *ouvrage collectif*
S60. Le Paranormal, *par Henri Broch*
S61. Petit Guide du ciel, *par André Jouin et Bernard Pellequer*
S62. Une histoire de l'astronomie, *par Jean-Pierre Verdet*
S63. L'Homme re-naturé, *par Jean-Marie Pelt*
S64. Science avec conscience, *par Edgar Morin*
S65. Une histoire de l'informatique, *par Philippe Breton*
S66. Une histoire de la géologie, *par Gabriel Gohau*
S67. Une histoire des techniques, *par Bruno Jacomy*
S68. L'Héritage de la liberté, *par Albert Jacquard*
S69. Le Hasard aujourd'hui, *ouvrage collectif*
S70. L'Évolution humaine, *par Roger Lewin*
S71. Quand les poules auront des dents, *par Stephen Jay Gould*
S72. La Recherche sur les origines de l'univers, *par* La Recherche

S73. L'Aventure du vivant, *par Joël de Rosnay*
S74. Invitation à la philosophie des sciences *par Bruno Jarrosson*
S75. La Mémoire de la Terre, *ouvrage collectif*
S76. Quoi ! C'est ça, le Big-Bang ?, *par Sidney Harris*
S77. Des technologies pour demain, *ouvrage collectif*
S78. Physique quantique et représentation du monde *par Erwin Schrödinger*
S79. La Machine univers, *par Pierre Lévy*
S80. Chaos et déterminisme, *textes présentés et réunis par Amy Dahan-Dalmedico, Jean-Luc Chabert et Karine Chemla*
S81. Une histoire de la raison, *par François Châtelet (entretiens avec Émile Noël)*
S82. Galilée, *par Ludovico Geymonat*
S83. L'Âge du capitaine, *par Stella Baruk*
S84. L'Heure de s'enivrer, *par Hubert Reeves*
S85. Les Trous noirs, *par Jean-Pierre Luminet*
S86. Lumière et matière, *par Richard Feynman*
S87. Le Sourire du flamant rose, *par Stephen Jay Gould*
S88. L'Homme et le Climat, *par Jacques Labeyrie*
S89. Invitation à la science de l'écologie, *par Paul Colinvaux*
S90. Les Technologies de l'intelligence, *par Pierre Lévy*
S91. Le Hasard au quotidien, *par José Rose*
S92. Une histoire de la science grecque, *par Geoffrey E.R. Lloyd*
S93. La Science sauvage, *ouvrage collectif*
S94. Qu'est-ce que la vie ?, *par Erwin Schrödinger*
S95. Les Origines de la physique moderne, *par I. Bernard Cohen*
S96. Une histoire de l'écologie, *par Jean-Paul Deléage*
S97. L'Univers ambidextre, *par Martin Gardner*
S98. La Souris truquée, *par William Broad et Nicholas Wade*
S99. À tort et à raison, *par Henri Atlan*
S100. Poussières d'étoiles, *par Hubert Reeves*
S101. Fabrice ou l'École des mathématiques, *par Stella Baruk*
S102. Les Sciences de la forme aujourd'hui, *ouvrage collectif*
S103. L'Empire des techniques, *ouvrage collectif*
S104. Invitation aux mathématiques, *par Michael Guillen*
S105. Les Sciences de l'imprécis, *par Abraham A. Moles*
S106. Voyage chez les babouins, *par Shirley C. Strum*
S107. Invitation à la physique, *par Yoav Ben-Dov*
S108. Le Nombre d'or, *par Marguerite Neveux*
S109. L'Intelligence de l'animal, *par Jacques Vauclair*
S110. Les Grandes Expériences scientifiques, *par Michel Rival*
S111. Invitation aux sciences cognitives, *par Francisco J. Varela*
S112. Les Planètes, *par Daniel Benest*
S113. Les Étoiles, *par Dominique Proust*

S114. Petites Leçons de sociologie des sciences, *par Bruno Latour*
S115. Adieu la raison, *par Paul Feyerabend*
S116. Les Sciences de la prévision, *collectif*
S117. Les Comètes et les Astéroïdes
par Anny-Chantal Levasseur-Legourd
S118. Invitation à la théorie de l'information
par Emmanuel Dion
S119. Les Galaxies, *par Dominique Proust*
S120. Petit Guide de la préhistoire, *par Jacques Pernaud-Orliac*
S121. La Foire aux dinosaures, *par Stephen Jay Gould*
S122. Le Théorème de Gödel, *par Ernest Nagel, James R. Newman Kurt Gödel et Jean-Yves Girard*
S123. Le Noir de la nuit, *par Edward Harrison*
S124. Microcosmos, *par Claude Nuridsany et Marie Pérennou*
S125. La Baignoire d'Archimède
par Sven Ortoli et Nicolas Witkowski
S126. Longitude, *par Dava Sobel*
S127. Petit Guide de la Terre, *par Nelly Cabanes*
S128. La vie est belle, *par Stephen Jay Gould*
S129. Histoire mondiale des sciences, *par Colin Ronan*
S130. Dernières Nouvelles du cosmos.
Vers la première seconde, *par Hubert Reeves*
S131. La Machine de Turing, *par Alan Turing et Jean-Yves Girard*
S132. Comment fabriquer un dinosaure
par Rob DeSalle et David Lindley
S133. La Mort des dinosaures, *par Charles Frankel*
S134. L'Univers des particules, *par Michel Crozon*
S135. La Première Seconde, *par Hubert Reeves (épuisé)*
S136. Au hasard, *par Ivar Ekeland*
S137. Comme les huit doigts de la main
par Stephen Jay Gould
S138. Des grenouilles et des hommes, *par Jacques Testart*
S139. Dialogue sur les deux grands systèmes du monde
par Galilée
S140. L'Œil qui pense, *par Roger N. Shepard*
S141. La Quatrième Dimension, *par Rudy Rucker*
S142. Tout ce que vous devriez savoir sur la science
par Harry Collins et Trevor Pinch
S143. L'Éventail du vivant, *par Stephen Jay Gould*
S144. Une histoire de la science arabe, *par Ahmed Djebbar*
S145. Niels Bohr et la Physique quantique
par François Lurçat
S146. L'Éthologie, *par Jean-Luc Renck et Véronique Servais*
S147. La Biosphère, *par Wladimir Vernadsky*
S148. L'Univers bactériel, *par Lynn Margulis et Dorion Sagan*
S149. Robert Oppenheimer, *par Michel Rival*

S150. Albert Einstein
textes choisis et commentés par Françoise Balibar
S151. La Sculpture du vivant, *par Jean Claude Ameisen*
S152. Impasciences, *par Jean-Marc Lévy-Leblond*
S153. Ni Dieu ni gène, *par Jean-Jacques Kupiec et Pierre Sonigo*
S154. Oiseaux, merveilleux oiseaux, *par Hubert Reeves*
S155. Savants et Ignorants, *par Jean Jacques et Daniel Raichvarg*
S156. Le Destin du mammouth, *par Claudine Cohen*
S157. Des atomes dans mon café crème, *par Pablo Jensen*
S158. L'Invention du Big-Bang, *par Jean-Pierre Luminet*
S159. Aux origines de la science moderne en Europe
par Paolo Rossi
S160. Mathématiques, plaisir et nécessité, *par André Warusfeld et Albert Ducrocq*
S161. Éloge de la plante, *par Francis Hallé*
S162. Une histoire sentimentale des sciences
par Nicolas Witkowski
S163. L'Avenir climatique, *par Jean-Marc Jancovici*
S164. Mal de Terre, *par Hubert Reeves et Frédéric Lenoir*
S165. L'Imposture scientifique en dix leçons
par Michel de Pracontal
S166. Les Origines de l'homme, *par Pascal Picq*
S167. Astéroïde, *par Jean-Pierre Luminet*
S168. Ne dites pas à Dieu ce qu'il doit faire, *par François de Closets*
S169. Le Chant d'amour des concombres de mer, *par Bertrand Jordan*
S170. Au fond du labo à gauche, *par Édouard Launet*
S171. La Vie rêvée des maths, *par David Berlinski*
S172. Manuel universel d'éducation sexuelle à l'usage de toutes les espèces, selon le Dr Tatiana, *par Olivia Judson*
S173. L'espace prend la forme de mon regard, *par Hubert Reeves*
S174. Le Plein, s'il vous plaît
par Jean-Marc Jancovici et Alain Grandjean
S175. Trop belles pour le Nobel, *par Nicolas Witkowski*
S176. La Symphonie des nombres premiers, *par Marcus du Sautoy*
S177. La Guerre secrète des OGM, *par Hervé Kempf*
S178. Viande froide cornichons, *par Édouard Launet*
S179. Malicorne, *par Hubert Reeves*
S180. Un éléphant dans un jeu de quilles
par Robert Barbault, Fondation Nicolas Hulot
S181. Le Guide du chasseur de nuages, *par Gavin Pretor-Pinney*
S182. Mais qui mange les guêpes ?, *par New Scientist*
S183. Antilopes, dodos et coquillages, *par Stephen Jay Gould*
S184. Une histoire naturelle de la séduction, *par Claude Gudin*
S185. La Conjecture de Poincaré, *par George W. Szpiro*
S186. Le Messager des étoiles, *par Galilée*
S187. Pourquoi les manchots n'ont pas froid aux pieds ?
par New Scientist

S188. De l'infini…, *par Jean-Pierre Luminet et Marc Lachièze-Rey*
S189. Sexe machin, *par Édouard Launet*
S190. Rien ne va plus en physique !, *par Lee Smolin*
S191. Chroniques du ciel et de la vie, *par Hubert Reeves*
S192. Comment fossiliser son hamster ?
par Mike O'Hare / New Scientist
S193. C'est maintenant !, *par Jean-Marc Jancovici et Alain Grandjean*
S194. Terre de France, *par Charles Frankel*
S195. La Malédiction du cloporte
par Christine Coustau et Olivier Hertel
S196. Cro-Magnon toi-même !, *par Michel Raymond*
S197. Dans la lumière et les ombres, *par Jean Claude Ameisen*
S198. Les ours blancs ont-ils le blues ?, *par New Scientist*
S199. L'Esprit et la Matière, *par Erwin Schrödinger*
S200. Chroniques des atomes et des galaxies, *par Hubert Reeves*
S201. L'Autobiographie, *par Charles Darwin*
S202. Le Renard et le Hérisson, *par Stephen Jay Gould*
S203. L'Effet Darwin, *par Patrick Tort*
S204. Les Démons de Gödel, *par Pierre Cassou-Noguès*
S205. Je n'aurai pas le temps, *par Hubert Reeves*
S206. Le ver qui prenait l'escargot comme taxi, *par Jean Deutsch*
S207. Au fond du zoo à droite, *par Édouard Launet*
S208. Pourquoi les éléphants ne peuvent pas sauter ?
par New Scientist
S209. Codes, *par Pierre Berloquin*
S210. Et Dieu dit : « Que Darwin soit ! », *par Stephen Jay Gould*
S211. Terre de vignes, *par Charles Frankel*
S212. La Symétrie, *par Marcus du Sautoy*
S213. Petite géométrie des parfums, *par Brigitte Proust*
S214. Un monde sans hiver, *par Francis Hallé*
S215. Histoire populaire des sciences, *par Clifford D. Conner*
S216. Cybernétique et société, *par Norbert Wiener*
S217. L'École des suricates, *par Michel de Pracontal*
S218. Le Pouce du panda, *par Stephen Jay Gould*
S219. Là où croît le péril… croît aussi ce qui sauve
par Hubert Reeves
S220. Une histoire de la biologie, par Michel Morange (inédit)
S221. Un iceberg dans mon whisky
par Nicolas Chevassus-au-Louis
S222. Toxique planète, *par André Cicolella*
S223. Les Idées noires de la physique
par Vincent Bontems et Roland Lehoucq
S224. La Vitesse de l'ombre, *par Jean-Marc Lévy-Leblond*
S225. Le Banc du temps qui passe, *par Hubert Reeves*
S226. Épidémie, écologie et pandémies, *par Samuel Alizon*